WOLFF

DOBLER

Albert Mößmer

Das große Buch der BAGGER UND BAUMASCHINEN

INHALT

VORWORT

Helfer am Bau

Die Bauwirtschaft gehört zu den Schlüsselbranchen moderner industrialisierter Länder. In schnell industrialisierenden Staaten wie China spielt sie sogar eine zentrale Rolle. Ohne die Bauwirtschaft gäbe es weder Gebäude noch eine Infrastruktur. Die menschliche Zivilisation wäre nur auf einer primitivsten Stufe möglich.

Tatsächlich ist die Bauwirtschaft so alt wie die sesshafte menschliche Lebensweise selbst, nämlich etwa 13.000 Jahre. Zu Beginn dieses Zeitraums begannen einige Menschen damit, ihr Leben als herumziehende Jäger und Nahrungssammler aufzugeben. Sie blieben an Orten, wo sie den Boden bebauen und Behausungen errichten konnten. Während man vorher dem Wild gefolgt war, um es zu erlegen, sowie Bäume, Sträucher und anderes Gewächs nach Essbarem durchsucht hatte, ging es nun darum, den Boden aufzureißen, um in den Furchen Saatgut abzulegen und zur rechten Zeit die Ernte einzuholen. Darüber hinaus war aber nun auch Baumaterial nötig: Holz, Äste, Steine, Lehm, Schilf und Stroh. Der Mensch nutzte alles, was ihn vor den Unbilden der Witterung schützen konnte. Dies war aber erst der Anfang. Zäune mussten gebaut werden, um die domestizierten Tiere am Weglaufen zu hindern, und Wege mussten angelegt werden, um die wachsenden Siedlungen miteinander zu verbinden und den Austausch von Waren zu ermöglichen. An die Stelle des Umherstreifens trat der Verkehr. Mit der wachsenden Bevölkerung entwickelten sich Ortschaften zu Städten.

Um die Arbeit zu bewältigen, die eine Folge der Bautätigkeit war, gingen die Menschen dazu über, Hilfsmittel zu nutzen. Dazu gehörten allen voran die tierische Arbeitskraft sowie, wo dies möglich war, Wind und Wasser. Man benutzte Stangen, um mittels der Hebelwirkung schwere Gegenstände hochzustemmen, und ein früher Erfinder verwendete einen Baumstamm zum Errichten eines ersten Krans, an dem Lasten hochgezogen werden konnten. Im Laufe der Zeit wurden die Hilfsmittel komplexer. Aus einfachen Vorrichtungen wurden Geräte und Maschinen, und als Antrieb dienten schließlich nicht mehr Pferde und Ochsen, sondern die Dampfkraft und schließlich Verbrennungsmotoren.

Zu den wichtigsten und bekanntesten Maschinen im Baubereich gehört der Bagger, der vor allem dazu benutzt wird, um Erde, Schüttgut und anderes Material zu lockern, zu transportieren, aufzuladen oder einfach zu schieben. Bagger gibt es in sehr unterschiedlichen Ausführungen, und auch die Werkzeuge, mit denen diese Maschinen ihre Aufgaben verrichten, stehen in verschiedenen Formen und Arten zur Verfügung. Dazu gehören Löffel, Schaufeln, Schilde, Greifer, Hydraulikhämmer und vieles mehr.

In diesem Buch soll die Entwicklung der Bagger und anderer Baumaschinen in drei Teilen dargestellt werden. Der erste Teil ist eine Art Vorgeschichte. Er zeigt die Entstehung der ersten Bauhilfsmittel und -maschinen sowie die Entwicklung der Antriebsquellen, ohne die der Betrieb von Maschinen wie dem Bagger nicht möglich wäre.

Im zweiten Teil werden die wichtigsten Baumaschinen vorgestellt, wobei hauptsächlich der Bagger in seinen verschiedenen Formen und Varianten beschrieben wird.

Der dritte Teil handelt von den bedeutendsten Unternehmen, deren Maschinen auf mitteleuropäischen Baustellen anzutreffen sind. Die Geschichte dieser Unternehmen und ihrer Gründer zeigt zugleich das Entstehen und die Entwicklung der Baumaschinenbranche und -technik. In diesem Wirtschaftsbereich wimmelt es von Unternehmen – von regionalen spezialisierten Firmen bis zu den Global Playern, deren weltweiter Umsatz viele Milliarden Dollar beträgt. Vor allem in Ostasien sind in letzter Zeit einige schnell wachsende Baumaschinenhersteller entstanden. Sie spielen jedoch in Europa vorerst eine geringe Rolle, weswegen sie auch in diesem Buch aus Platzgründen nicht in die Auswahl mit aufgenommen wurden.

Bei der Lektüre des Buches wünsche ich viel Freude!
Albert Mößmer

1. TEIL: GRUNDLAGEN UND ANFÄNGE

Die menschlichen Behausungen waren in der Urzeit noch einfach. Man bewohnte Höhlen oder errichtete Hütten aus dem vorhandenen Material, das heißt aus Ästen und Zweigen. Das Werkzeug bestand aus Steinen, Holz und Knochen. Mit der Sesshaftwerdung entstanden die ersten festen Gebäude, Siedlungen, Städte und schließlich monumentalen Bauwerke, von denen man einige noch heute bestaunen kann. Mit den Bauten entwickelten sich auch das Bauhandwerk und die Werkzeuge der Handwerker – und schließlich die ersten Baumaschinen.

Die Nutzung der Dampfkraft war revolutionär. Sie löste tierische und menschliche Arbeitskraft ab und ermöglichte Einsätze, die vorher nicht möglich waren, wie den Antrieb von Fahrzeugen, die eine ganze Reihe schwer beladener Wagen schleppen konnten.

Die fahrbaren Dampfmaschinen, Lokomobilen genannt, wurden anfangs an Einsatzorte gezogen, wo ander Maschinen antrieben. Im Laufe der Zeit wurden sie zu selbstständigen Fahrzeugen weiterentwickelt.

DIE ERSTEN BAUMEISTER: VON DER STEINZEIT BIS ZUR ANTIKE

Die Pyramiden von Gizeh sind auch heute noch beeindruckend. Wenn man bedenkt, dass sie vor etwa dreieinhalb Jahrtausenden errichtet wurden, wird das ungeheure Ausmaß dieser Meisterleistung klar.

Die menschlichen Behausungen waren in der Urzeit noch einfach. Man bewohnte Höhlen oder errichtete Hütten aus dem vorhandenen Material, das heißt aus Ästen und Zweigen. Das Werkzeug bestand aus Steinen, Holz und Knochen. Mit der Sesshaftwerdung entstanden die ersten festen Gebäude, Siedlungen, Städte und schließlich monumentalen Bauwerke, von denen man einige noch heute bestaunen kann. Mit den Bauten entwickelten sich auch das Bauhandwerk und die Werkzeuge der Handwerker – und schließlich die ersten Baumaschinen.

Das Wesen mit dem Werkzeug

Die Benutzung von Werkzeug ist ein Charakteristikum, das den Menschen nicht nur vom Tier unterscheidet, sondern auch einen entscheidenden Einfluss auf seine Entwicklung genommen hat. Es stimmt zwar, dass auch andere Tierarten Werkzeuge gebrauchen. Die Sandwespe klopft zum Beispiel mit einem Stein den Sand fest, um so den Eingang zu ihrem Brutbau zu verschließen, und die Galapagos-Finken benutzen Stacheln, um mit ihnen in Spalten nach Nahrung zu suchen. Der Mensch aber formte nicht nur sein Werkzeug, sondern das Werkzeug formte auch ihn; er veränderte damit nicht nur seine Umwelt, sondern musste sich selbst dieser Umwelt anpassen. Es ist aus diesem Grund nicht abwegig, wenn man den Menschen als das Tier definiert, das Werkzeug gebraucht.

Zu den ersten Wesen, die von den Paläoanthropologen den Namen „Mensch", nämlich „homo", verliehen bekamen und wahrscheinlich zu unseren direkten Vorfahren zählen, gehörte der Homo habilis. Diese Spezies lebte vor etwa 2,3 bis 1,65 Millionen Jahren im östlichen und wahrscheinlich auch im südlichen Afrika. Als „geschickt" (habilis) wird dieser Hominide bezeichnet, weil mit ihm die ersten hergestellten Steinwerkzeuge in größeren Mengen auftauchten. Dabei handelte es sich hauptsächlich um Messer, die Angehörige dieser Menschenart dadurch erzeugten, dass sie scharfe Splitter von kantigem Gestein mit Hilfe eines steinernen Schlagwerkzeugs wegschlugen. Diese bloß einen bis eineinhalb Meter großen Angehörigen der Gattung Mensch scheinen jedoch nur etwa sechshunderttausend Jahre überdauert zu haben, denn bereits vor 1,8 Millionen Jahren erschien der Homo erectus (aufrecht gehender Mensch), und zwar in der gleichen Gegend, in der auch sein Vorgänger lebte.

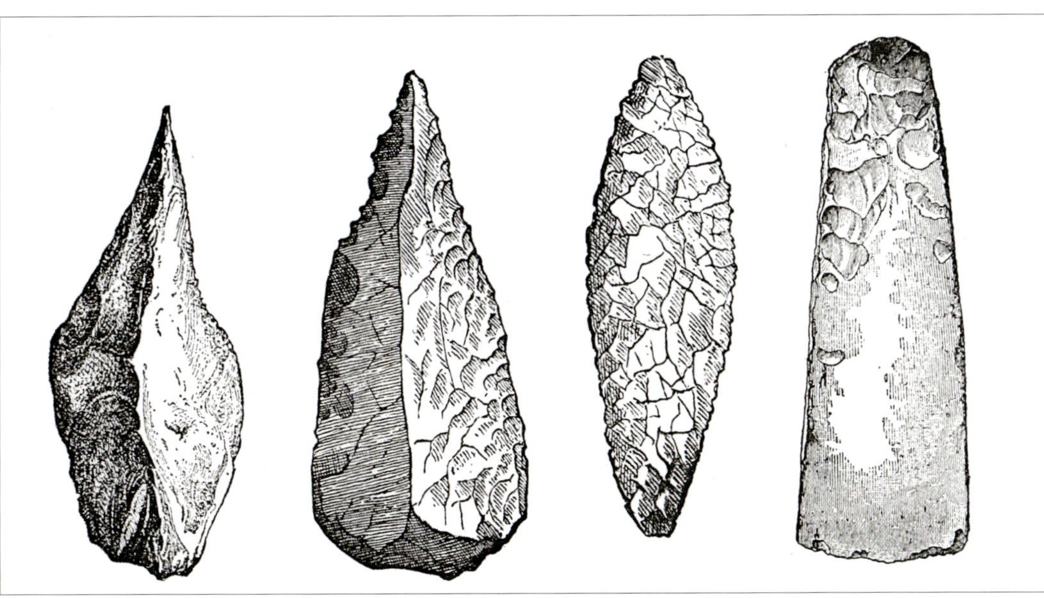

← Zu den ersten Werkzeugen, die der Mensch selbst erzeugte, gehörten Keile und Messer aus Stein. Mit diesen Hilfsmitteln konnten andere Gegenstände bearbeitet werden.

↓ So stellte sich der Illustrator Émile Bayard (1837–1891) den Umgang der Steinzeitmenschen mit dem Feuer vor. Das Feuer konnte sowohl überlebensnotwendig sein als auch in destruktiver Weise benutzt werden.

Der vor etwa 1,8 Millionen Jahren auftauchende Nachfolger des Homo habilis, der Homo erectus, benutzte bereits Äxte und Messer aus Stein und bearbeitete sicherlich auch Holz. Er lernte, sich Unterkünfte zu bauen, und wohnte in Höhlen, um sich vor der Kälte zu schützen. In die Ära des Homo erectus fällt eines der bedeutendsten Ereignisse der Menschheitsgeschichte – der Beginn der Nutzung des Feuers. In dieser Zeit entstanden auch der Herd und die Behausung, in der sich der Herd befand – und mit ihnen nahm das Baugewerbe seinen Anfang, auch wenn es zu dieser Zeit noch keine Vorstellung von einem Gewerbe gab und die Bauten noch sehr einfach waren.

Circa 400.000 Jahre sind die Überreste eines steinzeitlichen Lagers alt, das in Südfrankreich entdeckt wurde. Die Behausungen hatten ursprünglich eine ovale Form und waren 8 bis 15 Meter lang sowie 4 bis 6 Meter breit. Sie bestanden aus Ästen und jungen Bäumen, die dicht nebeneinander in den sandigen Boden gesteckt waren. An der Außenseite sorgte ein Ring aus kleinen Felsen für Stabilität. In der Mitte der Hütte befand sich ein Pfahl, der das Dach hielt. Zum Graben dienten wahrscheinlich Grabstöcke mit gehärteten Spitzen sowie Messer und Äxte aus Kalk- und Flintstein. Am Bau dieser Hütten machte vermutlich die ganze Gemeinschaft mit, aber sicherlich gab es auch schon eine Art von „Baumeistern", die ihr Wissen und ihre Erfahrung mit einbrachten, um bei der Errichtung des Lagers Fehler zu vermeiden und die Arbeit zu lenken.

↖ Lange Zeit lebte der Mensch in Harmonie mit der Natur. Er fand in seiner Umgebung nicht nur Nahrung, sondern wurde auch selbst manchmal zur Beute.

↑ Die ersten von Menschen errichteten Behausungen bestanden wahrscheinlich aus Ästen, Zweigen, Tierfellen und anderem Material, das in der Natur zu finden war.

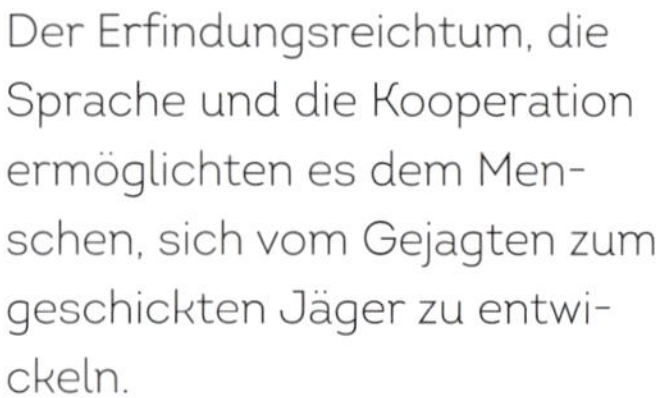

Der Erfindungsreichtum, die Sprache und die Kooperation ermöglichten es dem Menschen, sich vom Gejagten zum geschickten Jäger zu entwickeln.

Der Homo erectus überdauerte immerhin eineinhalb Millionen Jahre, bis ihm ebenfalls die Stunde schlug. Vor etwa 300.000 Jahren ließ die Evolution eine neue Menschenform auftreten, den Homo sapiens, der „vernunftbegabte Mensch". Der Homo sapiens hat seinen Ursprung, wie seine Vorgänger, in Afrika, von wo er sich in mehreren Wellen über Asien und Europa ausbreitete.

Der Homo sapiens konnte dank seines größeren Verstandes bessere Werkzeuge und Waffen bauen. Auch die Unterkünfte boten mehr Schutz und Komfort. In den bewohnten Höhlen schufen die ersten Künstler ihre Wandzeichnungen. Mit Ästen und Fellen ließen sich Zelte aufstellen. Aber die umherschweifende Lebensweise behielt der Homo sapiens zunächst bei.

Sesshaftwerdung

Die ersten festen Behausungen waren noch sehr einfach. Das Feuer am Herd war bereits eine wichtige Einrichtung.

Vor etwa 13.000 Jahren begannen Menschen, ihre Lebensweise als Jäger und Sammler (auch Wildbeuter genannt) aufzugeben und sich stattdessen als Viehzüchter und Ackerbauer niederzulassen. Die an den Küsten liegenden fruchtbaren und ressourcenreichen Landstriche waren die ersten Gebiete, in denen sich die steinzeitlichen Nomaden niederließen. Die neue Lebensweise ermöglichte es ihnen, pflanzliche Nahrung selbst anzubauen und zu ernten, statt sie in der Natur zu suchen. Mit Beginn der Viehzucht mussten die Tiere nicht mehr auf gefährlichen Jagden erlegt werden. Man konnte sie nun in Gefangenschaft heranwachsen lassen und zur geeigneten Zeit schlachten.

Mit der Sesshaftwerdung entstanden Häuser, Dörfer und Städte. Die Niedergelassenen begannen, sich zu spezialisieren und ihre Waren auszutauschen – der Handel war geboren. Vor allem Ägypten und der Fruchtbare Halbmond (das Gebiet an Euphrat und Tigris sowie am östlichen Rand des Mittelmeeres) scheinen die Vorreiter dieser Entwicklung gewesen zu sein.

Die sesshaften Menschen entwickelten neue Technologien. Dazu gehörte das Kupferschmelzen ab etwa 7000 v. Chr. Ab etwa 3000 bis 2000 v. Chr. erlernte man, Zinn zu gewinnen und Bronze durch die Legierung mit Kupfer zu erzeugen. Die Bronzewerkzeuge verdrängten die Messer, Schaber, Speer- und Pfeilspitzen aus Stein. Zu den Innovationen dieser Zeit gehörten das Rad sowie Pflüge, die von Ochsen gezogen wurden. Aber auch Fortschritte in der Architektur und Kunst, einschließlich der Erfindung der Töpferscheibe, und Textilien – Kleidung bestand hauptsächlich aus Wollartikeln wie Röcken, Kilts, Tuniken und Mänteln –, fielen in diese Zeit. Wohnhäuser verwandelten sich oft in sogenannte Rundhäuser, die aus einer kreisförmigen Steinmauer mit einem Stroh- oder Torfdach bestanden. Innen waren sie mit einem Kamin oder Herd ausgestattet. Mehr Dörfer und Städte begannen sich zu bilden.

Durch die Verhüttung von Eisenerz erlernte man das härtere Metall zu gewinnen. Ab 1300 v. Chr. ist die Verwendung von Eisen in Kleinasien bei den Hethitern nachgewiesen. Zusammen mit der Massenproduktion von Eisenwerkzeugen und Waffen erlebte dieses Zeitalter noch weitere Fortschritte in der Architektur, mit Vierzimmerhäusern, von denen einige mit Ställen für Tiere ausgestattet waren, mit Hügelfestungen, königlichen Palästen, Grabmälern, Tempeln und anderen religiösen Bauten.

Der Fruchtbare Halbmond, von dem das Euphrat-Tal einen Teil bildet, gehörte zu den frühesten Regionen, in dem menschliche Siedlungen und Städte entstanden.

Steine, Gemäuer und der erste Kran

Auf den dänischen Altertumsforscher Christian Jürgensen Thomsen (1788–1865) geht die Einteilung der europäischen Urgeschichte anhand der verwendeten Materialien in drei Perioden zurück: Steinzeit, Bronzezeit und Eisenzeit. In der Bronze- und der Eisenzeit kam es bereits zu einer frühen Stadtplanung, bei der Häuserblocks entlang gepflasterter Straßen gebaut und Wassersysteme eingerichtet wurden. Als Baumaterial für die großen Gebäude und Mauern diente Sedimentgestein, wie Kalkstein, das man in Quaderblöcken aus Steinbrüchen gewann. Wegen des aufwendigen Transports des schweren Baumaterials nutzte man möglichst Steinbrüche, die nicht weit von der Baustelle entfernt waren. Die Blöcke, Säulen oder Säulentrommeln wurden meist im Steinbruch in die gewünschte Form gebracht.

Die Steinblöcke wurden oft über eine Rampe aus Erdreich in die vorgesehene Position an der Mauer gezogen. Seit ungefähr 525 v. Chr. kamen die ersten Krane zum Einsatz. Dabei handelte es sich um starke Baumstämme, die von Hebetauen aufrecht gehalten wurden. Zum Heben der Last wickelte man ein Seil um eine Winde, die mit einem Hebel gedreht wurde. Die Quadersteine wurden horizontal so gesetzt, dass sich die Fugen einer Reihe in der Mitte der darunterliegenden Quader befanden.

Eine weitere bautechnische Innovation konnte bereits in den 12.000 Jahre alten Mauern von Jericho nachgewiesen werden, nämlich die Verwendung von Mörtel. Dieses Baumaterial bestand zu dieser Zeit noch aus Lehm und Ton. Bei den frühen ägyptischen Pyramiden wurde ebenfalls diese Art von Mörtel verwendet. Später gebrauchten die ägyptischen Pyramidenbauer eine Mischung aus Gips und Sand. In Babylon verwendete man dagegen im zweiten Jahrtausend v. Chr. Kalk und Bitumen.

Infrastruktur

In die Antike fiel auch der Ausbau der Infrastruktur, vor allem der Bau von Straßen, Brücken, Wasserleitungen, Abwasserkanälen und der Ausbau von Häfen. Während der Hochzeit des Römischen Reiches entstand ein dichtes Straßennetz, dessen Überreste in vielen Regionen Westeuropas auch heute

↓ Selbst gigantische Mauern konnten oft Naturgewalten, wie Erdbeben, nicht widerstehen. Aber die Quader überdauerten die Jahrhunderte und konnten wiederverwendet werden, wie man zum Beispiel an der Stadtmauer von Jerusalem sieht.

↘ Größere Säulen bestehen oft aus mehreren Teilen, sogenannten Säulentrommeln, wie dieses Exemplar im Apollo-Grannus-Tempel im bayerischen Faimingen. Sie sind dadurch leichter zu transportieren und aufzustellen.

noch sichtbar sind. Gepflasterte Verkehrswege wurden bereits von den antiken Griechen gebaut. Aber während sich die Straßen der Hellenen in die Landschaft schmiegten, um unnötige Brücken und Grabungen zu vermeiden, wollten die Römer eine Infrastruktur schaffen, die es den Legionen erlaubte, möglichst ohne Umwege und größere Steigungen an ihre Einsatzorte zu gelangen. So entstanden schnurgerade Straßen, die teils mit behauenen Steinen gepflastert und teils mit festgestampftem Sand bedeckt waren, Vertiefungen wurden aufgefüllt, Bäche, Flüsse und Schluchten mit Brücken überquert. Die Griechen benutzten noch eine einfache Technik, um Wasserläufe zu überbrücken: Sie errichteten einen Steindamm und ließen dabei schmale Öffnungen für den Wasserlauf frei. Diese Durchlässe wurden dann mit Hilfe anderer Felsen, aus denen man ein sogenanntes „Kragsteingewölbe“ bildete, überbrückt. Beispiele solcher Bauwerke sind die heute noch bestehenden und teilweise noch genutzten etwa 3300 Jahre alten Brücken von Arkadiko auf der griechischen Halbinsel Peloponnes.

Zu einem bedeutenden Fortschritt im Brückenbau kam es zur Römerzeit mit der Einführung von Rundbögen, mit denen es möglich war, erheblich größere Spannweiten zu überbrücken. Anfang des 2. Jahrhunderts christlicher Zeitrechnung errichteten römische Konstrukteure sogar eine 1100 Meter lange Brücke aus Stein und Holz über die Donau. 26 Pfeiler stützten das Bauwerk. Allerdings wurde die Donauüberquerung wenige Jahre später unter der Herrschaft Kaiser Hadrians aus Furcht vor einer Barbareninvasion wieder abgerissen.

Neben militärischen Zwecken boten die Straßen zur Römerzeit aber auch Vorteile für den Handel und die Informationsverbreitung. Dasselbe gilt für den Ausbau der Häfen, die oft mit einer Mole versehen wurden, um das Hafenbecken vom offenen Meer abzuschirmen, sowie für die Errichtung von Leuchttürmen. Das bekannteste dieser Bauwerke in der Antike entstand bereits zur hellenistischen Zeit auf der Insel Pharos vor der ägyptischen Stadt Alexandria. Der etwa 115 bis 160 Meter hohe Turm war Anfang des dritten Jahrhunderts v. Chr. errichtet worden und soll bis in das 14. Jahrhundert n. Chr. seine Funktion erfüllt haben. Ein weiterer berühmter Leuchtturm ist der Herkulesturm von A Coruña in der spanischen Region Galicien. Das Bauwerk entstand im zweiten Jahrhundert n. Chr. und ist heute der älteste, sich noch im Betrieb befindende Leuchtturm.

FRÜHE GROẞBAUWERKE

Bauwerk	Bauzeit	Region / Land
Cheops-Pyramide	etwa 2620 bis 2580 v. Chr.	Ägypten
Palast von Knossos	ca. 1900 v. Chr.	Kreta, heute Griechenland
Mauern von Babylon	bis ca. 6. Jahrhundert v. Chr.	Babylon, heute Irak
Tempel der Artemis in Ephesos	6. Jahrhundert / 4. Jahrhundert v. Chr.	Kleinasien, heute Türkei
Leuchtturm von Alexandria	ca. 299 bis 279 v. Chr.	Ägypten
Das Mausoleum von Halikarnassos	ca. 368 bis 350 v. Chr.	Kleinasien, heute Türkei

Dieser nachgebildete Meilenstein erinnert noch heute an die römische Staatsstraße Via Claudia, die unter Kaiser Claudius in den Jahren 46/47 n. Chr. erbaut wurde und von Oberitalien über Augsburg an die Donau führte.

EXKURS

Marcus Vitruvius Pollio

Architekten genossen im Altertum ein hohes Ansehen. Ohne sie wären die heute noch beeindruckenden Bauten dieser Zeit nicht möglich gewesen. Anders als die Handwerker mussten die Architekten mehrere Kenntnisse und Qualifikationen in sich vereinigen. Der wahre Gegenstand der Architektur, so der Philosoph Aristoteles, seien nicht Ziegel, Mörtel oder Holz, wofür die Handwerker zuständig seien, sondern das Haus als Ganzes.

Ein Architekt der Antike, der bis in die Neuzeit eine große Bekanntheit genoss, war Marcus Vitruvius Pollio (circa 70 v. Chr. – circa 15 n. Chr.), auch kurz Vitruv oder Vitruvius genannt. Der Grund für seine Berühmtheit ist sein Werk über die Architektur „De architectura", das er Kaiser Augustus widmete. Die älteste bekannte Kopie des in 10 Bücher gegliederten Werks stammt aus dem 9. Jahrhundert. Seitdem wurde es immer wieder abgeschrieben und nach der Erfindung des Buchdrucks als gedrucktes Buch herausgegeben.

Vitruvius hatte hohe Ansprüche an das Können eines Architekten. „Er soll gebildet sein, grafisch begabt sein, in Geometrie unterrichtet sein, viel über Geschichte wissen, aufmerksam den Philosophen gefolgt sein, die Musik verstehen, einige Kenntnisse in der Medizin haben, die Meinungen der Juristen kennen sowie mit der Astronomie und der Theorie der Himmel vertraut sein."[1] Vitruvius liefert auch eine Begründung für die Forderungen an Architekten: Die Bildung war nötig, um in Abhandlungen eine bleibende Erinnerung hinterlassen zu können. Die grafische Begabung und die Geometrie sollen ihm beim Anfertigen von Entwürfen und Gebäudeplänen nützlich sein. Kenntnisse in der Geschichte, der Medizin und der Akustik waren nötig, um die jeweiligen Anforderungen der Kultur und Tradition erfüllen zu können. Astronomisches Wissen war unter anderem beim Bau einer Sonnenuhr vonnöten.

Vitruvius beschreibt in seinem Werk mehrere Vorrichtungen zum Heben schwerer Lasten. Diese Illustration einer frühen Hebevorrichtung stammt jedoch aus dem 16. Jahrhundert.

Im zweiten Buch behandelt Vitruvius die Baumaterialien, nämlich Ziegelsteine, Sand, der für Mörtel gebraucht wurde, und Kalk. Die folgenden Bücher behandeln den Bau von Tempeln, öffentlichen Gebäuden, Privatbauten, den Innenausbau privater Domizile, die Wasserversorgung sowie die Astronomie und den Uhrenbau. Im letzten Buch werden verschiedene Werkzeuge und Maschinen beschrieben, darunter Krane. Und schließlich behandelt Vitruvius auch noch verschiedene römische Kriegsmaschinen, wie zum Beispiel Katapulte. Ein wahrlich vielseitiger Baumeister.

Aus zahlreichen Steinen setzt sich diese Treppe im Apollo-Grannus-Tempel zusammen. Die Zwischenräume sind mit Mörtel gefüllt.

1 Vgl. Vitruvius. De architectura, Liber I, Caput Primum, 3

Lange Zeit lieferten Menschen und Tiere die Kraft, um Erde zu bewegen und Baumaterial zu transportieren. Dieses Bild stammt aus der Mitte des 19. Jahrhunderts, als noch Pferde und Karren für Transportaufgaben auf einer Baustelle im Central Park in New York eingesetzt wurden.

KRAFTQUELLEN: MENSCH, TIER UND NATUR

Der Bau von Gebäuden, der Transport von Material und Erde sowie der Straßenbau konnten aufwendige Unternehmungen sein. Die Arbeitskräfte dafür waren vor der Industriellen Revolution nicht nur Menschen, sondern auch Tiere, die sich die Menschen seit der Sesshaftwerdung zunutze machten. Der Einsatz von Arbeitstieren setzte jedoch weitere Hilfsmittel voraus, wie Wagen oder Göpel. Die Nutzung von Naturkräften, wie Wind und Wasser, begann bereits im Altertum in manchen Bereichen eine Rolle zu spielen. Im Bau blieb man jedoch noch lange auf die Körperkräfte zwei- und vierbeiniger Arbeiter angewiesen.

Mit tierischer Kraft

Die Menschen benutzten zwar schon in der Steinzeit Werkzeug, bearbeiteten Materialien und bewegten Lasten, die erforderliche Kraft dafür mussten sie aber selbst aufbringen, nämlich mit ihren Muskeln. Dies änderte sich mit der Sesshaftwerdung. In den Dörfern und Städten, die in den fruchtbaren Regionen entstanden, lebten nicht nur Menschen, sondern auch Tiere, die von den Siedlern domestiziert und für verschiedene Zwecke gezüchtet wurden. Die Vierbeiner dienten zwar vorwiegend als Nahrung, aber im Laufe der Zeit lernten die Menschen, ihre Mühen ein wenig zu verringern, indem sie die Arbeitskraft ihrer Tiere nutzten. Als bedeutendstes Zugtier gilt heute das Pferd. Nicht ohne Grund ist eines der wichtigsten Leistungsmaße die Pferdestärke. Aber im Vergleich zu anderen vierbeinigen Helfern musste es erst spät als Arbeitstier dienen.

Die frühesten Spuren, die eine Nutzung von Pferden belegen, konnten Archäologen in Zentralasien finden. Vor etwa 5500 Jahren wurden diese domestizierten Pferde geritten,

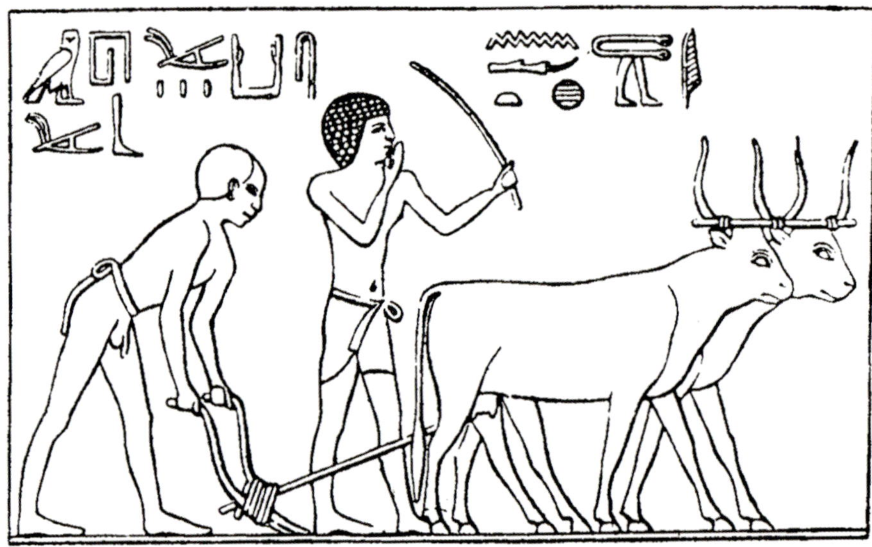

Ägypten ist eines der Länder, in denen die Sesshaftwerdung zuerst stattfand. Auch die Verwendung von Kühen und Ochsen als Arbeitstiere, hier beim Pflügen, ist aus frühen Quellen bezeugt.

Bevor Baumaschinen zur Verfügung standen, spielten Pferde und andere Arbeitstiere noch eine wichtige Rolle auf den Baustellen. Dieses Bild stammt von 1904 und zeigt zwei- und vierbeinige Arbeitskräfte beim Ausgraben eines Gebäudefundaments.

gemolken und gegessen. Für schwere Zugarbeiten und für den Ackerbau wurden sie in der Frühzeit noch nicht verwendet. Der Grund dafür war das Fehlen eines geeigneten Geschirrs zum Einspannen. Allerdings konnte man sie für leichtere Zugaufgaben und im Krieg zum Ziehen von Streitwagen gebrauchen. Erst im Hochmittelalter setzte sich ein Kummet durch, das es den Pferden ermöglichte, mit den Schultern und der Brust zu ziehen. Nun waren sie auch von schweren Zugarbeiten nicht mehr ausgenommen.

Viel früher als das Pferd – bereits in der Antike – musste der Ochse zum Ziehen von Wagen, Pflügen und anderen schweren Lasten herhalten. Pferde galten als stärker, ausdauernder, schneller und wurden weniger als die Ochsen durch Hitze oder Kälte beeinträchtigt. Sie wurden deshalb seit dem Aufkommen des Kummets für Arbeiten, die eine große Sorgfalt oder Geschwindigkeit verlangten, eingesetzt. Und natürlich waren sie aus der Bauwirtschaft nicht wegzudenken – bis die Dampfkraft und die Motoren ihre Aufgaben übernahmen.

Der Esel war ein weiterer Helfer, der den Menschen die Arbeit erleichterte. Das für seine Duldsamkeit berühmte Tier ist auf der ganzen Welt verbreitet. In vielen Gebieten musste der Esel als Zug-, Last- und Reittier herhalten. Gemäß dem Landwirthschaftlichen Conversations-Lexicon von 1837 konnte ein Esel 25 bis 30 Jahre alt werden. Heute wird mit einer Lebenserwartung von bis zu 40 Jahren gerechnet. Nach dem Ableben eines Esels wurde dessen Haut oft zur Pergamentherstellung verwendet.

Rollender Transport

Die großen Blöcke, die für den Bau von Stadtmauern, Tempeln und Palästen Verwendung fanden, mussten auf Rollen und Steinen zum Bauplatz geschoben und gezogen werden. Die Beförderung nicht ganz so schwerer Baumaterialien erleichterte eine der entscheidendsten Erfindungen der Menschheitsgeschichte: das Rad. Die Einführung des Rades schätzt man auf etwa 3500 v. Chr., zur Bronzezeit.

Das Rad war sicherlich schon vorher bekannt, zum Beispiel als Töpferscheibe, aber die wirklich revolutionäre Erfindung bestand darin, einen Karren zu schaffen, indem man eine Plattform auf Holzscheiben laufen ließ. Um aber ein funktionierendes Fahrzeug zu bekommen, war eine Kombination aus Rädern und einer Achse nötig. Dazu mussten die Enden der Achse und die Löcher in den Rädern möglichst glatt sein, um die

So stellte sich ein Illustrator Anfang des 20. Jahrhunderts den Bau des Tempels im mesopotamischen Uruk vor. Das Baumaterial musste mit großer Mühe und einem enormen Aufwand an Arbeitskräften transportiert werden.

Diese Illustration zeigt die Wanderung eines antiken Clans oder einer Großfamilie. Der Wagen wird von Ochsen gezogen und läuft auf Scheibenrädern, die aus zusammengefügten Brettern gemacht wurden.

Reibung gering zu halten. Wer auch immer diese Erfindung machte, musste eine breite Auswahl an Holz und Metallwerkzeugen zur Verfügung gehabt haben. Die Einführung des Rades zu Transportzwecken konnte nicht vor der Bronzezeit stattgefunden haben. Es handelte sich offensichtlich um ein einmaliges oder zumindest seltenes Ereignis, denn auf dem amerikanischen Kontinent fand vor der Ankunft der Europäer der Sprung zum Wagenbau nie statt. Das Rad scheint den indigenen Völkern zwar bekannt gewesen zu sein, aber aus Mangel an geeigneten Zugtieren benutzte man es nicht für die Konstruktion von Karren. Trotzdem gelang es den Menschen in Süd- und Mittelamerika, große, die Jahrhunderte überdauernde Bauten zu errichten.

Für den Transport schwerer Säulen von den Steinbrüchen zur Baustelle wären aber selbst große Karren nicht stabil genug gewesen. Man kam deswegen auf die Idee, an den Enden der Säulen Räder zu befestigen und sie an den Zielort zu rollen.

Ein weiterer Fortschritt war die Lenkbarkeit zweiachsiger Wagen. Die einachsigen Karren waren zwar wendig, aber sie waren nicht für den Transport schwerer Lasten geeignet, da das Gewicht nur auf einer Achse lag und der Karren bei der Fahrt vor- oder zurückkippen konnte. Vierrädrige Wagen mit zwei festen Achsen waren dagegen kaum lenkbar. Die Lösung war die Befestigung der vorderen Achse an einem Drehschemel, was ihr Beweglichkeit verlieh.

Trotzdem wurden in vielen Bereichen lange Zeit sowohl ein- als auch zweiachsige Fuhrwerke verwendet. Wagen mit hölzernen Rädern, die für die Arbeit mit Zugtieren vorgesehen waren, blieben bis in das 20. Jahrhundert im Gebrauch. Aber schon im 19. Jahrhundert zeichnete sich ein Umschwung ab. Vor allem mit dem Aufkommen maschineller Zugmaschinen waren bedeutend größere Geschwindigkeiten und Lasten möglich. Das Holz reichte als Material nicht mehr aus. Räder aus Eisen waren in dieser Zeit bereits von der Eisenbahn, den Lokomobilen und den Automobilen, aber auch in der Landwirtschaft von verschiedenen Maschinen bekannt. Die Luftbereifung tat schließlich ihr Übriges, um in Europa nach dem Zweiten Weltkrieg die letzten Wagen mit hölzernen Speichenrädern abzulösen.

Bei diesem Göpel laufen die Pferde im Kreis und treiben dabei über die Zahnräder, die sich unter dem Dach befinden, eine Riemenscheibe an.

KARREN AUF DER BAUSTELLE

Karren waren noch lange Zeit das hauptsächliche Mittel für den Erdtransport auf Baustellen. In einer Schrift, die etwa 1910 verfasst wurde, heißt es:

„Zu jener Zeit, also vor ungefähr 40 Jahren, verwendete man zur Bewegung von Erdmassen einrädrige Kippkarren von je 100 Liter Inhalt, die ein Mann schob, oder größere, zweirädrige Kippkarren von je ¼ cbm Inhalt für Pferdebetrieb.

Letztere Karren ließen sich zusammenkuppeln, so dass zwei oder noch mehr auf einmal fortgezogen werden konnten. Zur Verminderung der Reibung wurden hölzerne oder eiserne Karrdielen verlegt, auf denen sich die Gefährte fortbewegten.

Diese Art zu arbeiten bedeutete eine beträchtliche Kraftvergeudung. Zu jedem Kippkarrenzug gehörte außer dem Pferd ein Kutscher und mindestens noch ein Arbeiter zum Entleeren der Karren. Dabei fasste ein solcher Zug im ganzen nur 1 cbm oder wenig darüber.

Das Beladen der Pferdekarren war infolge der großen Wagenhöhe teuer und mühselig und das Kippen nicht minder umständlich; in den meisten Fällen wurden damals Materialmassen noch vor Kopf geschüttet; infolgedessen konnte immer nur ein Karren ausschütten, der wegzufahren war, ehe der nächste zum Kippen gebracht werden konnte."[1]

Göpel und Tretmühlen

Um die Kraft von Menschen und Tieren auf Wagen oder Maschinen zu übertragen, entstanden im Laufe der Zeit verschiedene Hilfsmittel, wie Deichseln, Hebel oder Göpel. Bei einem Göpel handelte es sich um eine mechanische Vorrichtung, die meist im Kreis gedreht wurde und dabei über ein Zahnrad oder einen Riemen eine Maschine antrieb. Sogenannte Handgöpel wurden von Personen betätigt und dienten zum Antrieb von Geräten, die eine eher geringe Kraft verlangten. Es waren aber vor allem Pferde und andere

Arbeitstiere, die den Göpel in Gang hielten. Die ersten Vorrichtungen dieser Art sind bereits aus dem Alten Ägypten bekannt und wurden zum Wasserschöpfen verwendet. Ab circa dem Jahr 1300 n. Chr. benutzte man sie auch im europäischen Bergbau, um das Wasser aus den immer tiefer vordringenden Schächten zu schöpfen. Als in der Industrie schon die Dampfkraft eingesetzt wurde, verwendete man in anderen Bereichen, wie der Landwirtschaft, immer noch Göpel.

Als Beispiel für den Einsatz von Göpeln kann die Aufrichtung des Obelisken auf dem Petersplatz in Rom im Jahr 1586 dienen. Die 23 Meter hohe und 327 Tonnen schwere Spitzsäule stellte für den Architekten Domenico Fontana eine technische Herausforderung dar. Der Obelisk musste an seinem vorhergehenden Standort niedergelegt und mehrere hundert Meter an seinen neuen Platz transportiert werden. Um dieses Vorhaben umzusetzen, mussten umfangreiche Berechnungen durchgeführt werden. Fontana wollte nicht nur die genau benötigte Kraft wissen, sondern auch noch eine Reserve zur Verfügung haben. Schließlich waren es 40 Göpel und 5 Hebel aus starken Balken, mit deren Hilfe der Gesteinsgigant bewegt wurde. An der Aufgabe, die nötige Kraft aufzubringen, waren 140 Pferde und 800 Menschen beteiligt.

1 Entstehen und Entwicklung der Firma Orenstein & Koppel – Arthur Koppel Aktiengesellschaft. Denkschrift anlässlich der Fertigstellung der 5000. Lokomotive, Seite 2– 3

Naturkräfte

In der Frühzeit der Industrialisierung siedelten sich Betriebe an Wasserläufen an, um über Wasserräder die Maschinen anzutreiben. Dieses Gemälde entstand 1795.

Die meisten Arbeiten, wie Gräben ausheben, Getreide mahlen, Wasser schöpfen, den Boden bearbeiten, Mauern und Zäune errichten, mussten für den weitaus längsten Teil der Menschheitsgeschichte mit menschlicher oder tierischer Muskelkraft verrichtet werden. Eine natürliche Kraft wurde jedoch schon sehr früh genutzt, nämlich diejenige des Windes. Manche Forscher meinen, dass der Mensch bereits in der Altsteinzeit aus geflochtenen Zweigen Segel baute. Unbestritten ist jedoch der Umstand, dass vor circa 5000 Jahren in Ägypten auf dem Nil bereits mit Segeln ausgestattete Schiffe fuhren.

Vor etwa 3200 Jahren begannen im Nahen Osten Windräder auf vertikalen Achsen Bewässerungsanlagen anzutreiben. Windmühlen, wie man sie auch heute noch von den ägäischen Inseln kennt, sind etwa 1000 Jahre jünger als die orientalischen Anlagen, die Wasser auf die Felder schöpften. Im restlichen Europa sollte es jedoch noch länger dauern, bis die Windkraft eine größere Verbreitung fand. Im Mittelalter häuften sich schließlich die Berichte über Windmühlen, und zu Beginn der Neuzeit nutzte man die windgetriebenen Mühlen bereits nicht mehr nur zum Mahlen von Getreide, sondern auch für andere Zwecke, wie zum Wasserpumpen im Bergbau. Selbst als Schiffsantrieb fand die Windkraft Verwendung. Ab 1742 soll auf der Weser bei Bremen ein Radbaggerschiff mit Windmühlenantrieb zum Ausbaggern der Flussmündung im Einsatz gewesen sein.

Eine zweite Naturkraft, die schon früh vom Menschen genutzt wurde, kam vom fließenden Wasser. Berichte von Wasserrädern, mit denen man Mühlen betrieb, sind aus der griechischen und römischen Antike bekannt. Der im ersten Jahrhundert vor der christlichen Zeitrechnung lebende Dichter und Philosoph Lukrez (eigentlich Titus Lucretius Carus) sowie der griechische Geograf Strabon (circa 63 v. Chr. bis circa 24 n. Chr.) lieferten Berichte von der Nutzung der Wasserkraft zum Wasserschöpfen und als Antrieb einer Mühle.

Eine ausführlichere Beschreibung von Wasserrädern ist im zehnten Band des Werks über die Architektur („De architectura") des römischen Architekten Vitruvius enthalten. Er beschrieb Schöpfräder, an denen Kästen befestigt waren und die mit der Strömung des Flusses Wasser schöpften. Auf die gleiche Weise, so schrieb er, würden auch die Wassermühlen betrieben. Der Unterschied wäre, dass am Ende der Welle ein Zahnrad lief, in das ein anderes Zahnrad griff, das wiederum einen Mühlstein in Bewegung setzte.

Wind und Wasser blieben auch in den folgenden Jahrhunderten, als die Antike zu Ende ging und das Mittelalter hereinbrach, die einzigen Antriebskräfte, die sich der Mensch, abgesehen von tierischen und menschlichen Leistungen, zunutze machen konnte. Die Flüsse spielten deshalb bis in die Neuzeit eine entscheidende Rolle, und zwar nicht nur als Verkehrswege, sondern bis in die Frühzeit der Industrialisierung auch beim Antrieb von Maschinen. Der Wind hat in jüngster Zeit ein Comeback, nämlich zur Stromerzeugung. Obwohl die immer zahlreicher werdenden Windräder und Windparks nicht unumstritten sind, sollen sie in Zukunft eine wichtige Rolle im Bereich der Energieversorgung spielen.

EXKURS

Mittelalterliche Bautechnik

→ Diese mittelalterliche Darstellung des Turmbaus von Babel zeigt die Hilfsmittel, die im 13. Jahrhundert beim Bau benutzt wurden. Die Lasten wurden mit Seilwinden nach oben gezogen oder getragen. Im Vordergrund sind Steinmetze mit ihrer Arbeit beschäftigt. Im Hintergrund sieht man, wie Mörtel zubereitet wird.

→ Diese Darstellung des Maurerhandwerks stammt von einer Spielkarte von 1702. Die Arbeiter mussten zu dieser Zeit noch mit sehr einfachem Werkzeug auskommen.

Eine Art früher Baumaschinen ist aus dem Mittelalter belegt, nämlich die Mörtelmaschine. Der Mörtel war bei der Errichtung der großen Steinbauten als Bindemittel unerlässlich. Archäologen konnten im Bereich von Kirchenbauten im 9. und 10. Jahrhundert Großmörtelmaschinen nachweisen. Dabei handelte es sich um Wannen, die im Boden eingelassen waren und über ein Rührgestänge bedient wurden. Die Wannen hatten einen Durchmesser von 2 bis 4 Metern und konnten in einem Durchgang bis zu einem Kubikmeter Mörtel rühren. Die nötige Kraft für die Rührtätigkeit und den Transport der Zutaten sowie des fertigen Mörtels musste noch von Mensch und Tier aufgebracht werden. Nach der Jahrtausendwende sind diese Großmörtelmaschinen nicht mehr belegt.

Ein bedeutendes Hilfsmittel im Bau war die Schubkarre. Möglicherweise war dieses Transportmittel bereits im antiken Griechenland bekannt, allerdings sind die Belege dafür unsicher. Eine Zeichnung, die ungefähr aus dem Jahr 1250 stammt und die Gründung der nördlich von London gelegenen Abtei von St. Albans illustriert, zeigt dagegen die Verwendung der Schubkarre beim Bau. Das einrädrige Fahrzeug ermöglichte eine Steigerung der Transportleistung auf der Baustelle.

Für die vertikale Beförderung von Material, das heißt, um Lasten nach oben zu heben, kamen dagegen Seilwinden oder Krane zum Einsatz. Wo dies nicht praktikabel war, schnallte man sich ein Tragegestell auf den Rücken und trug das Material – oft schwere Steine – nach oben.

Lastkrane gab es im Mittelalter nicht nur auf dem Bau, sondern auch zum Be- und Entladen von Schiffen. Zum Einsatz kamen dabei neben zweisäuligen Portalkranen auch sogenannte Galgenkrane, die aus einer Kransäule und einem oben aufliegenden Ausleger bestanden.

Zum Handwerkszeug eines typischen mittelalterlichen Maurers gehörten eine Kelle, ein Hammer, ein Mörtelmischhaken, ein Lot und eine Waage. Zum Werkzeug der Steinmetze zählten unter anderem das Steinbeil (auch Fläche genannt), das Spitzeisen (Spitze, Spitzmeißel), die Spitzfläche, der Hammer und der Winkel.

Diese Bibelillustration von 1450 zeigt die Fertigung von Ziegeln. Die Art der Herstellung entspricht dem Mittelalter. Im Hintergrund sieht man den Ofen, in dem die Ziegel gebrannt werden.

EXKURS

Ziegelsteine

Auf Ziegel als Baumaterial stößt man bereits im Alten Testament in der Geschichte vom Turmbau zu Babel. Die Menschen, so heißt es dort, wollten einen Turm bauen, dessen Spitze zum Himmel reicht. Sie brannten sich Ziegel, die ihnen als Bausteine dienten, und nutzten den Asphalt als Mörtel. Ebenfalls im Alten Testament, im Buch Exodus, werden die Israeliten in Ägypten dazu gezwungen, aus Lehm und gehäckseltem Stroh Ziegel zu fertigen, um damit für den Pharao Vorratsstädte zu bauen. Bei diesen Ziegeln handelte es sich um Bausteine, denen Pflanzenfasern oder auch andere Stoffe beigegeben wurden. Die Beimischung sollte das Gewicht gering halten, die Zugfestigkeit der Steine verbessern und eine Rissbildung einschränken. Allerdings wurden diese Bausteine nicht gebrannt, sondern getrocknet.

Der römische Architekt Vitruvius behandelt in einem kurzen Kapitel im zweiten Buch seines Werks über die Architektur ebenfalls die Anfertigung von Ziegeln. Dieses Baumaterial, so meinte er, sollte nicht aus sandigem oder kiesigem Ton oder aus feinem Kies bestehen, da sie zum einen schwer seien und zum anderen vom Regen ausgewaschen und dadurch brüchig würden. Das Stroh könne sie dann nicht mehr zusammenhalten. Sie sollten stattdessen aus weißem, kreidehaltigem oder rotem Ton bestehen. Die Steine sollten im Frühjahr oder im Herbst gemacht werden, sodass sie gleichmäßig trocknen könnten. Nach Vitruvius waren die Bausteine am besten, wenn sie zwei Jahre vor ihrer Verwendung hergestellt würden, da sie in kürzerer Zeit nicht richtig trocknen könnten.

Gebrannte Ziegel in standardisierten Größen wurden im Römischen Reich bereits im 1. Jahrhundert nach Christus hergestellt und breiteten sich mit den römischen Legionen aus. Die Legionäre führten oft mobile Brennöfen mit sich und errichteten im gesamten Römischen Reich große Ziegelkonstruktionen, wobei die Ziegel oft mit dem Siegel der Legion versehen waren.

Während des Mittelalters gewann die Ziegelbauweise auch im europäischen Norden, wo man vorher für einfache Häuser Holz bevorzugt hatte, an Popularität. Der Transport von Ziegeln blieb jedoch extrem teuer. Dies änderte sich erst mit der Industriellen Revolution und dem Ausbau von Kanälen, Straßen und schließlich mit der Ausbreitung der Eisenbahnstrecken. Ziegel konnten nun industriell gefertigt werden und nahmen die Stelle des bevorzugten Baumaterials ein.

Die römischen Legionäre führten nicht nur Krieg, sie errichteten auch Mauern und Bauwerke. Zwei Pferde ziehen in dieser Darstellung des Künstlers Pietro Santi Bartoli (1635–1700) eine Karre. Ansonsten wird die Arbeit von menschlicher Hand erbracht.

HEIẞER DAMPF: DIE ENTDECKUNG DER DAMPFKRAFT

Dampfmaschinen trieben die Industrielle Revolution an. Sie machten die Fabriken von den Kanälen unabhängig und schöpften das Wasser aus den Bergwerken. Manche Dampfmaschinen setzte man auf Räder – sogenannte Lokomobilen –, andere konnten auf Schienen fahren – die Dampflokomotiven.

Einen Einbruch in der Geschichte der technischen Entwicklung Europas brachten der Zusammenbruch des Weströmischen Reiches als Folge interner Kämpfe, mehrere Pandemien sowie schließlich die Völkerwanderung. Der Antike folgte das Mittelalter. Vor allem das frühe Mittelalter, das oft als eine „dunkle" Zeit bezeichnet wird, besitzt keinen guten Ruf. Viele Errungenschaften des vorhergehenden Zeitalters gingen wieder verloren. Nur langsam gelang es im Hoch- und Spätmittelalter, die verlorenen Erkenntnisse zurückzugewinnen. Die technische und zivilisatorische Entwicklung beschleunigte sich in der folgenden Renaissance, der europäischen „Wiedergeburt". Schließlich folgten die Neuzeit und mit ihr die Industrielle Revolution, die nicht möglich gewesen wäre, wenn man nicht eine neue Antriebsquelle für die Maschinen in den Bergwerken und Fabriken entdeckt hätte, nämlich die Dampfkraft, die schließlich auch als Antriebsquelle für Bagger und andere Baumaschinen dienen sollte.

Versuche mit der Dampfkraft

Bereits in der Antike hatte man erkannt, dass man Wasserdampf als Kraftquelle nutzen konnte. Der in Alexandria lebende Mathematiker und Erfinder Heron (1. Jahrhundert n. Chr.) beschrieb zum Beispiel eine Vorrichtung, bei der es sich vermutlich um die erste funktionierende Dampfmaschine handelte. Er nannte sie „Aeolipile" oder „Windball". Später gab man ihr die Bezeichnung „Herons Ball". Teil seiner Konstruktion war ein versiegelter Wasserkessel, der über einer Wärmequelle platziert wurde. Wenn das Wasser zu kochen begann, stieg der Dampf über eine Rohrverbindung in eine Hohlkugel. Von dort entwich der Dampf aus zwei gebogenen Auslassrohren, was zu einer Drehung der Kugel führte. Auf diese Weise entstand der erste Dampfantrieb. Heron und wohl auch seine Zeitgenossen betrachteten diese Erfindung allerdings nicht als nützlich für alltägliche Anwendungen. Der Aeolipile war eine Neuheit, ein bemerkenswertes Spielzeug, hatte aber keinen praktischen Nutzen.

Großbritannien war bereits im 17. Jahrhundert, vor dem Beginn der Industriellen Revolution, ein Land der Erfinder, der Tüftler, der technischen Innovationen. Ein Beispiel dafür lieferte Edward Somerset (circa 1602–1667), der nach eigenen Angaben für einhundert Erfindungen verantwortlich war. Für eine Dampfpumpe, die er bauen wollte, meldete er 1663 ein Patent an. Aber soweit bekannt ist, ließ sich die Konstruktion nicht erfolgreich umsetzen.

Samuel Morland (1625–1695) ist ebenfalls eine Persönlichkeit, die in der Technikgeschichte oft als einer der frühen Dampfmaschinenerfinder aufgeführt wird. Er diente lange Zeit unter dem englischen König Charles II. als „Meister der Mechanik“ („master of mechanics“) und war für eine Reihe praktischer Erfindungen verantwortlich. Er stellte mehrere Versuche zur Ermittlung der Leistung von Wasserdampf mit unterschiedlich großen Zylindern an. Seine Konstruktion einer Anlage, die Wasser durch Dampfdruck in eine Höhe von 40 Fuß pumpen sollte, blieb wahrscheinlich im theoretischen Stadium.

Der französische Physiker und Mathematiker Denis Papin (1647–1713), auf den wir später noch einmal stoßen werden, war für einige wichtige Erfindungen verantwortlich. 1675 zog Papin von Paris nach London, da er als Hugenotte in Frankreich einer steigenden religiösen Intoleranz ausgesetzt war. In seiner neuen Heimat arbeitete er zunächst für den Wissenschaftler Robert Boyle (1627–1692) und später für Robert Hooke (1635–1703). In dieser Zeit erfand er den Dampfdruckkochtopf und noch dazu das Sicherheitsventil, das eine Explosion bei Überdruck vermeiden sollte. 1687 kam er an die Universität Marburg und sieben Jahre später wurde er vom Landgrafen von Hessen-Kassel nach Kassel berufen. Dort nahm er seine bereits früher getätigten Versuche mit einer Wärmekraftmaschine wieder auf. In Paris hatten er und der Physiker und spätere Astronom

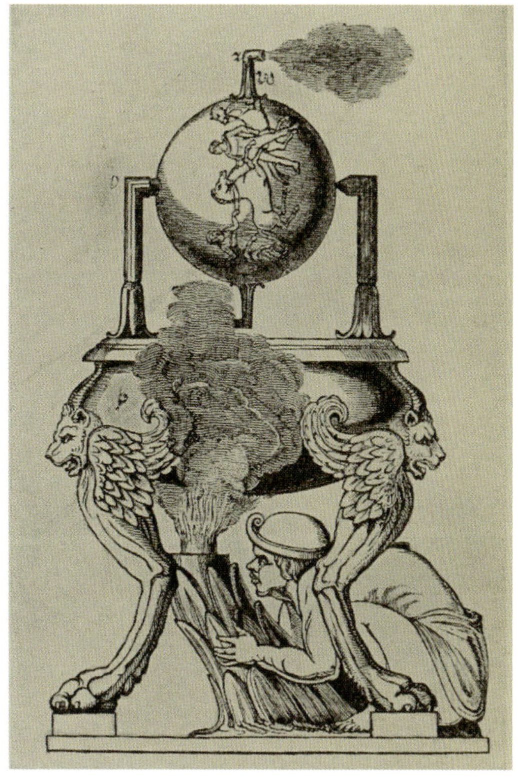

Herons Kugel setzte sich durch Dampfkraft, die aus zwei gebogenen Rohren entwich, in Bewegung. Für eine praktische Anwendung war die Erfindung jedoch noch nicht geeignet.

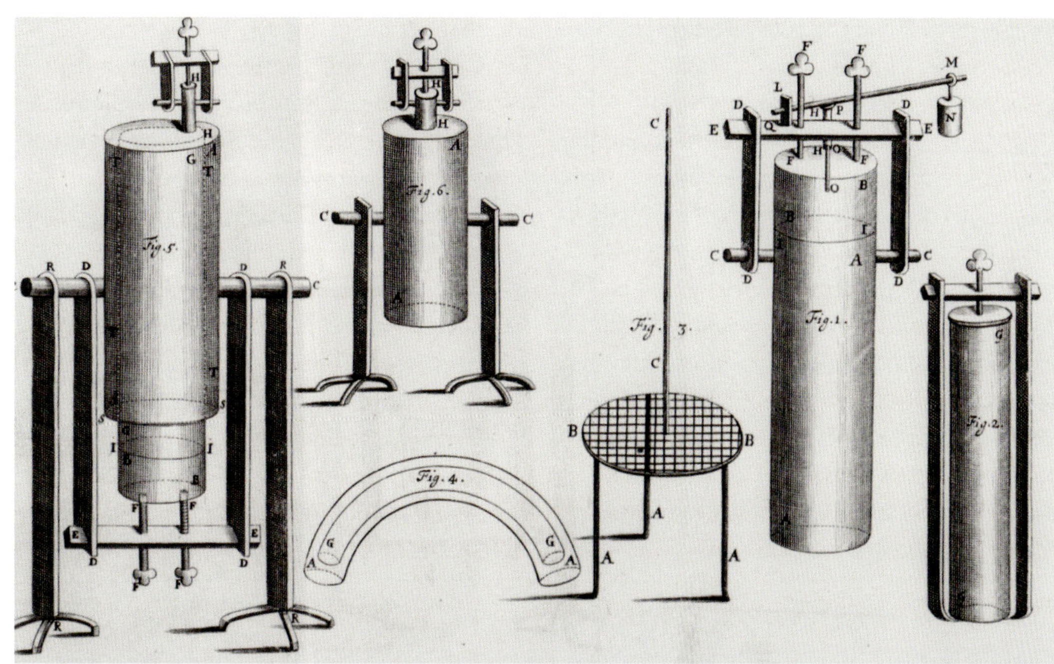

Zu Papins Erfindung gehört ein Dampfkochtopf, der als Vorläufer des modernen Schnellkochtopfes gelten kann. Seinerzeit war er jedoch zum Kochen von Knochen vorgesehen.

↑ Denis Papin war ein Gelehrter und Erfinder, der sich schon früh mit den Möglichkeiten der Dampfkraft beschäftigte und deswegen als einer der Väter der Dampfmaschine gilt.

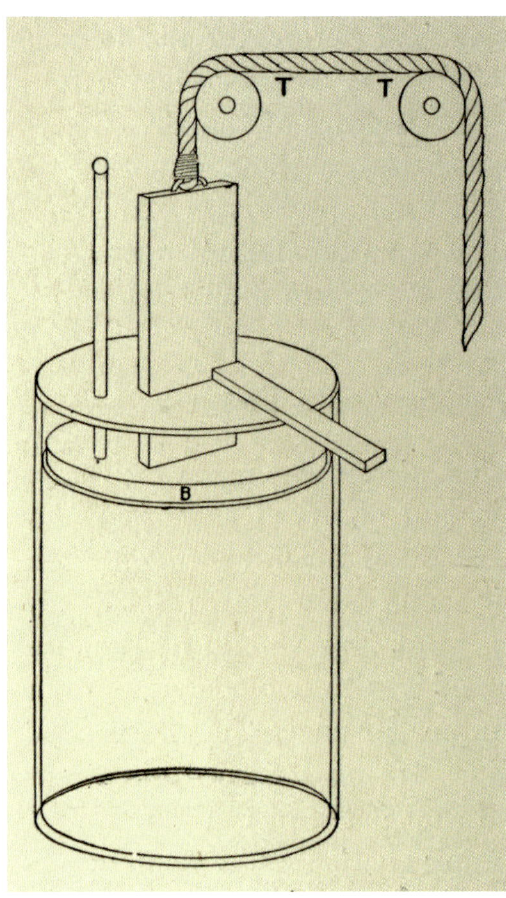

→ Denis Papin schuf die erste Dampfmaschine, die mit einem Kolben versehen war. Der Kolben sollte durch den Dampf nach oben und durch den Luftdruck nach dem Abkühlen wieder nach unten gedrückt werden.

Christiaan Huygens (1629–1695), dessen Assistent Papin gewesen war, Sprengpulver in einem Zylinder explodieren lassen, um einen Kolben zu bewegen. Diesmal setzte Papin stattdessen auf Dampfdruck. Bei seiner neuen Versuchsvorrichtung befanden sich im Zylinder Wasser und dicht darüber ein Kolben. Das Wasser wurde von außen erhitzt, und der dadurch entstehende Dampfdruck schob den Kolben nach oben. Beim Abkühlen kondensierte der Dampf, woraufhin der atmosphärische Druck wie schon bei der Explosionsmaschine den Kolben nach unten drückte. Papin war mit der Nutzung von Dampfkraft und atmosphärischem Druck bereits auf dem richtigen Weg zu einer brauchbaren Maschine. Aber es fehlten ihm die nötigen Mittel, um die Versuche mit einer größeren und effektiveren Anlage fortzuführen.

Thomas Saverys Wasserpumpe

Die wirtschaftliche Expansion führte zu einer steigenden Nachfrage nach Erz und Kohle. Die Schächte im Bergbau wurden in immer größere Tiefen vorangetrieben. Aber ein Problem war das einsickernde Wasser. Der aus der südwestenglischen Grafschaft Devon stammende Thomas Savery (circa 1650–1715) glaubte, die Lösung gefunden zu haben. Er kannte wahrscheinlich das Buch, in dem Edward Somerset seine hundert Erfindungen beschrieb. Eine davon mit dem Titel „Eine wasserführende Maschine" („A water-commanding engine") diente Savery möglicherweise als Inspiration für seine eigene Erfindung.

In dieser Konstruktion wurde zunächst Wasserdampf aus einem erhitzten Kessel in ein Gefäß geleitet. Durch das Einspritzen von kaltem Wasser kondensierte der Dampf und sorgte für einen Unterdruck im Gefäß, wodurch Wasser von unten angesaugt wurde. Der nächste Schritt bestand im erneuten Einspritzen von Dampf, der das Wasser über ein Steigrohr nach oben drückte. Die Vorrichtung wirkte dadurch wie eine Art Pumpe. Savery meldete 1698 ein Patent für seine Erfindung an. 1702 ließ er einen Prospekt mit dem Titel „The Miner's Friend" („Der Freund des Bergmanns") drucken und schickte ihn an Minenleiter in ganz England in der Hoffnung, auf eine hohe Nachfrage zu stoßen. Während sich aber seine Erfindung für die Wasserversorgung von Landgütern und Landhäusern als nützlich erwies, übte sich die Bergbauindustrie in Zurückhaltung. Zu den Gründen dafür gehörten der hohe Kohlenverbrauch beim Betrieb und die Förderhöhe von nur 30 Metern, die für den Bergbau in der Regel zu gering war.

Savery wird manchmal zu dem Personenkreis gezählt, die als Erfinder einer Dampfmaschine gelten. Aber zutreffender ist die Bezeichnung Dampfpumpe für seine Konst-

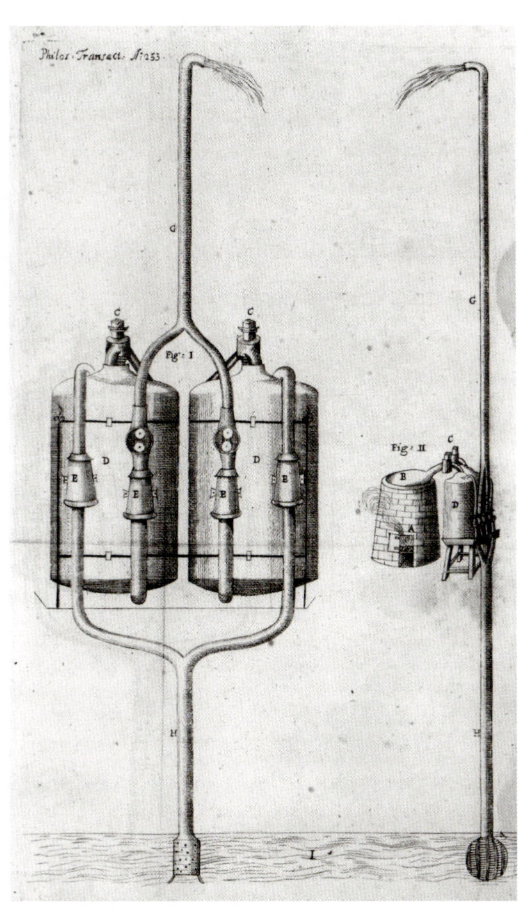

ruktion, was jedoch den Wert seiner Leistung in der Entwicklungsgeschichte der Dampftechnik nicht mindert.

Newcomens Maschine

Ebenfalls aus der Grafschaft Devon kam der Schmied Thomas Newcomen (1663–1729). Er kannte Saverys Wasserpumpe und war möglicherweise auch mit Versuchen vertraut, die von Papin vorgenommen worden waren. Newcomen begann bereits 1702, sich mit der Konstruktion einer „Feuermaschine" zu beschäftigen. Es sollte jedoch noch ein ganzes Jahrzehnt dauern, bis die erste funktionierende Maschine in Betrieb genommen werden konnte, nämlich in einer Kohlengrube in der Nähe der Stadt Dudley in den englischen West Midlands.

Die Maschine verwendete einen Kolben, der in einem oben offenen Zylinder arbeitete. Unterhalb des Zylinders befand sich ein mit Wasser befüllter Kessel, von dem aus nach dem Anheizen Wasserdampf nach oben in den Zylinder stieg. Der Kolben wurde durch den Dampf nach oben gedrückt. Durch das Einspritzen von kaltem Wasser kondensierte der Dampf und erzeugte im Zylinder unterhalb des Kolbens einen Unterdruck. Der atmosphärische Druck von oben brachte den Kolben wieder in seine Ausgangslage.

Der entscheidende Vorteil von Newcomens Maschine war der Umstand, dass sie tatsächlich praktische Arbeit verrichten konnte. Der Kolben war nämlich über Ketten mit einem Ende eines Schwingbalkens verbunden. Am anderen Ende bestand eine Verbindung des Balkens über eine Stange mit der Pumpe im Bergwerk. Die Auf- und Abwärtsbewegung des Kolbens versetzte den Schwingbalken in Bewegung und trieb dadurch die Pumpe an.

Man bezeichnete die Newcomen-Maschine als „atmosphärische Maschine" („atmospheric engine"), da der Luftdruck bei der Kolbenbewegung eine Rolle spielte. Eine andere Bezeichnung war „Feuermaschine" („fire engine"), da zum Erhitzen des Wassers Feuer nötig war. Ein Nachteil der Maschine war der hohe Brennstoffverbrauch. Die Kohlengrubenbetreiber konnten beim Betrieb in der Regel über diesen Makel hinwegsehen, da von dem Brennstoff genügend vorhanden war.

James Watt

Niemand wird mit dem Erfolg der Dampfkraft und dem Beginn der Industriellen Revolution so oft in Verbindung gebracht wie der schottische Maschinenbauer James Watt (1736–1819). Er wird häufig als der Erfinder der Dampfmaschine bezeichnet. Aber, wie wir gesehen haben, gab es vor ihm andere

↑ Thomas Savery gilt als einer der Erfinder der Dampfmaschine. Seine Maschine hatte den Zweck, das einsickernde Wasser aus Bergwerken zu pumpen.

← Wasserdampf arbeitende Vorrichtung stellte einen Schritt zur Dampfmaschine dar.

Diese Büste von James Watt steht heute im Science Museum in London. Die Gussform dafür wurde 1807 von Lucius Gahagan angefertigt.

Konstrukteure, wie Thomas Newcomen, auf deren Einfälle er aufbauen konnte.

James Watt war schon früh von der Mechanik fasziniert. 1755 zog er nach London, um eine Mechanikerlehre zu absolvieren. Gesundheitliche Probleme veranlassten ihn jedoch, die Ausbildung nach einem Jahr abzubrechen und nach Schottland zurückzukehren, wo er von der Universität Glasgow beauftragt wurde, astronomische Instrumente in Ordnung zu bringen. Aufgrund seiner hervorragenden Arbeit an den Instrumenten boten ihm einige Professoren die Möglichkeit, innerhalb der Universität eine kleine Werkstatt einzurichten.

1764 bekam die Universität eine Maschine, die James Watts Aufmerksamkeit in Anspruch nahm: eine Newcomen-Dampfmaschine, die er reparieren sollte. Er erkannte schnell, wie ineffizient das Design war, da es zu viel Dampf und Kohle verschwendete.

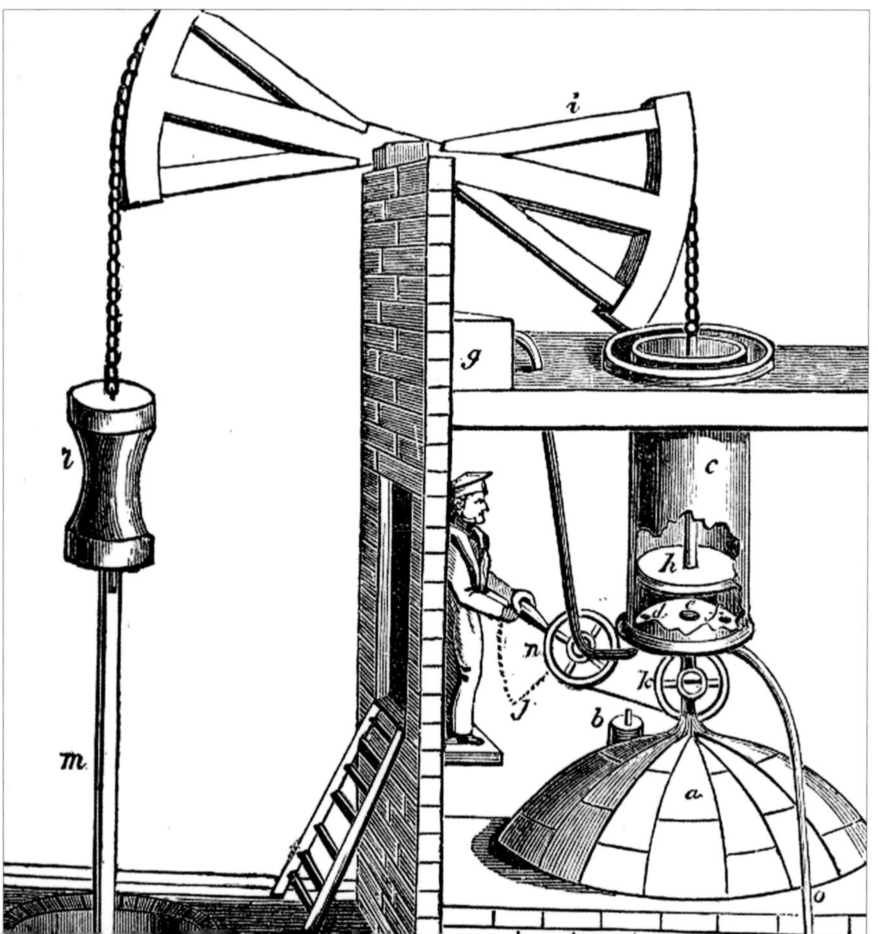

Die Newcomen-Maschine verbrauchte zwar viel Brennstoff, war aber die erste Dampfmaschine, die für den praktischen Einsatz in Bergwerken tauglich war.

James Watt beschloss, an der Konstruktion zu arbeiten, um die Wirtschaftlichkeit der Maschine zu verbessern. 1765 fand er schließlich eine Lösung.

Die Newcomen-Maschine war zu dieser Zeit bereits seit einem halben Jahrhundert zum Wasserpumpen in Kohlenminen im Einsatz. Sie hatte auch mehrere Verbesserungen erfahren. Einen wichtigen Beitrag, der zu einer bedeutenden Effizienzsteigerung führte, sollte der englische Ingenieur John Smeaton (1724–1792) noch 1775 leisten. Aber im Großen und Ganzen hatte sich das Design nicht verändert.

Watt war das Problem der Newcomen-Dampfmaschine, nämlich der Wärmeverlust, nicht entgangen. Als er mit der Maschine experimentierte, hatte er festgestellt, dass drei Viertel der thermischen Energie für die Erwärmung des Zylinders verbraucht wurden. Die Energie wurde verschwendet, weil bei jedem Zyklus des Kolbens kaltes Wasser in den Zylinder gespritzt wurde, um den Dampf zu kondensieren und seinen Druck zu verringern. Durch das wiederholte Aufheizen und Abkühlen des Zylinders vergeudete daher die Maschine den größten Teil seiner Wärmeenergie, statt sie in mechanische Energie umzuwandeln. Watts Idee bestand nun darin, die Maschine mit einem separaten Kondensator auszustatten. Dies sollte seine erste und größte Erfindung werden.

1769 bekam er ein Patent auf „eine neu erfundene Methode zur Verringerung des Dampf- und Kraftstoffverbrauchs in Feuermaschinen“. Es gelang ihm, das Versprechen einzulösen, mit dem separaten Kondensator die Betriebskosten der Maschine erheblich zu verringern. Im Vergleich zu den herkömmlichen Newcomen-Maschinen verbrauchte Watts Variante ungefähr 60 Prozent weniger Kohle. Verglichen mit der verbesserten Smeaton-Ausführung lag die Einsparung bei ungefähr 35 Prozent. Aber der kommerzielle

Erfolg wäre nicht ohne die Partnerschaft mit dem in Birmingham ansässigen Unternehmer Matthew Boulton (1728–1809) möglich gewesen. Diese Kooperation verschaffte Watt den Zugang zu einigen der besten Metallbauer der Welt, denen es möglich war, Bauteile für die Maschine in ausreichender Präzision herzustellen.

Weiterentwicklungen der Dampfmaschine

Solange die Dampfmaschine nur eingesetzt wurde, um Wasser aus den Minen zu saugen, reichte die Auf- und Abwärtsbewegung der Kolbenstange aus. Aber das Potenzial der Maschine war viel größer. Die Bergwerke benötigten auch maschinelle Kraft, um die Kohle und das Erz in Aufzügen und Förderwagen aus den Schächten und Stollen zu ziehen, und die schnell wachsende Textilindustrie wollte von den Wasserrädern als Antrieb für die Produktionsmaschinen loskommen. Matthew Boulton berichtete Watt, dass er auf seinen Geschäftsreisen in die Industriezentren London, Birmingham und Manchester von der Größe der Nachfrage nach einem Dampfantrieb erfahren habe. Falls aber Watts Dampfmaschine diese Erwartungen erfüllen sollte, musste sie eine Drehbewegung erzeugen können.

James Watt fand mehrere Lösungen. Eine davon, nämlich die Umsetzung mit einem Kurbelwerk und einem Schwungrad, verschob er, da sich bereits ein konkurrierender Erfinder, James Pickard, die Rechte dafür in einem Patent hatte sichern lassen. Bis zum Erlöschen dieses Patents im Jahr 1795 wichen Watt und Boulton deshalb auf ein Planetengetriebe aus.

Damit war die Entwicklung der Dampfmaschine noch nicht beendet. Bisher übte die Maschine mit der Kolbenstange nur in eine Richtung eine ziehende Kraft aus. 1782 bekam der Erfinder ein Patent auf eine doppeltwirkende Maschine. Bei dieser Konstruktion wirkten der Dampf und der anschließende Unterdruck von beiden Seiten auf den Kolben und verdoppelte dadurch die Leistung der Maschine. Dies war das Ergebnis einer Idee, über die Watt bereits 1775 nachgedacht hatte.

Der Umstand, dass bei der doppeltwirkenden Maschine die Kolbenstange nicht nur zog, sondern auch schob, brachte eine neue Herausforderung mit sich, denn die Geradeführung der Stange musste gewährleistet sein. Watt löste dieses Problem durch die Verwendung eines Parallelbewegungsmechanismus, den er 1784 patentieren ließ. Es handelte sich dabei um eine Anordnung mehrerer miteinander verbundener Stangen, mit denen die Bewegung der Kolbenstange in einer senkrechten Position gehalten wurde. Watt bezeichnete diese Erfindung später als einen der genialsten einfachen Mechanismen, die er sich ausgedacht habe.

Boulton schlug noch die Notwendigkeit eines Fliehkraftreglers zur automatischen Drehzahlsteuerung vor. Watt nahm seinen Vorschlag auf und setzte ihn 1788 erfolgreich um. 1790 vervollständigte er die Maschine, indem er ein Messgerät zur Überwachung des Dampfdrucks erfand.

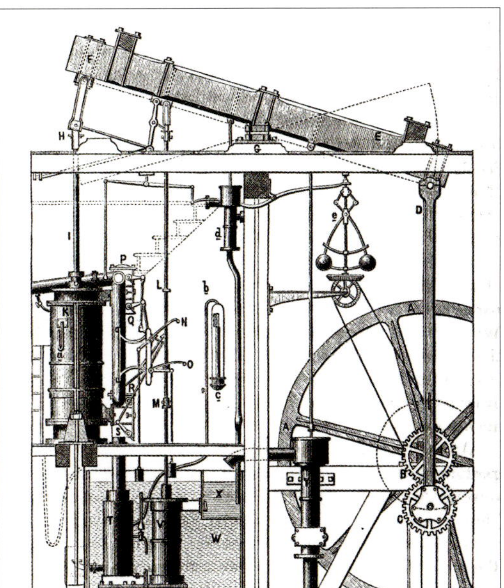

Matthew Boulton war ein Unternehmer, der die nötigen Mittel zur Verfügung stellte, um Watts Dampfmaschine zum Durchbruch zu verhelfen.

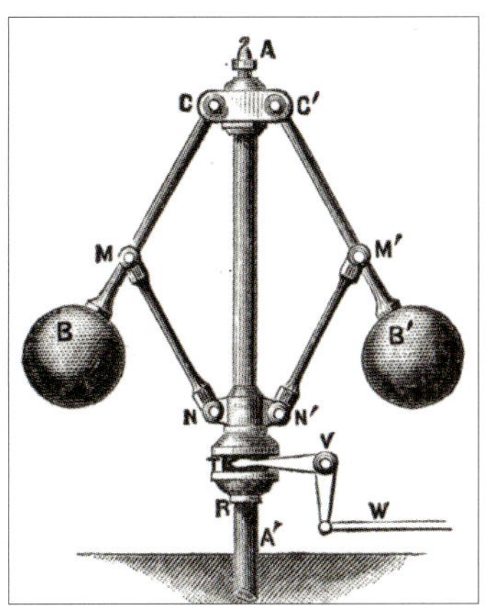

↑ Von James Watt wurde der Fliehkraftregler einfach als „The Governor" bezeichnet. Die Vorrichtung diente dazu, die Geschwindigkeit der Maschine zu regeln.

← Watts Dampfmaschine erfuhr im Laufe der Zeit mehrere Weiterentwicklungen. Dazu gehörten der Antrieb eines Rades und die Wirkung des Kolbens in beide Richtungen.

↑ Die Industrielle Revolution wäre ohne den Beitrag von innovativen Personen nicht möglich gewesen. Drei von ihnen, die zusammenarbeiteten, werden mit einer Statue in Birmingham geehrt: James Watt, Matthew Boulton und William Murdoch.

↓ Die Suche nach Kohle, dem „Schwarzen Gold", hatte seinen Preis. Der Bergbau veränderte die Landschaft und forderte auch viele Opfer.

EXKURS

Die Industrielle Revolution

Die Industrielle Revolution war ein technologischer, wirtschaftlicher und demografischer Umschwung, der ab Mitte des 18. Jahrhunderts Europa veränderte. Zu den technischen Neuerungen gehörte die Spinnmaschine „Jenny", die eine erhebliche Produktivitätssteigerung im Textilbereich ermöglichte.
Die Verhüttung von Eisenerz mit Koks ermöglichte es, Eisen zu niedrigeren Preisen anzubieten und die Verwendung des Metalls als Konstruktions- und Baumaterial rentabler zu machen. Der damit verbundene erhöhte Energiebedarf ließ die Nachfrage nach Steinkohle als Energieträger nach oben schnellen. Salzsiedereien, die Glaserzeugung, Ziegeleien, Töpfereien, die Textilindustrie, Seifensiedereien, Färbereien, Rohrzuckerraffinerien, Brauereien, die Kupferproduktion – um einige Industriesparten zu nennen – hatten einen steigenden Energiebedarf. Gleichzeitig stiegen die Preise für das immer knapper werdende Holz, was dazu führte, dass Kohle zunehmend zum Heizen und sogar zum Kochen Verwendung fand. Da Großbritannien eine Vorreiterrolle in der Industriellen Revolution innehatte, verzeichnete auch die Kohlenförderung auf den britischen Inseln vor allen anderen Ländern einen enormen Anstieg. Um 1530 lieferten die britischen Kohlenbergwerke geschätzte 200.000 Tonnen des „Schwarzen Goldes". Ein Jahrhundert später war die Fördermenge auf 1,5 Millionen Tonnen angestiegen, Mitte des 18. Jahrhunderts lag diese Zahl bereits bei 5 Millionen Tonnen und 1803 lieferten die britischen Kohlenzechen 13 Millionen Tonnen, 1854 lag die Produktion bei 65 Millionen Tonnen. Zum größten Verbraucher entwickelte sich in den 1830er-Jahren die Eisenhüttenindustrie, die bis zu einem Viertel des Energieträgers verbrauchte.

Angesichts des wachsenden Bedarfs an Kohle begann man, die Stollen immer tiefer in die Erde zu graben. In den 1730er-Jahren erreichte die tiefste Zeche in Großbritannien eine Tiefe von 192 Metern. Der Durchschnitt lag um die Mitte des Jahrhunderts bei 76 Metern. Um 1800 lagen der Durchschnitt bei 165 Metern und die maximale Tiefe bei 330 Metern.
35 Jahre später erreichte man in der Grafschaft Staffordshire einen Wert von 600 Metern.

Mit den zunehmenden Tiefen der Schächte entstanden neue Probleme, wie Schlagwetter, Wassereinbrüche und die immer aufwendigere Förderung der Kohle. Das Wasser konnte man mit Eimerketten schöpfen, später wurden Pumpen eingesetzt. Als Antrieb dienten oft Pferdegöpel und Handwinden, die schließlich von der Newcomen-Maschine abgelöst wurden. Watts Dampfmaschine war zwar effektiver, kostete aber auch bedeutend mehr. Der höhere Preis hatte einen verlangsamenden Effekt auf die Verbreitung von Watts Erfindung. Oft stattete man die Newcomen-Maschine nachträglich mit einem Kondensator aus, um ihre Effizienz zu verbessern und Watts Maschine nachzuahmen.

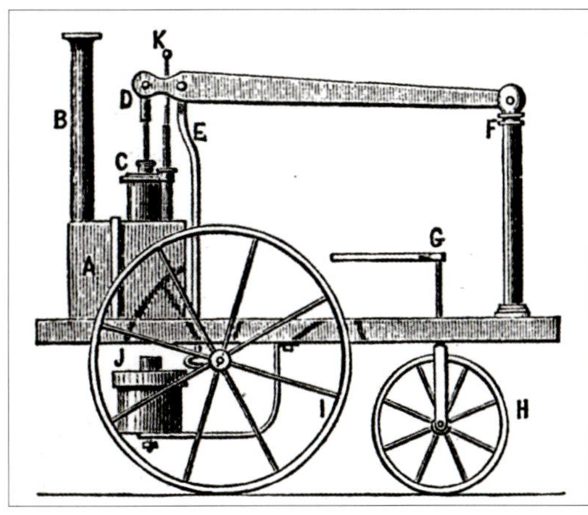

← William Murdoch baute ein Modell seines Dampffahrzeugs. Allerdings wurde die vielversprechende Konstruktion nie in eine größere Version umgesetzt.

↖ „Berühmte Erfindungen" („Famous Inventions") hieß die Serie von Zigaretten-Sammelkarten, die 1915 von der englischen Firma Wills herausgegeben wurde und Cugnots Dampfwagen zeigt.

Die Dampfkraft auf Rädern

Die Idee, die Dampfmaschine als Antrieb einer Kutsche zu benutzen, hatte bereits William Murdoch (später auch Murdock geschrieben), ein Angestellter der Firma Boulton & Watt, der später für mehrere eigene Erfindungen bekannt werden sollte. Die bedeutendste davon war die Gasbeleuchtung mit Stadtgas im Jahr 1792. Aber Murdoch war nicht der Erste, der auf die Idee gekommen war, einen Wagen mit Dampfantrieb zu konstruieren. In Frankreich hatte Nicolas Joseph Cugnot (1725–1804) schon 1769 einen dreirädrigen Wagen mit einem Dampfantrieb versehen. Es war ihm gelungen, den Kolbenhub in eine Drehbewegung umzuwandeln. Im folgenden Jahr baute er einen größeren „Fardier à Vapeur" („Dampf-Artilleriewagen"). Diese Version sollte in der Lage sein, vier Tonnen zu transportieren und knapp 8 Kilometer pro Stunde zurückzulegen. In der Praxis erreichte das Fahrzeug jedoch nie diese Ziele. Es hatte ein Eigengewicht von etwa 2,5 Tonnen, war hinten mit zwei Rädern ausgestattet und hatte vorne, wo normalerweise die Pferde gezogen hätten, ein großes Rad. Das Vorderrad trug den Dampfkessel und wurde mit einer Deichsel gelenkt.

Einen weiteren Versuch, die Dampfkraft als Fahrzeugantrieb einzusetzen, führte der englische Ingenieur und Maschinenbauer Richard Trevithick (1771–1833) in England durch. Während aber Cugnot sein Fahrzeug für die Armee konstruierte, arbeitete Trevithick an der zivilen Nutzung seines Gefährts. Ob er von Cugnots Versuch gehört hatte, ist ungewiss. Aber möglicherweise inspirierte ihn William Murdoch, der für einige Zeit sein Nachbar war.

Trevithick stammte aus einem Bergbaudorf in der englischen Grafschaft Cornwall. Er hatte zwar seine Probleme mit dem Lesen und Schreiben, aber er liebte es, mit Werkzeugen zu hantieren und an Maschinen zu schrauben. 1790 begann er als Dampfmaschinenreparateur in Minen in der heimischen Grafschaft zu arbeiten. In seiner Freizeit beschäftigte er sich mit einer eigenen Erfindung: einer Hochdruckdampfmaschine, bei der kein Kondensator mehr nötig und ein kleinerer Zylinder möglich wäre. Mit dieser Verbesserung sollten kleinere und leichtere Maschinen möglich sein. Die Kompaktheit sollte es sogar ermöglichen, die Maschine als Antrieb auf einer Kutsche unterzubringen.

Am 24. Dezember 1801 nahm Trevithick sechs seiner Freunde mit auf eine Probefahrt auf einer Straßenlokomotive mit dem bezeichnenden Namen „Puffing Devil" („Pustender Teufel"). Bei einer weiteren Testfahrt, die drei Tage später stattfand, versagte die Maschine allerdings den Dienst und explodierte, während sich die Passagiere glücklicherweise in einem Gasthaus befanden.

Richard Trevithick spielte eine wichtige Rolle bei der Weiterentwicklung der Dampfmaschine zu einem Fahrzeugantrieb.

➔ „Pustender Teufel" („Puffing Devil") nannte Trevithick seine erste Straßenlokomotive. Einigen seiner Zeitgenossen musste das lärmende Gefährt tatsächlich wie eine Ausgeburt der Hölle vorgekommen sein.

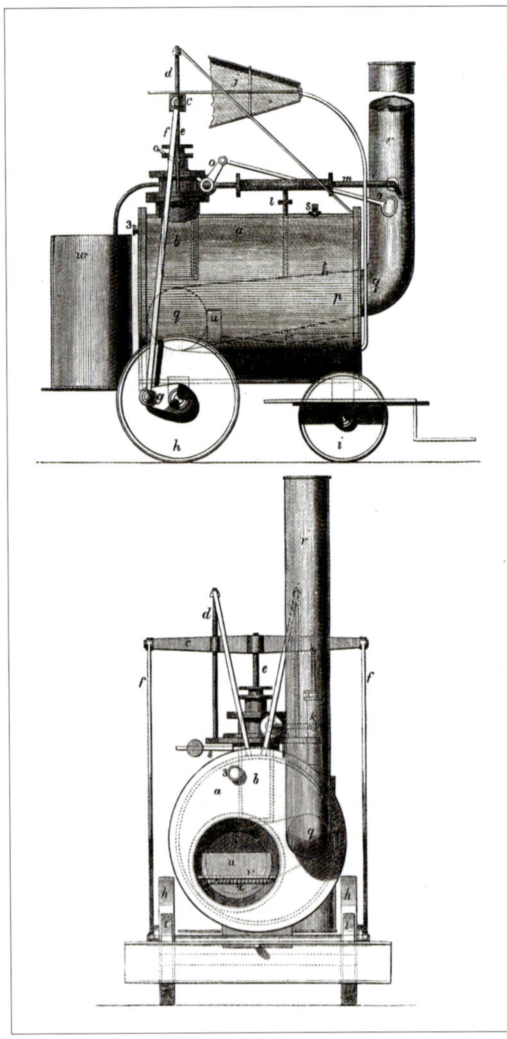

↓ Dampfmaschinen als Antrieb von Straßenfahrzeugen setzten sich nur in bestimmten Fällen durch. Feuerwehrfahrzeuge mit Dampfantrieb, wie dieses Exemplar, blieben seltene Ausnahmen.

1803 stellte Trevithick ein weiteres Dampffahrzeug vor. Das neue Modell sah nicht mehr wie eine Straßenlokomotive, sondern wie eine Kutsche ohne Deichsel und Zugpferde aus. Als Antrieb diente aber auch in diesem Fall eine Hochdruck-Dampfmaschine, die am Heck des Fahrzeugs angebaut war und die zwei Hinterräder mit einem Durchmesser vom 2,4 Metern in Bewegung setzte. Die Steuerung erfolgte über das vergleichsweise kleine Vorderrad.

Die Einzelteile des Gefährts waren in der Kleinstadt Falmouth in Cornwall hergestellt und nach London transportiert worden. Trevithick wollte seine pferdelose Kutsche in der Hauptstadt einem größeren Publikum vorstellen. Man sprach deswegen auch von der „London Steam Carriage" („Londoner Dampfkutsche"). Die Straßen waren eigens für den Tag der Probefahrt abgesperrt worden. Die Dampfkutsche, in der sieben oder acht Passagiere Platz genommen hatten, fuhr auf einer 16 Kilometer langen Strecke mit einer Geschwindigkeit von 4 bis 9 Meilen pro Stunde (6,4–14,5 km/h). An einem darauffolgenden Abend fuhr Trevithick jedoch mit der Kutsche gegen ein Hausgeländer. Als Folge dieses Unfalls, dem mangelnden Interesse potenzieller Käufer und der zur Neige gehenden finanziellen Mittel verwarf der Erfinder seinen Plan, die Dampfkraft für den Straßenverkehr einzusetzen.

Zwar gab es später durchaus Straßenlokomotiven, die jedoch für den Gütertransport verwendet wurden. Natürlich sollten auch die Dampfwalzen nicht vergessen werden, die bereits in den sechziger Jahren des 19. Jahrhunderts im Straßenbau zum Einsatz kamen.

Die Dampfkraft auf Schienen

Zwar gelang es Trevithick nicht, der Dampfkraft im Personenverkehr auf der Straße zum Durchbruch zu verhelfen. Aber der Erfinder

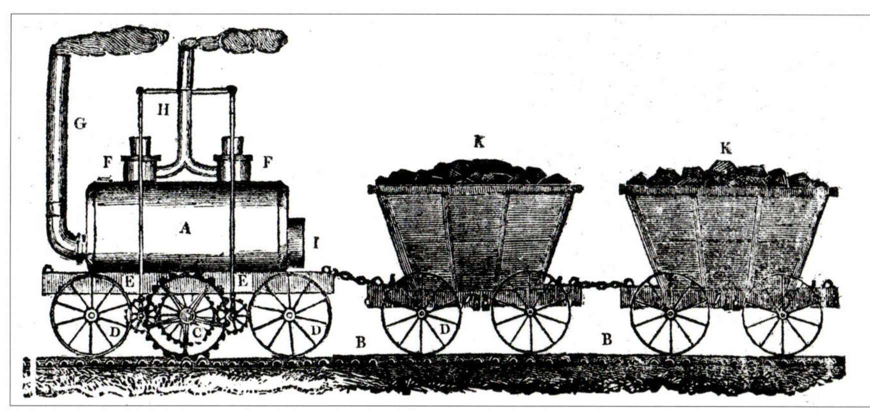

↑ Frühe Dampflokomotiven fuhren mit einem gezahnten Antriebsrad, das in eine Zahnradstange an der Außenseite der Schiene griff, während die anderen Räder auf einer glatten Schiene fuhren.

↖ „Puffing Billy" ist die älteste noch erhaltene Lokomotive. Sie befand sich von 1815 bis 1862 im Einsatz. Heute steht sie im Science Museum in London.

aus Cornwall arbeitete an seinen Hochdruckdampfmaschinen weiter. Sie erwiesen sich als sehr vielseitig und konnten in Bergwerken, in Fabriken und später auf Schiffen, in der Landwirtschaft sowie in der Bauwirtschaft Verwendung finden.

Mit der Industriellen Revolution entstanden neben Wasserwegen und Straßen aber auch neue Transportwege, nämlich Schienen. Die ersten Gleise waren aus Holz. Um die Haltbarkeit dieses Materials zu verlängern, begann man Mitte des 18. Jahrhunderts die Schienen mit Gusseisenplatten zu belegen. Aber auch diese Ausführung hatte nur eine beschränkte Zeit überdauert. Eine stabilere Lösung waren die Schienen aus Eisenplatten, die man auf Steinblöcke nagelte. Ein frühes Beispiel dafür war die 1803 eröffnete Surrey Iron Railway im Süden Londons. Solange die Zugkraft noch von Pferden kam, hielt das Gusseisen dem Gewicht der Wagen stand. Sobald aber Lokomotiven über die Schienen fuhren, kam es unter den Rädern der schwergewichtigen Maschinen immer wieder zu Brüchen. Erst die Einführung von gewalztem Eisen in den 1820er-Jahren ermöglichte stabilere Strecken.

Bei dem Bestreben, die Dampfkraft auf die Schienen zu bekommen, spielte Trevithick ebenfalls eine Rolle. Im Auftrag eines Eisenhüttenbesitzers in Südwales baute er eine Lokomotive, die 1804 auf einer 18 Kilometer langen Strecke 5 Waggons mit einer Geschwindigkeit von 9 Stundenkilometern zog. Die gusseisernen Gleise hielten jedoch die Last der 5 Tonnen schweren Maschine nicht aus, weswegen es immer wieder zu Schienenbrüchen kam und die Lokomotive wieder aus dem Verkehr gezogen wurde.

1805 lieferte Trevithick eine Lokomotive an die Kohlenzeche von Wylam im Nordosten Englands. Die Schienen der Grubenbahn bestanden jedoch noch aus Holz, weswegen ein Einsatz als Zugmaschine auf den Gleisen nicht infrage kam. Das Problem der Schienenbrüche hatte Trevithick auch mit seiner vierten Lokomotive, die er 1808 in London vorführte. Obwohl sich Trevithick nach diesen Fehlschlägen aus dem Lokomotivenbau zurückzog, gilt er zu Recht als der Erfinder der Dampflokomotive.

Die Versuche, die Dampfkraft für Zugaufgaben auf den Schienen einzusetzen, wurde in der Folgezeit von mehreren Erfindern fortgesetzt. In den Jahren 1813 und 1814 baute William Hedley, der Leiter der Wylam-Zeche, mit Unterstützung von Timothy Hackworth, dem Vorarbeiter der Grubenschmiede, und dem Maschinenbauer Jonathan Forster eine Lokomotive, die später den Namen „Puffing Billy" erhielt. Die Lok erwies sich als erfolgreich, weswegen in den folgenden beiden Jahren zwei weitgehend baugleiche Maschinen mit den Namen „Wylam Dilly" und „Lady Mary" entstanden.

Das Rainhill-Rennen zog sich über mehrere Tage hin. Mit dem Wettbewerb sollte George Stephensons Argument getestet werden, dass Lokomotiven die beste Antriebskraft für die damals fast fertiggestellte Liverpool and Manchester Railway wären.

Eine besondere Rolle spielte George Stephenson (1781–1848), der als Sohn armer Eltern im Kohlenrevier aufgewachsen war und zuerst als Bremser, dann als Dampfmaschinenwärter und schließlich als Aufseher in der Kohlenmine von Killingworth gearbeitet hatte. 1814 baute der Autodidakt seine erste Lokomotive, die er nach dem preußischen General Blücher benannte. 1825 weihte seine „Locomotion" den Betrieb auf der Eisenbahnstrecke zwischen Stockton und Shildon, der ersten öffentlichen Eisenbahn der Welt, ein. Die Lokomotive zog bei dieser Fahrt 38 Wagen. Eine weitere Gelegenheit, die Vorteile der modernen Dampfkraft zu demonstrieren, bot ihm das Rennen von Rainhill im Oktober 1829, mit dem die Liverpool and Manchester Railway (L&MR) die beste Lokomotive für den Betrieb der Eisenbahnstrecke zwischen Manchester und Liverpool ermitteln wollte. Stephenson errang mit seiner „Rocket" den Sieg und durfte anschließend 8 Exemplare des Typs an die Eisenbahngesellschaft liefern.

Die Eröffnung der Strecke Liverpool–Manchester gilt manchen als das Ende der Frühgeschichte der Eisenbahn und der Beginn einer neuen Ära. Der Erfolg der Dampfkraft war mit den expandierenden und verbesserten Strecken auch beim Gütertransport nicht mehr aufzuhalten. Die Wasserwege verloren ihre herausragende Bedeutung für den Warenverkehr. Nun konnten Industrien auch dort entstehen, wo sich keine Anlegestellen für Schiffe befanden. Bahnhöfe wurden ebenso wichtig wie Häfen.

Auch bei der Verbreitung der Eisenbahn spielte Großbritannien als herausragendste Industrienation und Herd der Industriellen Revolution eine Vorreiterrolle. Die „Kanal-Manie" („canal mania") der 1790er-Jahre, in der zahlreiche Kanäle angelegt wurden, um mit der Wasserkraft Maschinen anzutreiben und Wasserwege zu schaffen, wurde von der „Eisenbahn-Manie" („railway mania") übertroffen. 1843 befanden sich in Großbritannien 2036 Meilen (3277 km) im Betrieb. Aber dies war erst der Anfang. Von 1845 bis 1847, auf dem Höhepunkt der „Manie", wurden 576 Unternehmen und 8731 weitere Meilen (14051 km) zugelassen.

Während in den 1870er-Jahren der Eisenbahnbau in Großbritannien nahezu das Stadium der Sättigung erreicht hatte, kam er auf dem Kontinent erst richtig in Fahrt. Fast 60.000 Kilometer Gleise wurden in diesem Jahrzehnt in Kontinentaleuropa verlegt. Die Ausbreitung des Eisenbahnnetzes befeuerte auch die Bauindustrie, und die ersten Bagger, die auf dem Land eingesetzt wurden, besaßen als Antrieb Dampfmaschinen und fuhren auf Schienen.

Dieser selbstfahrende, mit einer Dampfmaschine ausgestattete Schienenkran wurde 1886 vorgestellt. Der Oberwagen war drehbar, so dass der Kran in alle Richtungen eingesetzt werden konnte.

VERBRENNUNGSMOTOREN: VOM GAS ZUM DIESEL

Die Dampfmaschine hatte eine technische Revolution ausgelöst und als Antrieb für Maschinen, Eisenbahnen, Lokomobilen, Bagger und Walzen die Umwelt verändert. Aber mehrere Erfinder glaubten, eine Alternative zu den großen, schweren, rauchenden Maschinen schaffen zu können. Sie wollten den Kolben im Zylinder mittels einer Explosion oder einer Verbrennung in Bewegung versetzen, statt mit Wasserdampf. Obwohl vor allem im obersten Leistungsbereich die Dampfmaschine noch längere Zeit ihre dominierende Stellung behielt, konnte sich der auf Rudolf Diesel zurückgehende Motor im Bereich der Baumaschinen als Standardantrieb etablieren.

Im Vergleich zu den Dampfmaschinen waren die Verbrennungsmotoren flexibler, leichter und kleiner. Sie benötigten keine Wasserkessel und keinen großen Brennstoffvorrat. Man konnte sogar Vierzylinderausführungen, wie das Exemplar im Bild, unter eine Motorhaube packen.

Schießpulvermotoren

Trotz aller Erfolge der Dampfkraft im 19. Jahrhundert und in den ersten Jahrzehnten des 20. Jahrhunderts gehörte die Zukunft nicht den Dampfmaschinen, sondern dem Verbrennungsmotor. Anders als bei der Dampfmaschine, ist es beim Verbrennungsmotor nicht der Wasserdampf, der den Kolben in Bewegung versetzt. Stattdessen wird ein Gemisch aus Kraftstoff und Luft in den Verbrennungsraum gespritzt und entzündet. Das dabei entstehende heiße Gas treibt den Kolben an.

Moderne Verbrennungsmotoren sind komplizierte Maschinen. Sie sind das Resultat einer langen Entwicklungszeit. Am Anfang der Geschichte des Verbrennungsmotors stehen Personen, die wir bereits im Zusammenhang mit der Dampfmaschine kennengelernt haben. Dazu zählten der französische Wissenschaftler Denis Papin und der niederländische Astronom und Mathematiker Christiaan Huygens (1629–1695). 1671 hatte Papin eine Stelle an der Akademie der Königlichen Bibliothek in Paris angenommen, wo er unter dem Kurator für Experimente, Christiaan Huygens, arbeitete. Huygens stellte Papin die Aufgabe, ein Forschungsvorhaben über Luft und Vakuum durchzuführen. Dieses Thema war zu dieser Zeit Gegenstand weit verbreiteter internationaler Studien. Als Teil eines Experiments bauten die Wissenschaftler 1673 einen Zylinder, bei dem ein Kolben durch eine Explosion nach oben getrieben wurde. Das dabei entstandene Vakuum im Zylinder ermöglichte es dem Luftdruck, den Kolben wieder nach unten zu drücken. Dabei übte

Christiaan Huygens ist heute vor allem für seine Entdeckungen als Astronom bekannt. Aber er beschäftigte sich auch mit vielen anderen Zweigen der Wissenschaft.

William Murdoch war für viele Erfindungen verantwortlich. Das Leuchtgas gehörte zu den bekanntesten.

der Kolben eine Arbeit aus, indem er bei der Abwärtsbewegung ein Gewicht nach oben zog.

Die Explosion in dem Behälter aus Eisen und Kupfer in Papins Versuchsvorrichtung wurde durch eine kleine Menge Schießpulver verursacht. Man nannte solche Maschinen deswegen „Explosionsmotoren" oder „Schießpulvermotoren". Da der Luftdruck den Kolben ebenfalls in Bewegung versetzte und sogar Arbeit verrichtete, sprach man von einer „atmosphärischen Kraftmaschine".

Huygens beschrieb 1678 einen Schießpulvermotor. Im gleichen Jahr oder ein Jahr später soll ein Versuch durchgeführt worden sein, wobei ein vertikal aufgestelltes Kanonenrohr als Zylinder fungierte. Huygens präsentierte 1680 einen Aufsatz über seine Erfindung. Zwei Jahre später soll ein erneuter Versuch stattgefunden haben, bei dem 7 oder 8 Jungen, die sich an einem Seil festhielten, in die Höhe gezogen wurden. Aber es wurden in jüngerer Zeit auch Zweifel darüber geäußert, ob dieses Experiment tatsächlich durchgeführt wurde.

Wegen der Materialprobleme und der Umständlichkeit des Verfahrens war die Zeit für eine Kraftmaschine dieser Art noch nicht reif. Christiaan Huygens widmete sich anderen Gebieten der Physik, der Mathematik und natürlich den Sternen. Er gilt deswegen als eine der bedeutendsten Personen der Wissenschaftsgeschichte.

Gasbeleuchtung

Auf der nächsten Stufe zur Entwicklung eines neuen Antriebs begegnet uns wieder ein bekannter Name, nämlich die Firma Boulton & Watt in Smethwick bei Birmingham, die mit großem Erfolg Dampfmaschinen verkaufte. Einer der wichtigsten Mitarbeiter des Unternehmens war William Murdoch (1754–1839), der sich auch bei der Entwicklung der Dampfkraft einen Namen machte. Murdochs bekannteste Erfindung ist aber die Gasbeleuchtung. Es begann mit einer Beobachtung, die er während der Arbeit mit Dampfmaschinen machte: Die erhitzte Kohle entwickelte ein brennbares Gas, das durch Rohre geleitet und an anderer Stelle abgefackelt werden konnte. Etwa 1792 führte Murdoch Experimente mit Kohle, Holz und Torf durch, um festzustellen, welches Material sich am besten zur Herstellung von brennbarem Gas eignete.

1794 führte Murdoch einen Versuch durch, bei dem er in einer kleinen Retorte Kohle erhitzte, das dabei entstehende Gas durch ein etwa ein Meter langes Eisenrohr in einen alten Gewehrlauf leitete und es am Ausgang entzündete. Noch im gleichen Jahr brachte er seine Erfindung zur praktischen Anwendung, indem er auf seinem Anwesen eine Leitung bis zur Decke des Esszimmers führte und so eine Gasbeleuchtung für das Zuhause erzeugte.

1802 führte Murdoch seine Beleuchtung öffentlich vor, als er die Außenseite der zur Firma Boulton & Watt gehörenden Maschinenfabrik „Soho Works" beleuchtete. Bald interessierten sich andere Unternehmen für die Beleuchtung der Arbeitsräume ihrer Fabriken. Auch immer mehr Städte stellten Gaslaternen in ihren Straßen und auf öffentlichen Plätzen auf. In London wurde die Straßenbeleuchtung mit Gas bereits 1807 demonstriert, und Paris begann 1829 mit der Gasbeleuchtung des Place du Carrousel. Wegen der Verwendung in Städten sprach man unter anderem von Stadt- oder Leuchtgas.

Der französische Ingenieur Philippe Lebon (1767–1804) gilt ebenfalls als Erfinder des Leuchtgases. Er hatte schon 1786 die Eigenschaften des Gases aus der Destillation von Holz vorgestellt. 1799 bekam er ein Patent auf eine mit Gas betriebene „Thermolampe", die sowohl zum Heizen als auch zur Beleuchtung verwendet werden konnte. Zu seinen Kon-

Das Stadt- oder Leuchtgas gewann im 19. Jahrhundert schnell an Verbreitung. Fast alle großen Städte errichteten Werke, wie das Gaswerk von Philadelphia in diesem Bild, zur Erzeugung des Gases.

Philippe Lebon war ein vielversprechender Erfinder. Das Leuchtgas gehörte zu seinen wichtigsten Entdeckungen. Sein früher Tod hinderte ihn aber daran, Größeres zu leisten.

struktionen soll auch ein Gasmotor gehört haben, der bereits mit einer elektrischen Kraftstoffpumpe und einer Funkenzündung ausgestattet war. Lebon hätte wahrscheinlich eine größere Bedeutung erlangt und mehr Erfindungen umsetzen können, wenn er nicht 1804 im Alter von 37 Jahren auf mysteriöse Weise verstorben wäre.

Die Lenoir-Maschine

Der nächste wichtige Schritt auf dem Weg zu einem revolutionierenden Verbrennungsmotor wurde ebenfalls in Paris durchgeführt. Die Person, die ihn unternahm, stammte jedoch aus der belgischen Gemeinde Musson. Jean-Joseph Étienne Lenoir (1822-1900) verließ 1838 seine Heimat und ging zu Fuß nach Paris. In der französischen Hauptstadt arbeitete er zunächst als Kellner. Später wurde er von einem Emaillierer angestellt. Er arbeitete an verschiedenen technischen Verbesserungen und erhielt 1847 sein erstes Patent. 1859 stellte er einen Motor vor, der mit einem Gemisch aus Luft und Leuchtgas arbeitete. Das Leuchtgas hatte als Brennstoff den Vorteil, dass es zu dieser Zeit bereits in den großen Städten weithin verfügbar war.

„Das letzte Wort bei der Beleuchtung", sagt dieses Plakat des Künstlers Jean de Paleologu (oder Paleologue) (1855–1942), das Werbung für eine Gaslampenhalterung macht.

Der Gasmotor arbeitete mit einem doppeltwirkenden Verfahren, wie es bereits bei Dampfmaschinen bekannt war. Am Anfang wurde der Kolben mit der Pleuelstange hoch-

↑ Jean-Joseph Étienne Lenoir war der Erfinder des ersten im praktischen Einsatz verwendbaren Motors und der Konstrukteur eines der ersten Automobile.

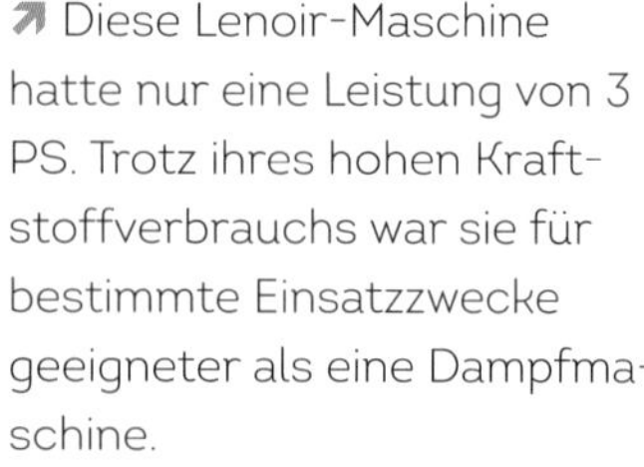

↗ Diese Lenoir-Maschine hatte nur eine Leistung von 3 PS. Trotz ihres hohen Kraftstoffverbrauchs war sie für bestimmte Einsatzzwecke geeigneter als eine Dampfmaschine.

gezogen, wobei er die Luft-Gas-Mischung einsaugte. Die Zündung erfolgte durch einen elektrischen Funken. Die Explosion des Gemischs trieb den Kolben weiter aufwärts und brachte auch die Pleuelstange in Bewegung. Das Gas konnte durch das Einlassrohr nicht entweichen, da es mit einem Rückschlagventil versehen war. Die volle Wirkung der Explosion traf also auf den Kolben, der nach oben gedrückt wurde, wodurch die Pleuelstange Arbeit verrichtete. Als der Kolben das obere Ende seines Hubs erreichte, wurde das Auslassventil geöffnet. Da die Pleuelstange an einer Kurbel befestigt war, die ein Schwungrad drehte, ließ dessen Energie den Kolben nach unten gehen und die verbrannten Produkte aus dem Zylinder treiben. Das Zündgemisch wurde abwechselnd in den Brennraum oberhalb und unterhalb des Kolbens geleitet.

Lenoir hatte bei seiner Konstruktion mehrere Erkenntnisse und Techniken anderer Erfinder berücksichtigt. Das Entscheidende an Lenoirs Konstruktion war jedoch, dass es sich um den ersten wirklich einsetzbaren Verbrennungsmotor handelte. 1862 baute Lenoir das erste Automobil mit Verbrennungsmotor. Er hatte seinen Motor auf den Betrieb mit flüssigem Kraftstoff umgestellt und legte mit seinem Fahrzeug eine etwa 9 Kilometer lange Fahrt zurück, die 2 bis 3 Stunden in Anspruch nahm.

Lenoirs Motor war eine bedeutende Erfindung. Es stellte sich jedoch heraus, dass die Maschine einen hohen Gas- und Ölverbrauch hatte. Dazu gab es Probleme durch die Überhitzung. Die Kosten im Dauerbetrieb waren höher als bei einer Dampfmaschine. Ein rentabler Einsatz war deshalb vor allem auf Anwendungen beschränkt, die nur einen diskontinuierlichen Betrieb und eine relativ niedrige Leistung von bis zu 4 PS verlangten. Trotzdem sah man den Motor weithin als einen Fortschritt an. Auf der Weltausstellung in London bekam Lenoir für den „praktischen Nutzen“ eine Auszeichnung. Bis 1865 waren von dem Motor in Frankreich ungefähr 400 und in England etwa 1000 Exemplare verkauft worden.

Ottomotoren

Wenn die Lenoir-Maschine auch nicht den großen Durchbruch für die Motorisierung darstellte, so sorgte sie doch für Aufsehen und inspirierte andere Erfinder, an einer Verbesserung zu arbeiten. Einer davon hieß Nicolaus August Otto (1832–1891), der in dem kleinen Dorf Holzhausen im Taunus geboren wurde und der Welt den Ottomotor schenkte. Dem gelernten Kaufmann Otto waren die Nachrichten von Lenoirs Antriebsmaschine zu Ohren gekommen. Er hatte die Idee, den Gasmotor zu verbessern und ihn von der städtischen Gasversorgung unabhängig zu machen. Er ließ sich von einem Kölner Mechaniker einen funktionsfähigen Motor anfertigen, der ihm als Studienobjekt diente.

Otto experimentierte mit verschiedenen Füllungen und Zündmomenten. Er war sich so sicher, mit seiner Konstruktion den Durchbruch geschafft zu haben, dass er 1862 seinen Kaufmannsberuf aufgab, um sich auf den Motorenbau konzentrieren zu können. Er richtete in Köln eine eigene Werkstatt ein, die allerdings nicht nur sein angespartes Geld und sein Erbe verschlang, sondern ihn noch dazu zur Kreditaufnahme zwang. Es war offensichtlich, dass er einen Unterstützer brauchte, der ihm finanziell und mit technischem Know-how unter die Arme greifen konnte. Diesen Partner fand er in der Person von Eugen Langen.

Anders als der Autodidakt Nicolaus Otto hatte Eugen Langen (1833–1895) eine technische Ausbildung am Polytechnikum in Karlsruhe genossen. Seine technischen Kenntnisse waren ihm beim Bau eigener Erfindungen von Vorteil. Aber Langen war in erster Linie Unternehmer. Diese Aufgabe übernahm er von seinem Vater, dem Kölner Zuckerfabrikanten und Eisenhüttenbesitzer Johann Jakob Langen. Als Leiter der Zuckerfabrik führte er später eine Zentrifuge ein, die der Klärung des Zuckers diente und eine Innovation darstellte, die sich auf die gesamte Zuckerindustrie auswirkte.

Eugen Langen war auch die Bedeutung des Lenoir-Motors zu Ohren gekommen. Als er schließlich mit Nicolaus Otto bekannt wurde, bot sich ihm die Möglichkeit, in eine neue, vielversprechende Branche einzusteigen. Am 31. März 1864 schlossen Nicolaus Otto und Eugen Langen vor einem Notar einen Vertrag zur Gründung eines Unternehmens, das den Bau von Verbrennungsmotoren zum Ziel hatte: die Firma N. A. Otto & Cie. So entstand die „erste Motorenfabrik der Welt“ – wie sich das Unternehmen später selbst gerne in der Werbung bezeichnete. 1865 bekam der atmosphärische Motor das lang ersehnte preußische Patent.

Richtig funktionsfähig wurde der Motor jedoch erst 1867, gerade rechtzeitig für die Weltausstellung in Paris. Diese Messe bot Otto und Langen die Möglichkeit, ihre

Nicolaus August Otto ging ein hohes Risiko ein, als er seinen Beruf aufgab und damit begann, einen eigenen Motor zu entwickeln. Heute ist der Ottomotor nach ihm benannt.

Der Flugkolbenmotor von Otto und Langen fiel auf der Weltausstellung in Paris nicht nur durch seinen Lärm auf, sondern auch durch seinen relativ geringen Kraftstoffverbrauch, was ihn zum Erfolg machte.

Die ersten Ottomotoren hatten keine hohe Leistung. Dieses Exemplar mit einem halben PS Leistung treibt zwei Schwungradsägen zur Vorbereitung von Häuten in einer Schuhfabrik an. Für eine Manufaktur dieser Größe war ein solcher Motor ausreichend.

„atmosphärische Kraftmaschine“ der ganzen Welt vorzustellen. Es handelte sich um einen Flugkolbenmotor, bei dem die Zündung durch eine Dauerflamme erfolgte. Bei der Explosion des Gas-Luft-Gemischs flog der Kolben, auf dem sich eine Zahnstange befand, im offenen Zylinder nach oben. Beim Abkühlen des Gas-Luft-Gemischs im Brennraum wurde der Kolben durch den Luftdruck und das Eigengewicht wieder nach unten geschoben. Bei der Abwärtsbewegung wurde die Kolbenstange mit der Antriebswelle verbunden, wodurch eine Drehbewegung und damit eine Arbeitsleistung erzeugt wurde.

Bei dieser Gelegenheit konnte sich das Antriebsaggregat aus Köln mit anderen Motoren messen lassen, und es stellte sich heraus, dass die Kölner Konstruktion ein Drittel weniger Gas pro Pferdestärke und Stunde verbrauchte als der Lenoir-Motor. Dies war ein bedeutender Erfolg für die Kölner, der ihnen nicht nur die „Goldene Medaille“ einbrachte, sondern sie weithin bekannt machte. Endlich war die Zeit der Tests vorbei, die Produktion konnte beginnen. Der Erfolg auf der Weltausstellung hatte die Firma über die Grenzen hinaus bekannt gemacht, und die Zahl der Bestellungen wuchs beständig. 1868 konnte bereits jede Woche ein Motor ausgeliefert werden. 1869 zog die Firma in eine neue Fabrik in der Stadt Deutz, auf der anderen Seite des Rheins. Der neue Sitz befand sich seit 1872 im Firmennamen, der nun „Gasmotoren-Fabrik Deutz“ lautete.

1876 stellte Otto einen neuen Motor vor. Dieses Aggregat arbeitete mit dem Viertaktverfahren und der Verdichtung des Gas-Luft-Gemischs, was den Wirkungsgrad und die Wirtschaftlichkeit des Motors erhöhte. Beim Viertaktmotor führt der Kolben 4 Arbeitsschritte durch: Ansaugen des Gasgemischs, Verdichten, Verbrennen und Ausstoßen des bei der Verbrennung entstandenen Abgases. Otto hatte bereits in den 1860er-Jahren Überlegungen zu diesem Verfahren durchgeführt. Allerdings hatte er damals noch geglaubt, dass ein solcher Motor vier Zylinder haben musste. Die Maschine erbrachte nur eine Leistung von zwei Pferdestärken und arbeitete mit 180 Umdrehungen pro Minute. Aber sie überzeugte unter anderem durch ihre Laufruhe. 1877 bekam Otto für den neuen Motor das Patent.

Es konnte jedoch nicht ausbleiben, dass das Patent von mehreren Seiten angefochten wurde. 1886 hob das Reichsgericht in Leipzig den größten Teil der Ansprüche, die sich aus dem Patent von 1877 ergaben, wieder auf. Dies war eine bittere Niederlage für die Gasmotoren-Fabrik Deutz. Aber für die Verbreitung des Ottomotors war dies nur förderlich.

Dieselmotoren

Der Ottomotor hatte seinen Siegeszug angetreten. Aber es sollte sich zeigen, dass er nicht die einzige Alternative zur Dampfmaschine war. Rudolf Diesel (1858-1913) hieß der Erfinder, der eine weitere Art von Verbrennungsmotor einführen wollte. Er war der

Sohn eines gebürtigen Augsburgers, war aber 1858 in Paris geboren worden. 1870 kehrte er in die Stadt am Lech zurück, wo er eine Gewerbe- und eine Industrieschule besuchte. Anschließend trat er ein Studium an der Polytechnischen Schule (Technische Hochschule) in München an. Sein Abschlussexamen leistete er 1880 mit einem herausragenden Ergebnis.

1892 trat Rudolf Diesel an mehrere Unternehmen mit der Idee eines neuen Motors heran. Er nannte seine Erfindung „neue rationelle Wärmekraftmaschine". Im gleichen Jahr hatte er auch einen Patentantrag für die Idee eines Motors mit selbstzündendem Kraftstoff eingereicht. Anders als beim Ottomotor sollte bei diesem von Diesel konzipierten Verfahren die angesaugte Luft komprimiert und anschließend der Kraftstoff eingespritzt werden. Dabei würde sich der Kraftstoff selbstständig durch die Hitze der verdichteten Luft entzünden.

Da er seine Idee jedoch nicht ohne fremde Hilfe verwirklichen konnte, schrieb Diesel gleich nach seinem Patentantrag mehrere Unternehmen an. Darunter war auch die Gasmotoren-Fabrik Deutz, die sich jedoch abwartend verhielt. Es war schließlich in seiner Heimatstadt, in der Diesel die nötige Unterstützung fand. Die Maschinenfabrik Augsburg (eine Vorläuferin von MAN) reagierte zwar ebenfalls zunächst ablehnend. Nachdem einige Experten ihre Gutachten beigesteuert hatten, kam es aber doch noch zu einer Zusammenarbeit.

Die Entwicklung des Motors nach dem „System Diesel" erwies sich jedoch als kompliziert. Anfang 1897 konnte schließlich der erste zufriedenstellend arbeitende Motor abgenommen werden. Mit einem Wirkungsgrad von 27 Prozent arbeitete der Dieselmotor bedeutend wirtschaftlicher als die Dampfmaschinen. 1898 lieferte das Augs-

Nach Rudolf Diesel sind der Dieselmotor und der Dieselkraftstoff benannt. Motoren, die mit dem Diesel-Verfahren arbeiten, stellten eine Revolution im Bau von Arbeitsmaschinen dar.

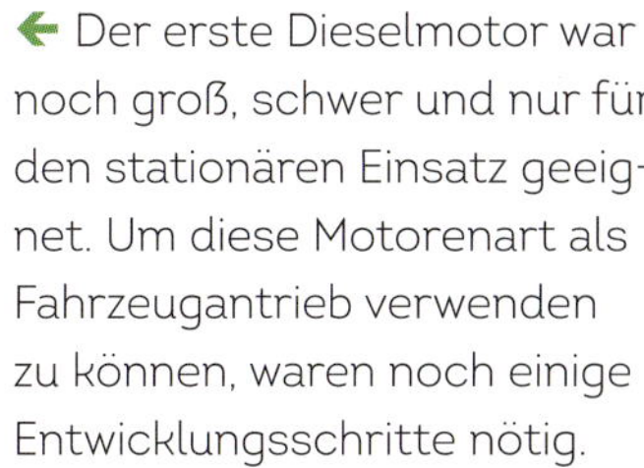

← Der erste Dieselmotor war noch groß, schwer und nur für den stationären Einsatz geeignet. Um diese Motorenart als Fahrzeugantrieb verwenden zu können, waren noch einige Entwicklungsschritte nötig.

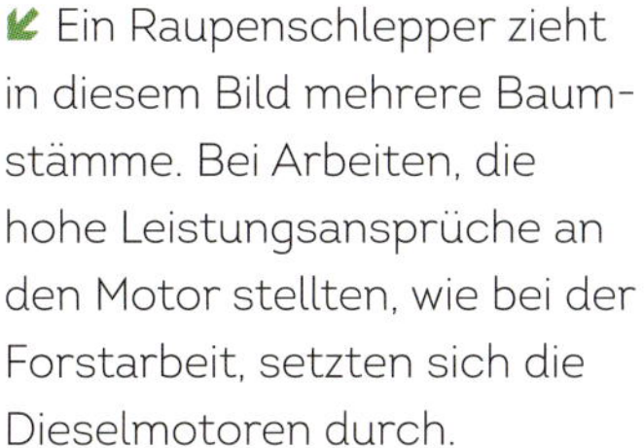

↙ Ein Raupenschlepper zieht in diesem Bild mehrere Baumstämme. Bei Arbeiten, die hohe Leistungsansprüche an den Motor stellten, wie bei der Forstarbeit, setzten sich die Dieselmotoren durch.

Die Dieselmotoren wurden anfangs nicht als Fahrzeugantrieb, sondern für stationäre Zwecke, wie die Stromerzeugung, eingesetzt. Diese Dieselaggregate arbeiten in einer Zuckerraffinerie.

burger Werk den ersten Dieselmotor für den Fabrikbetrieb aus. Zwei Jahre später erhielt der Motor auf der Weltausstellung in Paris den Grand Prix.

Der Dieselmotor trat nicht nur in Konkurrenz zur Dampfmaschine, sondern auch zum Ottomotor im stationären Betrieb. Für den Einbau in Fahrzeuge eignete er sich noch nicht. Der Grund dafür war die Drucklufteinspritzung mittels eines Kompressors mit seinen Hochdruckleitungen, Speicherflaschen und Zwischenkühlern. In dieser Hinsicht hatte der Ottomotor nach wie vor einen Vorteil. Erst die Erfindung der Einspritzpumpe sollte dem „System Diesel" den Durchbruch im Nutzfahrzeugbereich ermöglichen.

Rudolf Diesel hatte zeitweise in einer finanziell prekären Situation gelebt, brachte es aber später durch seine Arbeit zu Wohlstand. Die Verwendung des Dieselmotors als Fahrzeugantrieb konnte er aber nicht mehr miterleben. Er ging am 29. September 1913 in Antwerpen an Bord eines Schiffes, das ihn nach England bringen sollte. Am Ziel kam er jedoch nicht an. Das Rätsel um sein Verschwinden während der Überfahrt konnte nie wirklich zufriedenstellend gelöst werden.

Rudolf Diesel gehörte wie Nicolaus Otto zu den bedeutendsten Persönlichkeiten der Technikgeschichte. Nach ihm sollten schließlich ein Motor – der Dieselmotor – und der dazugehörende Kraftstoff – der Diesel – benannt werden.

Die Dieselmotoren gewannen eine weite Verbreitung beim Antrieb von Stromgeneratoren, von Baumaschinen, in der Schifffahrt, im Bergbau, in der Landwirtschaft und unzähligen industriellen Anwendungen. Sie verdrängten schließlich sogar die Dampfmaschine als Antrieb von Eisenbahnlokomotiven. Die Dieselmotoren überwanden ihre anfänglichen Nachteile, wie hohe Geräuschentwicklung und Wartungskosten, und gelten im Vergleich zu Ottomotoren ähnlicher Größe nun als leiser, wartungsärmer, robuster und zuverlässiger.

ZWEITAKTER

Das Viertaktverfahren setzte sich sowohl bei den Benzin- als auch bei den Dieselmotoren durch. Aber ein Zweitaktverfahren, bei dem pro Arbeitszyklus nur zwei Takte, nämlich eine Auf- und eine Abwärtsbewegung des Kolbens, durchgeführt werden, existierte bereits seit den 1860er-Jahren. Das Zweitaktverfahren hat gewisse Vorteile gegenüber den Viertaktern. Es ermöglicht zum Beispiel den Bau kleinerer, leichterer Motoren, was bei tragbaren Arbeitsgeräten, wie Motorsensen, und Fahrzeugen, wie Motorrädern, von Nutzen ist. Zweitaktmotoren kamen aber auch in großen Ausführungen zum Einsatz, zum Beispiel in Kraftwerken und als Schiffsantrieb, da mit ihnen die Verwendung billiger Kraftstoffe, wie Schweröl, möglich ist. Es sind jedoch letztendlich die Nachteile, die den Zweitaktmotoren den Garaus machen, nämlich der Lärm und die Abgase. Motorradfahrer hatten oft nichts gegen laute Maschinen, und auf dem Meer kümmerte sich kaum jemand um die Rauchschwaden, die aus den Schiffskaminen kamen. Mit dem wachsenden Umweltbewusstsein der Bevölkerung und den strenger werdenden gesetzlichen Vorgaben wird jedoch auch der Druck größer, die Zweitakter in ihren Nischen durch alternative Antriebsarten zu ersetzen.

Verdampfender Kraftstoff

Manche Entdeckungen lassen sich auf ein zufälliges Ereignis zurückführen. Herbert Akroyd Stuart (1864–1927) war der Sohn von Charles Stuart, eines aus Schottland stammenden Unternehmers, der ein Eisen- und Weißblechwerk in der englischen Grafschaft Buckinghamshire leitete. Gemäß einer Anekdote soll er 1885 in der Firma seines Vaters aus Versehen etwas Petroleum in einen Behälter mit geschmolzenem Zinn gegossen haben. Das dabei verdampfende Öl entzündete sich sofort, wenn es mit einer Petroleumlampe in Kontakt gebracht wurde. Dies brachte Akroyd auf die Idee, den entzündbaren Dampf für den Betrieb eines Motors zu nutzen. Er baute 1886 einen Prototypen und meldete im selben Jahr sein erstes Patent an. Weitere Versuche und Patentanträge unternahm er gemeinsam mit Charles Richard Binney (1824–1909).

Was den Akroyd-Motor vom Ottomotor und von dem sich gerade in der Entwicklung befindlichen Dieselmotor unterschied, war die Art der Zündung. Der Kraftstoff gelangte zuerst in eine Art Vorkammer oberhalb des Zylinderkopfes, „vapouriser“ (Verdampfer) oder „hot bulb“ (Glühbirne) genannt. Dort erfolgte die Verdampfung und Selbstentzündung des Kraftstoffs durch den Kontakt mit der heißen Wandung des Verdampfers. Aufgrund der entstandenen Turbulenz schoss das Gas durch einen engen Kanal in den Zylinder. Der Verdampfer musste zum Start des Motors erst auf die entsprechende Betriebstemperatur gebracht werden. Dies erfolgte durch eine externe Flamme, etwa von einer Lötlampe. Sobald der Motor lief, wurde die Zündtemperatur durch die Verbrennungswärme beibehalten.

Der von Akroyd erfundene und von Hornsby gebaute Motor war aufgrund seiner Kraftstofftoleranz in einem beschränkten Umfang erfolgreich und fand mehrere Nachahmer.

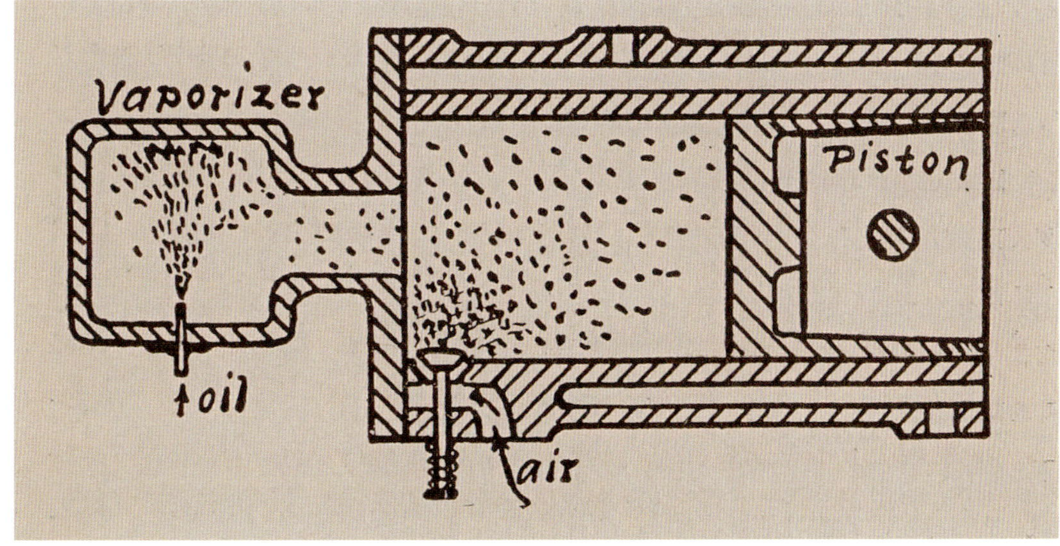

Dieses Schnittbild zeigt den Hornsby-Akroyd-Motor. Links befindet sich der Glühkopf („vaporizer“), in den das Öl gespritzt und verdampft wird. Rechts davon ist der Zylinder, in den Luft geblasen wird und in dem die Zündung stattfindet.

Der Glühkopfmotor feierte als Antrieb der Lanz-Bulldogs zwischen den Weltkriegen in Deutschland einen Erfolg. Letztendlich setzte sich bei den Traktoren aber der Viertakt-Dieselmotor durch.

Der Landini Vélite war in Italien einer der bekanntesten Traktoren, die mit einem Glühkopfmotor arbeiteten. Der Glühkopf ist am unteren Teil der Vorderseite zu sehen.

1891 kam Akroyd Stuart zu der Überzeugung, dass der Motor für die Serienproduktion bereit war. Da er ein Unternehmen brauchte, das die Herstellung übernehmen konnte, bot er die Rechte der Firma Richard Hornsby & Son in Grantham, in der englischen Grafschaft Lincolnshire, an. Das Unternehmen war bereit, einen Hornsby-Akroyd-Motor auf Lizenzbasis zu entwickeln und zu vermarkten. Zwei der von Akroyd Stuart gebauten Motoren wurden von Hornsby im Juni 1891 auf der Royal Agricultural Show in Doncaster ausgestellt.

Der Hornsby-Akroyd-Motor war ein sofortiger Erfolg. Sein großer Vorteil bestand darin, dass er mit dem relativ billigen Schweröl arbeiten konnte, weswegen manchmal auch die Bezeichnung „Schwerölmotor“ auftauchte. Es wurden insgesamt 32.417 Exemplare dieses Typs gebaut. Sie fanden auf vielfältige Weise Verwendung und wurden sowohl in horizontaler als auch in vertikaler Form in stationären sowie in bewegbaren Varianten hergestellt. 1896 wurde dieser Motortyp zum Antrieb einer Zugmaschine verwendet, und 1905 kam er in einer 20 hp (20,3 PS) leistenden Öllokomotive zum Einsatz. Hornsby baute später auch einen Raupenschlepper mit einem Antriebsaggregat dieser Art.

Andere Motorenhersteller übernahmen die Glühkopftechnik. Die bekanntesten davon waren Landini und Bubba in Italien sowie Lanz in Deutschland. Allerdings arbeitete der Hornsby-Akroyd-Motor mit dem Viertaktverfahren, während es sich beim Lanz-Motor um einen Zweitakter handelte. In manchen Ländern wurde diese Motorart als „Semi-Diesel“ oder „Halbdiesel“ bezeichnet, weil sie Ähnlichkeiten mit dem Dieselmotor hatte. Der Verdichtungsdruck war jedoch bedeutend niedriger als bei einem richtigen Diesel, da die Entzündung nicht durch den hohen Druck, sondern durch die heiße Wand des Verdampfers erfolgte.

EXKURS

Der Elektromotor

1834 baute der Physiker Moritz Jacobi (1801–1874) einen Motor, der nicht auf der Verbrennung von Kraftstoff und der Bewegung eines Kolbens basierte, sondern auf dem Phänomen der Elektrizität. Es handelte sich um das erste dieser Aggregate, das eine nennenswerte mechanische Leistung abgab. Jacobis Motor konnte sogar ein Boot antreiben.

Die Elektrizität war bereits in der Antike bekannt. Um etwa 600 vor Christus bemerkte der griechische Gelehrte Thales von Milet, dass man mit einem Bernstein Strohstücke, Federn und andere kleine Gegenstände anziehen konnte, wenn man das fossile Harz an einem Tierfell rieb. Das griechische Wort für Bernstein ist „elektron". Es wurde nicht nur die Bezeichnung für das Elementarteilchen Elektron, sondern auch der Namensgeber für die Elektrizität.

Es sollte jedoch noch ein Jahrtausend vergehen, bis Wissenschaftler ernsthafte Versuche mit der Elektrizität anstellten. Im Jahr 1800 baute der Physiklehrer Alessandro Volta (1745–1827) die erste elektrische Batterie. Viele Erfinder begannen, an der Nutzung des elektrischen Stroms zu arbeiten. Die Vorteile der kleinen Elektromotoren, die in der Folgezeit entstanden, gegenüber den schwerfälligen Dampfmaschinen, war offensichtlich. Sobald Elektrizitätswerke verfügbar waren und Fabriken, Häuser, Gehöfte und Straßen mit Strom versorgen konnten – was in manchen Gegenden noch sehr viel Zeit in Anspruch nahm –, erhielten viele Maschinen im unteren Leistungsbereich einen elektrischen Antrieb.

Zu den Pionieren des Elektroantriebs in Fahrzeugen gehörte Werner von Siemens, der 1870 eine elektrische Lokomotive, 1881 eine elektrische Straßenbahn und 1882 einen Oberleitungsbus vorstellte. Zu den bekanntesten Versuchen, auch Fahrzeuge mit einem elektrischen Antrieb auszustatten, gehörte der Lohner-Porsche, ein Automobil, das Ferdinand Porsche 1900 auf der Pariser Weltausstellung präsentierte. Um die Jahrhundertwende war der Elektromotor als Automobilantrieb eine ernsthafte Alternative zum Ottomotor.

In den Vereinigten Staaten wurden bereits um 1890 die ersten, damals noch auf Schienen fahrenden Bagger mit Elektroantrieb gebaut. Diese Maschinen waren mit mehreren Motoren ausgestattet, wobei das Hubwerk, das Drehwerk und das Vorschubwerk jeweils einen eigenen Antrieb besaßen. Es gab Bagger mit bis zu vier Motoren. In Europa musste die Baubranche noch bis zu Beginn des 20. Jahrhunderts warten, bis sie ebenfalls elektrische Maschinen im oberen Leistungsbereich zur Verfügung hatte.

Letztendlich trug der Verbrennungsmotor aber den Sieg davon, da er einen entscheidenden Vorteil hatte: Das Auftanken ging schnell, während das Aufladen einer Batterie im Vergleich dazu langwierig war. Erst in jüngster Zeit stieg auch im Baumaschinensektor wieder das Interesse am Elektroantrieb, wenn auch im unteren Leistungsbereich – von einigen Ausnahmen abgesehen.

Bereits Anfang des 20. Jahrhunderts spezialisierte sich die Babcock Electric Carriage Company auf die Herstellung elektrischer Autos. Dies ist das Chassis für drei der Modelle.

Der Elektromotor hat in bestimmten Baumaschinen einen festen Platz, wie etwa als Antrieb von Kranen. Erst in jüngster Zeit begann sich der Elektroantrieb auch in höheren Leistungsbereichen erneut einen Platz zu erobern.

2. TEIL: BAGGER UND ANDERE BAUMASCHINEN

Die Kraft der Dampfmaschinen und Motoren bot neue Möglichkeiten zur Durchführung von Bauvorhaben, die mit der Industriellen Revolution und der anschließenden wirtschaftlichen Mechanisierung einen rapiden Anstieg verzeichneten. Neue Maschinen entstanden und ältere wurden mit den neuen Antriebsarten effizienter. Der Transport, das Laden oder einfache Verschieben von Gütern, Baumaterial, Erde, Schüttgut und vielen anderen Materialien im Tief- und Hochbau, beim Ausbau der Infrastruktur und beim Bergbau konnten nun mit einer Schnelligkeit durchgeführt werden, von der man vor der Verfügbarkeit dieser Maschinen nicht einmal zu träumen gewagt hätte.

Bagger sind sogar im Gebirge anzutreffen. Während sie ursprünglich vor allem an Häfen und Kanälen eingesetzt wurden, können sie heute dank ihrer Vielfältigkeit und Flexibilität bei unterschiedlichsten Aufgaben Verwendung finden.

↘ Mit Teleskopkranen lassen sich Hebearbeiten in einem Umfang und mit einer Geschwindigkeit verrichten, die vor der Einführung der Hydraulik und moderner Antriebstechnik noch unvorstellbar waren.

→ Ein Bagger in der Kiesgrube: Dank der Raupenlaufwerke können die schweren Arbeitsmaschinen unebenes Gelände und große Steigungen problemlos überwinden. Eine hohe Standfestigkeit und Traktion sind in diesem Fall wichtige Voraussetzungen.

BAGGER: AUSHEBEN UND BEWEGEN

Der Bagger ist eine „Vorrichtung zum Lösen und Heben von Erdreich behufs der Vertiefung von Flüssen, Kanälen und Häfen", hieß es noch 1911 in Brockhaus' Kleines Konversations-Lexikon. Die Definition eines Baggers hat sich im Laufe der Zeit im Zuge der Erweiterung der Einsatzmöglichkeiten etwas verändert. Bagger werden heute zum „Lösen, Ausnehmen und Abschütten" von Erdreich, Gestein und anderen Materialien eingesetzt. Ein „Bagger" bezeichnete im Niederländischen einen Arbeiter, dessen Aufgabe das Sand- oder Schlammräumen vom Hafenboden war. Dies war eine wichtige Arbeit, da sich in diesen Gewässern Sedimente abzusetzen pflegen, wodurch die Schifffahrt behindert würde. Die ersten Maschinen, die als Bagger bezeichnet wurden, dienten deswegen auch dem Ausbaggern der Fluss-, Kanal- und Hafenböden. Dabei handelte es sich oft um Maschinen, die auf Schiffe gebaut oder als Schwimmbagger konstruiert waren. Für Arbeiten im Trockenen mussten noch lange Zeit die Muskeln der Arbeiter und zum Abtransport von Erde und Felsen die Karren und Zugtiere herhalten. Dies änderte sich mit dem Aufkommen der Dampfkraft und fahrbaren Dampfmaschinen, den Lokomobilen und Lokomotiven.

Vom Entwurf zum Dampfbagger

Die Dampfkraft auf Schienen bot nicht nur neue Transportmöglichkeiten, sie ermöglichte auch den Einsatz von Dampfkraft beim aufwendigen Ausheben von Erde, beim Bewegen von Felsen und anderem Material. Eine Maschine, die diesen Zweck erfüllte, wurde bereits 1591 in der Literatur erwähnt. Auch der italienische Universalgelehrte Leonardo da Vinci (1451–1519) entwarf mehrere Maschinen, die in der Lage sein sollten, diese Baggerarbeiten auszuführen. Leonardos visionäre Konstruktionen blieben jedoch Entwürfe auf Papier. Dies lag nicht nur daran, dass es an den nötigen Materialien und Technologien fehlte, um die Maschinen und Geräte zu realisieren. Der Meister verschlüsselte außerdem seine Notizen in Spiegelschrift, damit seine Ideen nicht sofort offensichtlich waren. Er vertauschte außerdem in seinen Konstruktionszeichnungen einzelne Details, sodass ein exakter Nachbau

↖ Für Erdarbeiten stehen heute Bagger mit enormen Leistungskapazitäten zur Verfügung. Mit verschiedenen Anbaugeräten können die Bagger für unterschiedliche Aufgaben eingesetzt werden.

↑ Das Ausheben des Eriekanals in den Jahren 1817 bis 1825 war zum größten Teil körperliche Arbeit. Die Krane, die zum Einsatz kamen, wurden mit Hilfe von Pferdegöpeln betrieben.

↑ Oliver Evans war ein vielseitiger Erfinder, Geschäftsmann und Visionär. Zu den vielen Ideen, die er entwickelte, gehörten ein Kühlschrank, eine Teigknetmaschine und eine städtische Gasbeleuchtung.

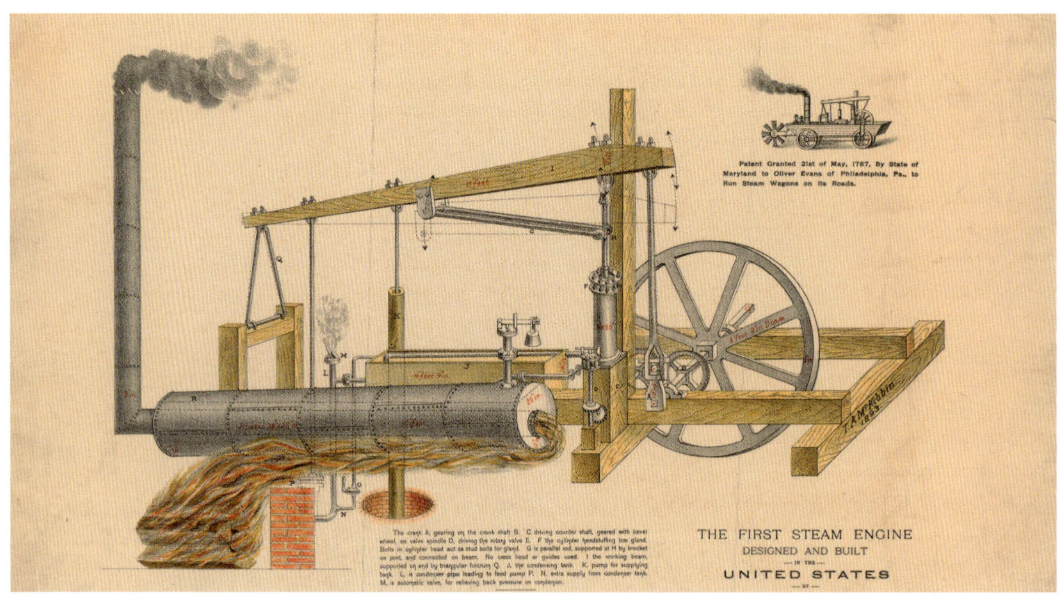

↗ Die erste in den Vereinigten Staaten konstruierte und gebaute Hochdruckdampfmaschine geht auf Oliver Evans zurück. Richard Trevithick stellte seine Version der Hochdruckmaschine nur ein oder zwei Jahre früher fertig.

der Maschine funktionsunfähig gewesen wäre.

Zu einem tatsächlichen Einsatz eines Baggers soll es während der Herrschaft von König Charles I. (1625–1649) in England gekommen sein. Als Antrieb musste man jedoch noch auf die menschliche oder tierische Muskelkraft zurückgreifen. Die Bagger dieser Zeit – ob nur als Entwürfe vorhanden oder wirklich gebaut – sollten vor allem zum Ausbaggern und Entschlammen von Kanälen sowie von Hafenbecken dienen.

Der niederländische Ingenieur Cornelius Meyer beschrieb 1685 eine Maschine, die zum Ausbaggern von Kanälen eingesetzt werden sollte. Mit Hilfe von Trögen und Rechen sollte der Schlamm aus dem Wasser befördert werden. Seiner Beschreibung gemäß waren in den Niederlanden bereits ähnliche Maschinen im Einsatz. Sie konnten täglich bis zu 20 kleine Kähne mit Schlamm füllen.

Auch in anderen Ländern lernte man zunehmend, die Vorzüge von Maschinen zum Freischaufeln von Kanälen und Häfen zu schätzen. 1718 stellte ein Herr de la Balme der französischen Akademie den Entwurf einer Maschine vor, die mit Kästen und Eimern zur Hafenreinigung dienen sollte. In den Häfen von Toulon, Brest, Genua und Venedig kamen Bagger zum Einsatz, die den Schlamm aus dem Wasser mittels eines mit Kästen bestückten Schaufelrads holten.

Der Seilhersteller John Grinshaw aus dem nordenglischen Sunderland war vermutlich der erste, der die Dampfkraft für den Antrieb eines Baggers tatsächlich umsetzen wollte. Er hatte mit der Firma Boulton & Watt bereits Bekanntschaft gemacht, da die Dampfmaschinenhersteller aus Birmingham in seiner

← Als „Kran-Bagger zum Ausgraben und Entfernen von Erde" („Crane-Excavator for Excavating and Removing Earth") wurde der auf Schienen fahrende, von William Otis konstruierte Bagger bezeichnet.

Fabrik eine ihrer Maschinen installiert hatten. 1796 trat er an das berühmte Unternehmen, das ein Jahr zuvor in Handsworth bei Birmingham eine Maschinenfabrik errichtet hatte, heran, um den Bau eines dampfgetriebenen Baggers zur Reinigung des Hafens von Sunderland vorzuschlagen. Aufgrund dieser Kooperation entstand der erste Dampfbagger. Mit der Maschine konnten in einer Minute 4 Tonnen Sand aus dem Hafenbecken gehoben werden.

Damit waren Boulton & Watt an einem weiteren geschichtsträchtigen Ereignis beteiligt, nämlich dem Bau des ersten Baggers mit Dampfantrieb – zumindest in der Alten Welt. Auf der anderen Seite des Atlantiks hatte man bereits seit 1802 Hochdruckdampfmaschinen am Laufen. Zwei Jahre später konstruierte der Erfinder und Unternehmer Oliver Evans (1755–1819) einen Bagger mit Dampfantrieb. 1805 überzeugte Evans die Behörde der Stadt Philadelphia, die für die Reinigung der Werft und das Ausbaggern des Hafens zuständig war, ihn mit der Entwicklung eines dampfgetriebenen Baggers zu beauftragen. Das Ergebnis war der „Oruktor Amphibolos" („Amphibischer Bagger"). Das Vehikel bestand aus einem Boot mit flachem Boden und Eimerketten zum Heraufbringen von Schlamm. Haken dienten zum Wegräumen von Stöcken, Steinen und anderen Hindernissen. Die Energie für den Antrieb wurde von einer Hochdruck-Dampfmaschine geliefert. Das Endergebnis war ein fast 10 Meter langes, 4 Meter breites und etwa 17 Tonnen schweres Fahrzeug. Um diesen unbeholfenen Koloss ans Wasser zu bringen, montierte Evans den Rumpf auf vier Räder. Am 13. Juli 1805 fuhr er von seiner Werkstatt durch die Straßen von Philadelphia, um zu dem durch die Stadt fließenden Schuylkill River zu fahren. Es wird daher angenommen, dass der „Oruktor Amphibolos" nicht nur einer der frühesten Dampfbagger, sondern auch das erste Automobil in den Vereinigten Staaten und das erste motorisierte Amphibienfahrzeug der Welt war.

Bagger auf Schienen und im Wasser

Als Erfinder der „Dampfschaufel" („steam shovel") wird auch manchmal der amerikanische Bauingenieur und Unternehmer William S. Otis (1813–1839) aus Philadelphia bezeichnet. 1836 erhielt er ein Patent auf einen auf Schienen fahrenden Bagger, der von einer Dampfmaschine mit einer Leistung von 8 bis 16 PS angetrieben wurde. Die Maschine besaß einen starren Oberwagen, war aber mit einem mastartigen, schwenkbaren Ausleger aus Holz versehen. Der Löffel, der zum Aufnehmen der Erde diente, konnte 1,1 Kubikmeter fassen. Damit sollten täglich 380 Kubikmeter Erde bewegt werden können. Otis konnte den Ruhm, den ihm seine Maschine einbrachte, nicht mehr miterleben, da er bereits 1839 im Alter von 26 Jahren an Typhus starb.

Von der Otis-Maschine wurden wahrscheinlich 7 Exemplare in unterschiedlicher Größe gebaut. Die Zeitschrift „American Railroad Journal" berichtete 1842 von einem

↑ Der Maler Bass Otis porträtierte um 1835 den Erfinder William Smith Otis. William S. Otis leistete in seinem kurzen Leben einen bedeutenden Beitrag zur Einführung der Dampfkraft bei Erdbewegungsarbeiten.

← Oliver Evans konstruierte ein Fahrzeug, das als Antrieb mit einer Dampfmaschine ausgestattet war und sowohl auf Land als auch im Wasser fahren konnte. Ein Schaufelrad am Heck sorgte für die Fortbewegung im Wasser.

1874 erwarb die Firma „Ruston, Proctor and Company" mit Sitz im englischen Lincoln die Rechte an dem von James Dunbar entwickelten Dampfbagger, der von nun an als „Dunbar & Ruston Steam Navvy" bekannt wurde. Die Maschine fuhr auf Gleisen und konnte einen Wagen auf parallel dazu verlegten Gleisen beladen.

Ferdinand Gottlob Schichau zählte zu den Pionieren des Baggerbaus in Deutschland. Er gehörte zu den Unternehmern, die aus kleinen Anfängen große Betriebe schufen.

der Bagger, der beim Bau der Eisenbahnstrecke zwischen Troy und Schenectady im Bundesstaat New York eingesetzt wurde und mittlerer Größe war. Der Bagger soll die Arbeit von 50 bis 60 Männern erledigt haben. Für die Bedienung der Maschine waren nur zwei Personen nötig. Allerdings war zusätzliches Personal erforderlich, um das Wasser und das Holz für die Dampfmaschine heranzuschaffen.

Die Otis-Bagger waren so effizient, dass sie sogar in andere Länder exportiert wurden. Mindestens einer der Dampfbagger soll beim Bahnbau in England zum Einsatz gekommen sein. Vier Maschinen wurden nach Russland transportiert und halfen beim Bau der Bahnstrecke von Sankt Petersburg nach Moskau. Anfang des 20. Jahrhunderts soll sogar noch einer der Bagger – etwa 70 Jahre nach seinem Entstehen – in Kanada im Einsatz gewesen sein.

Dampfgetriebene Bagger gewannen im 19. Jahrhundert zunehmend an Bedeutung. Sie wurden im Bergbau, zum Graben von Kanälen und Furchen sowie im Tunnelbau eingesetzt. Bekannte Hersteller dieser Maschinen waren unter anderen Ruston & Hornsby in England, Bucyrus in den USA und die Lübecker Maschinenbau-Gesellschaft in Deutschland.

Ein weiterer bedeutender Baggerhersteller in Deutschland war in der damaligen westpreußischen, später ostpreußischen und schließlich polnischen Stadt Elbing (heute Elbląg) ansässig. Gründer der Firma war Ferdinand Schichau (1814–1896), der zunächst eine Schlosserlehre absolvierte und anschließend Ingenieurwissenschaften an der Berliner Gewerbeakademie studierte. Seine Wanderjahre verbrachte er unter anderem in England. Dort lernte er den fortschrittlicheren britischen Maschinenbau kennen. Nach Elbing zurückgekehrt, gründete er 1837 im Alter von 23 Jahren eine Maschinenwerkstatt. Bereits drei Jahre später erhielt er den Auftrag zum Bau einer Dampfmaschine. 1841 begann er mit einem noch größeren Projekt, nämlich dem Bau eines Eimerketten-Schwimmbag-

gers, den er in Kooperation mit der ebenfalls in Elbing ansässigen Mitzlaffschen Werft durchführte. Der Dampfbagger sollte zur Vertiefung des Elbingflusses dienen. 1852 errichtete Schichau eine eigene Werft am Elbingfluss, und 20 Jahre später übernahm er die Mitzlaffsche Werft. Zu dieser Zeit gehörten bereits Schiffe, Dampfmaschinen, Lokomotiven, Bagger und Eisenbahnwaggons zum Produktprogramm der Schichau-Werke.

Der rasante Ausbau des Schienennetzes im 19. Jahrhundert verbesserte die Einsatzmöglichkeiten für Bagger, die für Arbeiten im Trockenen vorgesehen waren. Während die Straßen für den Verkehr mit schweren Fahrzeugen noch ungenügend ausgebaut waren und Brücken oft konstruiert waren, um lediglich dem Gewicht von Fuhrwerken standzuhalten, erlaubten die Gleise höhere Geschwindigkeiten und die Eisenbahnbrücken größere Belastungen, da die Konstrukteure der Eisenbahnstrecken von Anfang an mit anderen Anforderungen rechneten.

Für den Transport von Baggern an ihre Einsatzorte abseits des Schienennetzes mussten eigens Gleise verlegt werden. Umgekehrt waren Bagger oft auch beim Gleisbau beteiligt. Sie konnten verwendet werden, um Fahrdämme anzulegen, Steigungen abzubauen, Hindernisse zu beseitigen und andere notwendige Erdbaumaßnahmen auszuführen.

Bei den Dampfbaggern handelte es sich jedoch um schwere, behäbige Maschinen, die etwa drei Stunden vor der Arbeit angeheizt werden mussten. Ihr Einsatz lohnte sich deshalb nur bei großen, längerfristigen Projekten. Anders als im Bereich der Schiene, verlor die Dampfkraft als Antrieb von Baumaschinen ihre Bedeutung in den ersten Jahrzehnten des 20. Jahrhunderts. Der Grund war eine andere Antriebsart, die nun zur Verfügung stand und schnell an Verbreitung gewann: der Verbrennungsmotor.

Gleisketten

Gleise boten eine hervorragende Möglichkeit für die Fortbewegung schwerer Fahrzeuge, wie Lokomotiven und natürlich die ersten Bagger. Andere Wege waren weniger geeignet, da die Räder zu versinken oder durchzurutschen drohten. Es gab zwar bereits in der zweiten Hälfte des 19. Jahrhunderts Straßenlokomotiven und selbstfahrende Lokomo-

↖ In den Jahren 1859 bis 1869 entstand der Suez-Kanal, der das Mittelmeer mit dem Roten Meer verbindet. Eine wichtige Rolle beim Ausgraben des Kanals spielten Baggerschiffe mit Dampfantrieb.

↑ Alphonse Couvreux (1820–1890) bekam 1860 ein Patent auf diesen Eimerkettenbagger. Der Bagger wurde von einer Dampfmaschine angetrieben und fuhr auf Eisenbahnschienen.

↑ Manche Lokomobilen waren für den Straßenverkehr geeignet. Wegen ihres Gewichts konnten sie jedoch nicht alle Brücken benutzen.

↗ Fahrbare Dampfmaschinen wurden nicht selten für schwere Transportaufgaben eingesetzt, die mit Zugtieren in diesem Umfang nicht möglich gewesen wären.

→ Diese Skizze zeigt das Laufwerk der Lombard-Schlepper von 1901. Die Kette war mit Zacken versehen, um die Zugkraft zu verbessern.

bilen, die mit riesigen Rädern ausgestattet waren und zum Beispiel im Bergbau zum Ziehen schwerer Lasten eingesetzt wurden, aber für die Arbeit auf Feldern und Baustellen waren sie weniger geeignet, da das normale Wegenetz für die Fahrt solcher Kolosse nicht geeignet war.

Einige Erfinder kamen deshalb auf die Idee, die Räder der Fahrzeuge nicht unmittelbar auf dem Boden, sondern auf einer Art „endlosem Gleis", das aus einer Kette von Metallplatten bestand, laufen zu lassen. Die Gleiskette würde von zwei oder mehr Rädern angetrieben werden. Heute nennt man solche Antriebssysteme auch Raupenlaufwerke, und einige der Zugmaschinen, die damit ausgerüstet sind, werden oft als Raupenschlepper bezeichnet. Durch die große Oberfläche der Ketten wird das Gewicht des Fahrzeugs besser verteilt als bei Stahl- oder Gummireifen eines gleichwertigen Fahrzeugs, sodass durchgehende Kettenfahrzeuge weiches Gelände befahren können und die Wahrscheinlichkeit, durch Einsinken stecken zu bleiben, geringer ist.

Der erste kommerziell erfolgreiche Hersteller von Fahrzeugen mit Gleisketten war Alvin Orlando Lombard (1856–1937) im nordöstlichen Maine, wo der Holzhandel eine wichtige Rolle in der Wirtschaft des Bundesstaates spielte. Ein Problem war jedoch der Transport der schweren Baumstämme, da in der dünn besiedelten Region nur wenige Eisenbahnstrecken vorhanden waren. Das Gleiche galt für den Straßentransport, da die Wege für die dampfgetriebenen Zugmaschinen ungenügend ausgebaut waren. Das gefällte Holz musste also mit Hilfe von Pferden, Maultieren oder Ochsen zu den Flüssen geschleppt werden, wo es schwimmend zur Weiterverarbeitung auf dem Wasserweg in die Sägemühlen gelangte. Da für diese Arbeit ein enormer Kraftaufwand nötig war, durfte das Baumfällen nicht zu weit von den Ufern entfernt stattfinden. Außerdem eigneten sich für diese Art des Weitertransports nur Baumarten, die auf dem Wasser schwammen, wie Fichte, Tanne, Zeder und Kiefer. Ahorn, Birke, Esche und Buche waren dagegen für diese Transportweise weniger tauglich.

Als Zugmaschinen gab es gegen Ende des 19. Jahrhunderts bereits die selbstfahrenden Lokomobilen, die „traction engines". Im Winter versagten die schweren Maschinen mit ihren eisernen Rädern aber oft auf dem verschneiten Boden. Es soll der ebenfalls in Maine lebende Farmer und Schlosser Johnson Woodbury gewesen sein, der die Idee hatte, eine Dampfzugmaschine auf Bändern laufen zu lassen. Die Inspiration dafür hatte er von einem Tretgöpel erhalten, bei dem Pferde auf einer geneigten, über zwei Walzen geleiteten Bahn gingen. An die Stelle der Walzen würden nach Woodburys Plan die Räder des Fahrzeugs treten. Die Räder wären mit einem Band oder einer Gleiskette versehen, um die Traktion auf dem vereisten Untergrund zu verbessern.

Woodbury fehlte es jedoch an den finanziellen und technischen Mitteln, um seine Idee selbst zu verwirklichen. Er soll deshalb an Alvin Orlando Lombard, der in Waterville lebte und bereits wegen mehrerer Erfindungen bekannt war, herangetreten sein und ihm von seiner Idee erzählt haben. Lombard soll einer Anekdote gemäß sofort überzeugt gewesen sein und mit einem solchen Fleiß an der Umsetzung gearbeitet haben, dass er nach zwei Tagen mit einem Entwurf fertig war. Er beauftragte ein lokales Unternehmen, einen Prototyp zu bauen. An Thanksgiving 1900 unternahm die erste Maschine ihren Probelauf.

Die Maschine war mit gezahnten Antriebsrädern ausgestattet und fuhr auf Bändern, die aus einer Reihe gezahnter Abschnitte mit gerippten Oberflächen bestanden, um ein Durchrutschen zu vermeiden. Der Vorderteil des Gefährts rutschte auf Kufen. Als Antrieb dienten zunächst noch Dampfmaschinen mit stehendem Kessel, bald wurden aber horizontale Kessel verwendet. Anfangs war zum Steuern ein Pferdegespann nötig, wie es in der Frühzeit der selbstfahrenden Lokomobilen ebenfalls der Fall war.

Der Lombard-Schlepper erwies sich als praxistauglich. Er konnte etwa 8 Schlitten mit bis zu 270 Tonnen Baumstämme durch die Wälder ziehen. Die Geschwindigkeit betrug dabei 6 bis 8 Stundenkilometer. Zum Heizen der Dampfmaschine wurde in der Regel Kohle verwendet, bei kürzeren Arbeiten aber auch Holz. Für die Bedienung der Maschine im Einsatz waren vier Personen nötig.

Die meisten der gebauten Lombard-Schlepper fanden im Nordosten der Vereinigten Staaten beim Holztransport Verwendung. Einige gelangten auch nach Michigan und Wisconsin sowie nach Russland. Lombard ersetzte 1914 die Dampfmaschine mit einem 6-Zylinder-Benzinmotor. Ab 1917 dienten

↑ Die Lombard-Dampfschlepper fuhren, wie diese Maschine, im Schnee auf Gleisketten und auf Kufen, die am Vorderteil angebracht waren. Dank der Dampfkraft konnten Lasten geschleppt werden, die mit tierischer Zugkraft nicht möglich gewesen wäre.

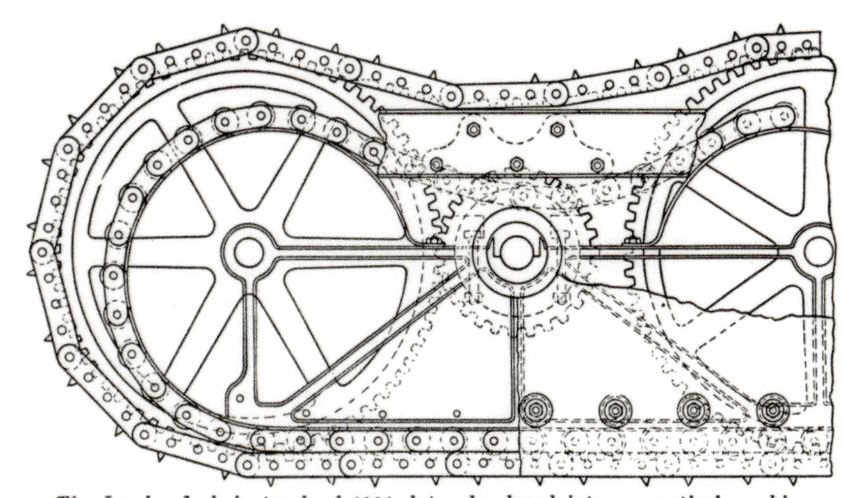

The Lombard chain track of 1901, later developed into a practical machine

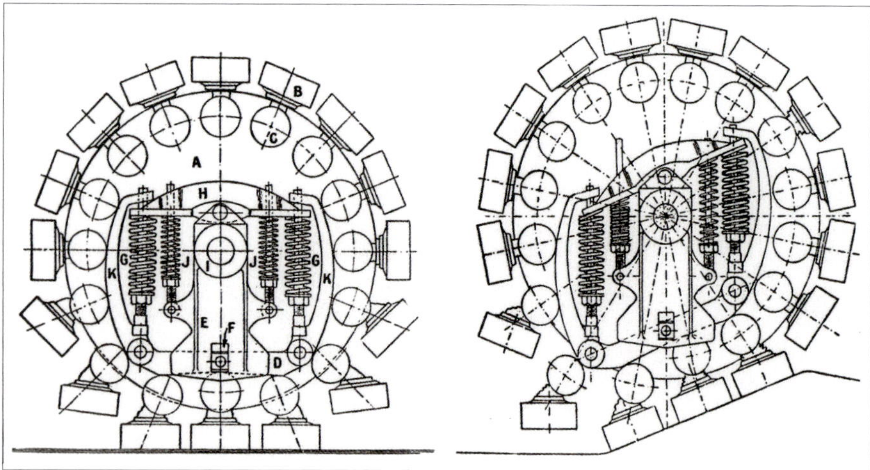

↑ Beim Pedrail-Rad waren die Elemente, die auf dem Boden auftraten, über Rollen mit dem Rad verbunden und deshalb beweglich. Das Rad hatte den Vorteil, dass es sich vergleichsweise gut an Bodenunebenheiten anpassen konnte.

↓ Das Kettenlaufwerk aus Stahlplatten, mit dem diese Planierraupe ausgestattet ist, sorgt sicherlich für eine hervorragende Traktion. Bodenschonend ist es jedoch nicht.

nur noch Ottomotoren als Antrieb. 1934 baute Lombard einen Holztransporter mit Dieselmotor. Mittlerweile gab es aber auch andere Forstmaschinen mit genügend Traktion und ausreichend starken Motoren, um Baumstämme zu transportieren, weswegen kaum mehr Nachfrage nach dem neuen Modell bestand. Der erste Lombard-Diesel blieb deshalb auch der letzte.

Eine etwas andere Idee, wie die Traktion einer Zugmaschine verbessert werden konnte, hatte der englische Erfinder Bramah Joseph Diplock (1857–1918). Er bekam 1899 ein Patent auf eine Radkonstruktion, die er „Pedrail“ nannte, wobei das lateinische „ped“ für „Fuß“ stand und das englische „rail“ ein Gleis oder eine Schiene bezeichnete. Das Pedrail-Rad fuhr jedoch nicht auf einer Schiene, sondern war ringsum mit Rollen versehen, an denen sich „Füße“ befanden. Anders als bei herkömmlichen Gleisketten waren die Elemente, die Bodenkontakt hatten, nicht miteinander verbunden. Diplock selbst nannte seine Konstruktion eine „umgedrehte Eisenbahn“. Wenn sich das Rad drehte, richteten sich „Füße“ so aus, dass sie in waagerechter Position auf dem Boden „auftraten“. Diplocks Erfindung hatte den Vorteil, dass sich die Räder an Bodenunebenheiten anpassen konnten, da die auftretenden Elemente beweglich an Rollen befestigt waren.

1910 gab Diplock jedoch die Idee des Pedrail-Rads auf und begann mit der Entwicklung dessen, was er „Kettenspur“ („chaintrack“) nannte. Diese Konstruktion glich mehr einem herkömmlichen Raupenlaufwerk. Das heißt, feste Räder liefen auf einem beweglichen Band. Der Umstand, dass es sich jedoch um ein kompliziertes und wartungsintensives System handelte, bewegte ihn zum Umdenken. 1914 produzierte Diplock schließlich eine Version auf einer einfacheren, breiten Schiene.

Diplock gründete 1911 die Pedrail Transport Company und war beim Ausbruch des Ersten Weltkriegs das einzige britische Unternehmen, das noch durchgehende Raupenketten herstellte. Während des Kriegs wurde eine Pedrail-Maschine für militärische Zwecke erprobt. Sie kam jedoch nie zum Einsatz.

Die Idee der Gleiskettenlaufwerke wurde von anderen Herstellern von Baumaschinen, Traktoren und Panzern übernommen. Die Vorteile gegenüber Rädern waren für bestimmte Einsatzarten offensichtlich. Dazu gehörten eine bessere Traktion vor allem auf schwierigem Untergrund, eine geringere Bodenverdichtung durch die größere Auflagefläche, was nicht zuletzt in der Landwirtschaft eine Rolle spielte, und eine höhere Standfestigkeit an Hängen. Aber natürlich hat die Verwendung von Raupenlaufwerken auch seine Nachteile. Dazu gehört beispielsweise beim Steuern das „Radieren" auf dem Untergrund, was auf Baustellen weniger bedeutend ist, aber auf Wegen, Straßen und sonstigen Oberflächen, die nicht beschädigt werden sollen, durchaus eine Rolle spielt. Als auf den Straßen noch Panzer unterwegs waren, pflegten die schweren Fahrzeuge mit ihren Ketten eindeutige Spuren zu hinterlassen. Außerdem sind mit Gleiskettenlaufwerken bei Straßenfahrten nicht die gleichen Geschwindigkeiten wie mit Rädern erreichbar.

Gummilaufwerk

Als Bandketten oder Gummiketten werden Raupen bezeichnet, die aus Gummi und stabileren Elementen, wie Stahlseilen oder Gewebeschichten, bestehen. Der japanische Reifenhersteller Bridgestone entwickelte in den 1970er-Jahren Gummiketten, und im folgenden Jahrzehnt übernahmen immer mehr Baumaschinenhersteller Gummibänder für die Laufwerke.

Allerdings gab es bereits früher Versuche, Gummibänder für Raupenlaufwerke einzuführen. Der französische Ingenieur Adolphe Kégresse (1879–1943) erhielt beispielsweise bereits 1913 ein Patent auf die Erfindung einer Gleiskette mit Gummi. In den 1940er-Jahren führte der amerikanische Traktorher-

Auch wenn die Gummilaufwerke ihre Nachteile haben, so lassen sie sich doch besser für Aufgaben einsetzen, bei denen durch die schweren Maschinen Bodenschäden verursacht werden können.

RADGÜRTEL

Ein weiterer Versuch, die Standfestigkeit von schweren Fahrzeugen zu verbessern und die Räder auf weichem Untergrund vor dem Einsinken zu bewahren, waren die Radgürtel, die Anfang des 20. Jahrhunderts oft im militärischen Bereich verwendet wurden. Dabei handelte es sich um einen Kranz aus Platten, die miteinander verbunden waren. Die Räder hatten dadurch eine größere Auflagefläche als die herkömmlichen Räder, die vor der Einführung der Luftbereifung noch dünn waren und abseits der Straßen leicht einzusinken drohten. Während des Ersten Weltkriegs waren schwere Geschütze, die mit einem Radgürtel versehen waren, keine Seltenheit.

Die Idee der Radgürtel geht jedoch bis ins 19. Jahrhundert zurück. Der britische Erfinder von Dampfzugmaschinen James Boydell (gestorben 1860) gehörte zu den ersten, die vorschlugen, Räder mit einer Reihe flacher Bretter, die lose an der Radmitte befestigt waren, auszustatten. Das Gewicht des Fahrzeugs oder Wagens würde sich immer auf der Oberfläche des unteren, am Boden aufliegenden Brettes verteilen. Boydell sprach von einem „endlosen Eisenbahnrad" oder einer „endlosen Schiene". Später wurden solche Räder im Englischen als „dreadnaught wheels" bekannt.[1]

Boydell kooperierte mit der Firma Charles Burrell & Sons, um Lokomobilen herzustellen, die mit seinen Rädern ausgestattet waren. Burrell ließ später ein etwas verändertes Design patentieren. Mehrere Wagen, Geschütze und andere Fahrzeuge wurden bereits im Krimkrieg mit Dreadnaught-Rädern versehen.

1 „Dreadnaught", auch „Dreadnought" geschrieben, könnte im Deutschen als „Fürchtenichts" wiedergegeben werden. Die Bezeichnung wurde für eine Art großer Schlachtschiffe, aber auch für dicke Wollkleidung verwendet.

steller Oliver ein Gummilaufwerk ein. Diese frühen Entwicklungen waren jedoch ihrer Zeit voraus und setzten sich nie richtig durch.

Die Gummiketten sind im Vergleich zu Stahlketten leichter und verursachen geringere Schäden an der Bodenoberfläche. Sie sind außerdem energiesparender und erzeugen weniger Lärm. Was den Bodendruck betrifft, schneiden sie allerdings weniger gut ab. Raupenlaufwerke, die aus verketteten Stahlplatten bestehen, können den Druck auf den Boden besser verteilen. Bei der Ausstattung mit Gummibändern wird das Gewicht nach wie vor zum großen Teil durch die Räder auf den Boden übertragen. Weitere Nachteile bestehen in dem höheren Verschleiß, die leichtere Beschädigung und in dem Umstand, dass die Bänder nicht in Einzelstücke zerlegt und daher nicht repariert werden können, da sie bei Beschädigung als Ganzes entsorgt werden müssen.

Greifbagger nach dem Priestman-System wurden gegen Ende des 19. Jahrhunderts von der Maschinenfabrik Menck & Hambrock in Hamburg-Ottensen gebaut, und zwar mit zwei Ketten als auch mit einer Kette, was der eigenen Ausführung entsprach.

Seil- und Greifbagger

Mit der Einführung von Kettenlaufwerken wurden die Bagger von den Gleisen und Schiffen, an die sie zuvor gebunden waren, unabhängig. Die Einsatzmöglichkeiten der Maschinen besserten sich auch durch den drehbaren Oberwagen, der vorne mit dem Bedienstand und im Heck mit dem Antrieb ausgestattet war. Zu den ältesten Ausführungen der Bagger gehörten neben den Eimerkettenbaggern die Maschinen, die mit Greifern ausgestattet waren. Zu einem Greifbagger gehören gewöhnlich zwei wesentliche Teile, nämlich der Greifkorb oder Greifer – der in Hinsicht auf seine Verwendung sowie den Öffnungs- und Schließmechanismus unterschiedlich ausgebildet sein kann –, und das Hebewerkzeug, das heißt der Greiferkran, der meist als Raupen- oder auf Schienen fahrender Drehkran ausgeführt ist. Für andere Aufgaben sind jedoch auch andere Bauarten möglich. Der Greifer befindet sich an Stahlseilen. Ältere Ausführungen waren oft mit Ketten ausgerüstet.

Wie der Name schon sagt, ist es der Zweck des Greifbaggers, Erde, Steine oder anderes Material mit dem Greifer aufzunehmen und an die gewünschte Stelle zu heben. Beim Ausheben von Erde wird beispielsweise der Greifkorb in der höchsten Stelle geöffnet und über dem Aushub herabgelassen. Der Korb dringt durch sein Gewicht etwas in den Boden ein. Falls der Boden zu fest ist, müsste er jedoch zuvor gelockert werden. Beim Schließen des Korbs wird er zum Beispiel mit der Erde gefüllt. Anschließend wird der

Zwei Priestman-Greifbagger werden hier auf einem Schiff als „Dredger", das heißt zum Ausbaggern von Hafenbecken und Flussläufen eingesetzt. Der Antrieb der beiden Bagger erfolgt über eine Dampfmaschine.

Korb hochgehoben und bis zu der Stelle geschwenkt, an der sich der Behälter für die Aufnahme des Materials befindet. Durch das Öffnen des Korbs fällt das Material in den Behälter.

Baggerartige Geräte mit Greifern waren bereits ab dem 16. Jahrhundert bekannt. Die Geräte mussten aber noch von Hand betrieben werden. William Dent Priestman (1847–1936) aus dem englischen Kingston upon Hull kam jedoch auf die Idee, Bagger mit Dampfbetrieb zu bauen. Gemeinsam mit seinem Bruder gründete er die Firma Priestman Brothers, die neben Baggern auch Seilwinden und Krane herstellte. Priestman erfand außerdem eine frühe Version eines Ölmotors. Berühmtheit erlangte die Firma darüber hinaus durch den Bau der ersten bekannten Lokomotive, die von einem Verbrennungsmotor angetrieben wurde.

Die Greifbagger der Priestman Brothers wurden in Hamburg von der Maschinenfabrik Menck & Hambrock nachgebaut. Es gab sie in Ausführungen mit zwei Ketten, was dem Priestman-System entsprach, und einer Version mit einer Kette, bei der es sich um eine eigene Variante handelte. Beide Varianten konnten als Nass- und Trockenbagger verwendet werden. Die Ein-Ketten-Version war nach damaliger Darstellung wegen der einfacheren Bedienung für den Maschinisten jedoch weniger ermüdend. Der Zweikettenbagger hatte dagegen den Vorteil, dass der Greifer noch an einer Kette hing, falls die Hauptkette riss, was vor allem bei Arbeiten unter Wasser günstig war. Bei der Zwei-Ketten-Version konnte der Greifer durch das Ziehen der zweiten Kette geöffnet werden, falls er sich an einem Baumstamm oder einem anderen Gegenstand „festgebissen“ hatte. „Besonders vorteilhaft sind solche Greifbagger zum Ausheben von Baugruben unter Wasser“, hieß es in einer Beschreibung von 1895, „zum Ausbaggern von Senkbrunnen und zu sonstigen Baggerarbeiten auf beschränktem Raume.“[2]

Dieser mit zwei Ketten ausgestattete Greifbagger wurde um 1916 in der am Japanischen Meer gelegenen russischen Stadt Wladiwostok eingesetzt, um das Hafenbecken auszubaggern.

Die ursprünglichen Ketten wurden in neueren Ausführungen von Stahlseilen abgelöst. Diese Greifbagger waren mit zwei separaten Winden für das Hubseil und das Senkseil ausgestattet. Das Hubseil, das vorher auch als Schließ- oder Tragkette bezeichnet wurde, war über einen Flaschenzug mit dem Drehpunkt verbunden. Das Senkseil, ehemals Entleerungs- oder Öffnungskette, war mit dem oberen Träger des Greifers verbunden. Durch die Betätigung des Senkseils öffnete sich der Greifer und durch Anziehen des Hubseils schloss er sich wieder. Bei gleichzeitiger Betätigung beider Seile hob oder senkte sich der Greifer in geschlossener Stellung.

Die Ausstattung des Baggers mit nur einem Seil war zwar in der Bedienung einfacher. Die Aufhängung des Greifers konnte aber bei großen Lasten, bei kaltem Wetter oder anderen ungünstigen Bedingungen leichter reißen. Vor allem beim Nassbaggern konnte der Greifer dadurch verloren gehen.

2 Klasen, Ludwig (Hrsg.). Handbuch der Fundirungs-Methoden im Hochbau, Brückenbau und Wasserbau. Leipzig: Baumgärtner's Buchhandlung, 2. Auflage, 1895, Seite 55

↑ Dieser Greifbagger wurde in einem Hochmoor eingesetzt, um aus dem Moor Torfstiche zu holen. Nach der Reinigung von Ästen und Wurzeln wurde der Torf zerkleinert und in Heilbädern verwendet.

→ Bei den Greifern, die man heute hauptsächlich bei den Baggern sieht, handelt es sich um Zweischalengreifer. Das heißt, bei dem Anbaugerät handelt es sich um zwei gegeneinander schiebende Löffel (Schalen), die das Baggergut aufnehmen.

Um ein Reißen möglichst zu vermeiden, mussten die Drahtseile anfangs eine entsprechende Stärke aufweisen. Dicke Seile hatten jedoch auch entsprechend umfangreiche Seiltrommeln zur Folge. Eine Lösung bestand darin, mehrere Seiltrommeln zu verwenden. Die Firmen Menck & Hambrock sowie Bünger & Lehrer bauten deswegen bereits Anfang des 20. Jahrhunderts Bagger, deren Greifer mit vier Seilen arbeiteten. In anderen Ländern gab es ähnliche Entwicklungen.

Löffelbagger

Während der Greifbagger mit seinem Greifer in die Erde eindringt oder Material aufnimmt, kann der Löffelbagger mit seinem Anbaugerät gegen das zu lösende Erdreich pressen und dadurch auch festeres Material aufnehmen. Das Anbaugerät wird, wie die Bezeichnung des Baggers bereits andeutet, als „Löffel" bezeichnet. Umgangssprachlich würde man eher von einer Schaufel reden.

Gegenüber den Seilbaggern haben die Löffelbagger den Vorteil, dass sie auch harten Boden lösen können. Dadurch können Arbeiten, die den Boden lockern sollen, vermieden werden. In vielen Fällen arbeitet der Löffelbagger an einer Wand, und die Wagen zum Abtransport des Aushubs stehen neben oder hinter dem Bagger. Der Bagger muss also eine Schwenkung von bis zu 180 Grad machen, um das aufgenommene Material in den Wagen zu laden. Vor der Verfügbarkeit anderer leistungsfähiger Transportfahrzeuge wurden extra Gleise verlegt, die kurz vor dem Bagger endeten, sodass der Abtransport des Aushubs auf Eisenbahnwaggons erfolgen konnte. Da der Baggerausleger aber nur eine begrenzte Reichweite hatte, konnten nur ein bis zwei Waggons beladen werden. Anschließend mussten sie abgekoppelt und weggeschoben werden, um anderen leeren Waggons Platz zu machen. Mit dem Auf-

← Die ersten Löffelbagger fuhren noch auf Schienen. Oft wurden neben oder hinter dem Bagger Schienen für den Abtransport des Aushubs verlegt. Der Transport auf Schienen war jedoch mit einem häufigen An- und Abkoppeln der Waggons verbunden.

← Diese Lithographie von 1912 zeigt, wie ein Bagger beim Ausgraben des Panamakanals das Material auf einen Zug entleert. Ein Umstellen der Waggons ist in diesem Fall nicht nötig.

kommen geländegängiger Lkw und starker Zugfahrzeuge erübrigte sich diese Arbeit.

Grundsätzlich wird zwischen zwei Arten von Löffelbaggern unterschieden: einem Hochlöffelbagger und einem Tieflöffelbagger. Der Hochlöffelbagger zeichnet sich dadurch aus, dass er an der tiefsten Stelle des Aushubs ansetzt, nach oben gräbt, wobei er an der auszuhebenden Bodenmasse andrückt, das dadurch aufgenommene Material hochhebt und an der gewünschten Stelle, zum Beispiel über einem Kipper, den Löffel entlädt. Ein Hochlöffel kann zum Zweck des Entladens unten geöffnet werden. Bei dem bereits weiter oben beschriebenen Dampfbagger, den William S. Otis konstruierte, handelte es sich wahrscheinlich um den ersten Hochlöffelbagger.

Hochlöffelbagger werden als Baufahrzeuge hauptsächlich im Bergbau eingesetzt. Sie dienen der Gewinnung und dem Abtransport von Kohle, Erz und anderen Rohstoffen. Die meisten Bagger waren von der Anfangszeit bis in die 1950er-Jahre mit Hochlöffeln ausgestattet. Dies hing mit der Betätigung des Löffels zusammen. Die Kraft zum Heben des Löffels wurde über Ketten und später über Seile ausgeübt. Anders ist es beim Tieflöffel.

Beim Tieflöffelbagger erfolgt das Graben in Richtung des Baggers. Diese Baggerausführung eignet sich vor allem zum Ausheben von Gräben und Gruben. Abhängig von der auszuführenden Arbeit können verschiedene Löffel eingesetzt werden. Ein Sieb-, Sortier- oder Gitterlöffel ist beispielsweise mit einem Gitter oder Sieb versehen und kann benutzt werden, um Gestein mit einer bestimmten Größe oder Baustoffe auszusieben. Bei Felstieflöffeln handelt es sich um Löffel in verstärkter Ausführung. Sie werden für Arbeiten eingesetzt, bei denen besonders hohe Losbrech- und Reißkräfte erforderlich sind. Damit das Werkzeug die Belastung aushält, sind die Messerschneide und andere Teile oft aus Hartstahl gefertigt.

Grabenräumlöffel werden dagegen bei der Arbeit weniger stark beansprucht. Sie werden zum Herstellen oder Bearbeiten von Gräben, Mulden oder Böschungen verwen-

Die Entleerung des Materials erfolgt hier bereits auf einen Lastwagen. Ein Lkw kann zwar nicht die gleiche Menge wie ein Zug aufnehmen, ist aber flexibler.

Der Tieflöffel bewegt sich bei der Arbeit in Richtung des Baggers und nimmt dabei das Material auf. Für bestimmte Aufgaben gibt es spezielle Löffel.

det und werden deswegen hauptsächlich mit Minibaggern eingesetzt. Manche der Grabenräumlöffel werden starr angebaut, andere sind hydraulisch schwenkbar, damit sie auf diese Weise der Geländeform angepasst werden können. Drainagelöffel zeichnen sich im Gegensatz zu den Grabenräumlöffeln durch ihre geringe Breite aus. Sie dienen deswegen zum Ausheben von schmalen Gräben für Leitungen, Kabel und Ähnlichem.

Wie bereits erwähnt, waren in der Anfangszeit und in der ersten Hälfte des 20. Jahrhunderts vor allem Hochlöffelbagger verbreitet. Der Grund dafür war der Umstand, dass Seilbagger mit Tieflöffeln nicht annähernd so viel leisten konnten wie die Ausführungen mit Hochlöffeln. Die seilgeführten Tieflöffel konnten nur mit dem Gewicht des Löffels in den Boden eindringen. Dadurch waren bedeutend geringere Grab- und Ladeleistungen als beim Hochlöffel, der nach oben gezogen wird, zu erzielen.

In einem Fachbuch von 1956 hieß es dazu noch: „Der Tieflöffel erfreut sich nicht derselben Beliebtheit wie der Hochlöffel. Er ist mehr oder weniger ein Spezialgerät, das wohl für Grabenaushub und in einigen Fällen für Aushub unter Baggerplanung sehr gut geeignet ist, aber im Allgemeinen mit dem Hochlöffel bezüglich Leistung nicht konkurrieren kann.“[3]

Die Wende kam mit der Einführung der Hydraulikbagger. Was die Seilbagger noch nicht konnten, war nun möglich: Die Hydraulikbagger konnten ihre Ausleger unter der hydraulischen Krafteinwirkung senken und

3 Walch, Otto. Baumaschinen und Baueinrichtungen. Erster Band: Baumaschinen. Berlin, Heidelberg: Springer-Verlag, Seite 23

so den Tieflöffel mit großen Grabkräften ins Erdreich pressen. Die Hydraulikbagger sorgten für einen raschen Wandel der Arbeitsmethoden im Erd-, Tief- und Straßenbau. Die meisten Bagger, die man heute in diesen Bereichen sieht, sind Tieflöffelbagger.

Minibagger

Mit Baggern verbindet man in der Regel leistungsstarke Maschinen, die mit viel Lärm Gruben ausheben, Schutt und Erde aufladen oder Gebäude abreißen. Aber es gibt sie auch in kompakten Ausführungen. Man sieht sie auf kleinen Baustellen, wo beengte Verhältnisse herrschen, im Garten- und Landschaftsbau sowie im kommunalen Bereich. Auch für Sanierungsarbeiten an Gebäuden, zum Erschließen von Bauland, zum Ausheben von Gräben, zum Leitungsverlegen und Ähnliches sind sie verwendbar. Da der Einsatz oft auf engem Raum erfolgt, kommt manchmal eine Arbeitsausrüstung zur Anwendung, die mit zusätzlichen Gelenken versehen ist. Manche Hersteller unterscheiden diese Kleinbagger noch zwischen Mikro- und Minibagger. Das Eigengewicht der Minibagger liegt bei etwa 0,5 bis 6 Tonnen. Einige Modelle haben nur eine Breite von einem Meter. Aufgrund ihrer kompakten Abmessungen sind sie vergleichsweise einfach zu transportieren und können nahezu auf jede Baustelle mitgenommen werden. Manche Minibagger sind so klein und leicht, dass sie auf der Ladefläche eines Lkw transportiert werden können. Trotz ihrer kompakten Bauweise handelt es sich um vollwertige Bagger. Sie fahren teilweise auf Rädern, zum größten Teil aber auf bodenschonenden Gummiketten.

Die Minibagger kamen in Europa erst Ende der 1960er-Jahre auf den Markt. Für ihre Einführung sind zwei japanische Unternehmen verantwortlich, nämlich Yanmar und Takeuchi. Der Grund für die Herkunft aus

Dieser Zweischalengreifer besteht aus zwei Sieblöffeln. Durch die Schlitze in den Löffeln kann feineres Material herausgesiebt werden.

Bei dieser Baustelle steht eine Reihe von Löffeln für verschiedene Einsatzzwecke bereit. Wegen der Reiß- und Losbrechkräfte sind einige konstruktiv verstärkt.

→ Wacker Neuson gehörte zu den ersten europäischen Herstellern, die nach dem Erfolg der japanischen Konkurrenz eigene Minibagger anzubieten begannen. Heute befinden sich zahlreiche Modelle der Klasse von bis zu sechs Tonnen Eigengewicht im Portfolio des Unternehmens.

↓ Der KX101-3 ist ein Minibagger des japanischen Unternehmens Kubota. Das Einsatzgewicht der Arbeitsmaschine liegt bei 3520 Kilogramm. Der 1,55 Meter breite Bagger kann bis zu einer Tiefe von 3,30 Metern graben.

Japan kann mit den beengten Verhältnissen in dem asiatischen Land erklärt werden. Die Takeuchi-Bagger wurden in Europa von der Tochterfirma Pel-Job mit Sitz im französischen Annecy vertrieben. Ab 1985 importierte Takeuchi nach Europa jedoch direkt aus Japan unter dem eigenen Namen. Das Werk in Annecy wurde 1995 von Volvo mit dem Ziel übernommen, eine eigene Minibagger-Produktion aufzubauen. Als der Erfolg der Kompaktmaschinen immer offensichtlicher wurde, brachten andere Baumaschinenhersteller ebenfalls diese Art kompakter Maschinen auf den Markt. Zu den ersten gehörte 1982 JCB. Andere folgten. Heute werden sie von zahlreichen Herstellern angeboten.

Mobilbagger

Die Raupenlaufwerke zeichnen sich durch ihre hohe Traktion und Standfestigkeit aus. Manchmal gehören aber zu den wichtigen Eigenschaften, die für bestimmte Einsätze gefragt sind, Flexibilität und Vielseitigkeit. Als Mobilbagger wird die Baggerklasse bezeichnet, bei der diese Eigenschaften eine vorrangige Bedeutung haben. Die Mobilität beginnt mit dem Umstand, dass diese Maschinen nicht auf Raupen, sondern auf Rädern fahren. Die Bereifung ermöglicht ihnen höhere Geschwindigkeiten als den Raupenfahrzeugen. Raupenbagger sind für Fahrgeschwindigkeiten bis maximal 6 km/h ausgelegt. Mobilbagger dürfen dagegen am öffentlichen Straßenverkehr teilnehmen. Die Modelle der MX-G-Serie von Hydrema erreichen beispielsweise eine Fahrgeschwindigkeit von 38 km/h. Sie können deshalb oft auf eigener Achse zur Baustelle fahren.

Die Mobilbagger gehören aber auch in anderer Hinsicht zu den vielseitigsten Fahrzeugen im Gerätepark von Bauunternehmen. Sie können unterschiedliche Aufgaben bei einem Bauprojekt übernehmen. Mit verschiedenen Anbaugeräten ausgestattet, wie Frontladern, Baggerlöffeln oder Planierschaufeln, kann der Bagger zu einer Art Alleskönner unter den Baufahrzeugen werden.

Mobilbagger sind Baumaschinen, die vor allem auf kleinen und mittelgroßen Baustellen zu sehen sind. Bei einigen Projekten kann der

Der fast 20 Tonnen wiegende Mobilbagger M318 von Caterpillar kann eine Höchstgeschwindigkeit von 35 km/h erreichen. Ein 129 kW (175 PS) starker Motor liefert die Kraft für die verschiedenen Arbeiten, die mit dem Bagger durchgeführt werden können.

Bagger dank der verschiedenen Anbaugeräte alle grundlegenden Aufgaben erledigen. Bei Einsätzen auf Firmengeländen oder bei Privatpersonen kann der Mobilbagger deswegen oft als einziges Baufahrzeug ausreichen. Anders sieht es bei Großprojekten aus. Bei solchen Baustellen sind größere und stärkere Maschinen gefragt, und die Mobilbagger können lediglich eine unterstützende Aufgabe übernehmen, wie etwa das Beladen von Lastwagen oder die Aufnahme von Baumaterial.

Zweiwegebagger

Die ersten Bagger fuhren auf Schienen. Auch heute gibt es noch Bagger, die auf Schienen fahren können. Um zwischen Straße und Gleisen zu wechseln, gibt es spezielle Eingleisstellen. Die meisten Zweiwegebagger besitzen eine Schienenfahreinrichtung, wobei die vorhandenen Gummiräder ausschließlich für das Fahren auf der Straße und im Gelände vorgesehen sind. Für das Fahren auf den Schienen sind sie mit gesonderten Rädern mit einem speziellen Spurkranz ausgestattet.

Der Antrieb dieser Räder erfolgt entweder über einen eigenen Antriebsstrang oder über die straßentauglichen Räder. Bei den Baggern handelt es sich gewöhnlich um kompakte Modelle. Der niedrige Schwerpunkt sorgt für eine gute Standfestigkeit des Baggers auf den Gleisen. Zu den Arbeiten, für die Zweiwegebagger oft verwendet werden, gehören das

Der Liebherr 918 compact ist in einer Ausführungen mit 25 km/h und optional in einer Version mit einer Höchstgeschwindigkeit von 30 Stundenkilometern erhältlich. Die Motorleistung des Radbaggers beträgt 115 kW (156 PS).

↑ Diese Zweiwegebagger wurden beim Verlegen von Straßenbahngleisen eingesetzt. Vorne sind die Räder für die Schienenfahrt zu sehen. Sie können hydraulisch heruntergefahren werden.

↗ Der A 922 Rail Litronic ist eine Zweiwegemaschine von Liebherr. An beiden Seiten des Unterwagens befindet sich das Schienenfahrwerk. Beim Aufgleisen bringt das Schienenfahrwerk die Bereifung auf Schienenniveau. Die inneren Räder der Zwillingsbereifung übernehmen den Fahrantrieb auf der Schiene.

Bearbeiten der Oberfläche, das Verlegen von Schwellen, das Einschottern der Gleise sowie Reparatur- und Wartungsarbeiten.

Der Einsatz auf Schienen ist nicht immer unproblematisch. Wenn möglich, sollten die Fahrleitungen ausgeschaltet sein. In manchen Fällen kann dies jedoch nicht geschehen, weshalb bei der Arbeit mit den Baggern gewisse Sicherheitsvorkehrungen beachtet werden müssen. Zum Beispiel muss ein Mindestabstand zur Fahrleitung eingehalten werden. Sicherheitsvorrichtungen beim Bagger können Erdungsbolzen oder Erdungsseile sein. Damit der Bagger nicht die nötige Begrenzung überschreitet, können elektronisch geregelte Schwenk- und Hubbegrenzungen Verwendung finden.

Zu den Herstellern von Zweiwegebaggern gehören die Firmen Atlas, Hydrema, Liebherr, Kaiser und Unac. Die meisten dieser Maschinen fallen in die Klasse der mittelschweren Modelle. Die Maschinen von Atlas haben beispielsweise ein Einsatzgewicht von 18,5 bis 22 Tonnen und eine Motorleistung von 95 kW (129 PS) bis 115 kW (156 PS). 120 kW (163 PS) leistet der Motor des 22,4 bis 23,4 Tonnen schweren A 922 von Liebherr. Bedeutend leichter ist der Zweiwege-Minibagger mit hydrostatischem Antrieb, den Unac im Angebot hat. Der Bagger eignet sich zum Räumen von Gestrüpp entlang der Gleise, von Böschungen, Gräben, Tunnels und komplexeren Geländeformen. Auf dem Gleis kann der Minibagger eine Geschwindigkeit von 20 Stundenkilometern erreichen. Der Ausleger, an dessen Ende sich das Arbeitsgerät befindet, hat eine Länge von 11 Metern.

Universalbagger

Universalbagger, Mehrzweckbagger oder auch Umbaubagger werden Maschinen genannt, die für unterschiedliche Baggerarbeiten einsetzbar sind. Dies bedeutet, dass sie mit verschiedenen Auslegern und Fördergefäßen arbeiten können. Man kann sie sowohl mit Greifern, Hochlöffeln, Tieflöffeln als auch mit Eimern verwenden. Davon abgesehen können sie auch durch den Umbau der Ausleger Geräte wie Stampfer, Ramme, Skimmer oder Planierlöffel einsetzen. Um die

Bezeichnung „Universal“ oder „Mehrzweck“ zu rechtfertigen, sollte der Umbau möglichst ohne einen großen Aufwand möglich sein.

Die Bezeichnung „Universalbagger“ tauchte im deutschen Sprachraum 1928 auf und stand für die vielseitige Verwendbarkeit der Bagger dank der Einsetzbarkeit verschiedener Grundgeräte. 1935 stellte Orenstein & Koppel einen Universal-Kleinbagger vor, der sogar neben anderen Geräten mit einer Eimerketten-Ausrüstung arbeiten konnte. Bagger, die mit einer Rammeinrichtung arbeiten konnten, kamen ebenfalls relativ früh auf. Sie ersetzten nach und nach die klassischen Rammen. Bereits in den 1930er-Jahren wurden von zahlreichen Herstellern Stampfeinrichtungen zur Bodenverdichtung angeboten. Dabei handelte es sich um Ausleger, an denen sich bis zu drei Tonnen schwere Gewichte befanden. Die Gewichte wurden etwa aus einer Höhe von zwei Metern fallen gelassen und anschließend wieder hochgehoben. Später benutzte man noch größere Gewichte und Fallhöhen. Heute werden ebenfalls Bagger zur Bodenverdichtung verwendet, allerdings mit einem entsprechenden Anbaugerät.

Für ihre Vielseitigkeit waren die Teleskopbagger bekannt. Diese Maschinen mit ihren geradlinigen aus- und einfahrbaren Auslegern genossen in den 1950er- und 1960er-Jahren eine besondere Beliebtheit, da sie, im Gegensatz zu den damals noch weit verbreiteten Seilbaggern, mit verschiedenen Anbauwerkzeugen ausgestattet werden konnten. Der 1962 vorgestellte Combi-Craft der Eisenwerke Kaiserslautern (EWK) konnte beispielsweise mit einem Tieflöffel, Hochlöffel, Grabenlöffel, Felslöffel, Planierlöffel, Aufreißhaken, Planierschild, einer Ladeschaufel, einer Profilschaufel und einem Presslufthammer arbeiten.

Schaufelradbagger

Während Löffelbagger oder Universalbagger mit nur einem Werkzeug arbeiten, nämlich einem Löffel, einem Greifer oder Ähnlichem, arbeitet ein Schaufelradbagger mit mehreren Schaufeln, die an einem Rad befestigt sind. Das Rad befindet sich an einem Ausleger, der gehoben und gesenkt werden kann. Es dreht sich bei der Arbeit und nimmt dabei über die Schaufeln

↖ Dieser Bodenverdichter ist für den Einsatz mit einem Bagger bestimmt. Anders als in früheren Zeiten muss man zu diesem Zweck kein Gewicht mehr auf den Boden fallen lassen.

↑ Mit Gabelzinken ist dieser Bagger versehen. Mit dieser Ausstattung kann er neben den üblichen Arbeiten im Straßenbau auch den Transport von Baumaterial übernehmen.

Die Schaufelradbagger sind beeindruckende Konstruktionen, die man hauptsächlich im Tagebau sieht. Einige der Bagger gehören zu den größten Maschinen, die jemals gebaut wurden.

das abzutragende Material auf. Das Baggergut wird über ein Förderband, das sich auf dem Ausleger befindet, weiterbefördert und gelangt auf ein zweites Band, das auf einem schwenkbaren Ausleger angeordnet ist. Von dort wird es auf ein Transportfahrzeug geladen.

Bei den Schaufelradbaggern handelt es sich um Giganten, deren Haupteinsatzfeld der Tagebau ist. Sie gehören zu den größten existierenden Landfahrzeugen und können täglich Tausende von Tonnen Abraum befördern. Die schwerste Maschine dieser Art ist der Bagger 293, der 1995 gebaut wurde und 14.196 Tonnen wiegt. Er steht im Guinness-Buch der Weltrekorde als schwerstes Landfahrzeug an oberster Stelle. Mit einer Länge von 226 Metern und einer Höhe von 96 Metern zählt der Baggerriese ebenfalls zu den größten jemals gebauten Maschinen. Der Koloss fährt auf 12 Raupen, erreicht aber nur eine Höchstgeschwindigkeit von 0,6 Stundenkilometern.

Der Bagger 293 befindet sich im Braunkohlentagebau Hambach, der größten Braunkohlegrube Europas. Er ist ein Exemplar einer Reihe ähnlicher Bagger, die von 1958 bis 1993 gebaut wurden und ebenfalls im Tagebau eingesetzt wurden.

Nicht alle Schaufelradbagger haben die Größe des 293 und seiner Geschwister. Es wird zwischen drei Größenklassen unterschieden. Kompaktschaufelradbagger haben ein Gewicht von 40 bis 2000 Tonnen. Die Schaufelraddurchmesser liegen bei 4 bis 15 Metern, und die Schaufelradantriebsleistung beträgt 75 kW (102 PS) bis 1000 kW (1360 PS). Bei den Maschinen dieser Klasse wird mit einer theoretischen Gewinnungsleistung von 3000 bis 60.000 Kubikmetern am Tag gerechnet.

Schaufelradbagger der mittleren Leistungsklasse wiegen 2000 bis 6000 Tonnen. Ihr Schaufelrad hat einen Durchmesser von 8,5 bis 15 Metern. Die Schaufelradantriebsleistung dieser Klasse liegt bei 750 kW (1020 PS) bis 1500 kW (2039 PS). Die theoretische Gewinnungsleistung liegt bei 60.000 bis 100.000 Kubikmetern am Tag.

Das Gewicht der Schaufelradbagger der oberen Klasse beginnt ab 6000 Tonnen. Das Schaufelrad hat einen Durchmesser von 17 bis 21,5 Metern. Die Antriebsleistung des Rads beträgt bis zu 5000 kW (6798 PS). Von 100.000 bis 240.000 Kubikmetern reicht die tägliche Gewinnungsleistung dieser Klasse.

Schaufelradbagger sind keine Serienprodukte. Nur wenige Unternehmen sind bereit oder in der Lage, das erforderliche massive und teure Räderwerk herzustellen. Das tschechische Unternehmen Unex gehört gegenwärtig zu den wenigen Anbietern von Schaufelradbaggern. Es bezeichnet sich selbst als langjähriger Hersteller von Maschinen für den kontinuierlichen Abbau im großen Umfang von Erdreich, Kohle und Erz in Tagebauen und Einrichtungen der Ablagerungswirtschaft in Kraftwerken.

Die Schaufelradbagger wurden jedoch für eine unbegrenzte Lebensdauer bei dauerhafter starker Beanspruchung gebaut. Dazu kommt, dass der Tagebau mittlerweile sehr unbeliebt ist, sodass kaum eine Nachfrage nach neuen Maschinen besteht. Der aktuelle Einsatz von Schaufelradbaggern konzentriert sich vor allem auf den Braunkohlenbergbau zur Stromerzeugung vor allem in Deutschland sowie in Ost- und Südosteuropa. Unex hat auch einen Schaufelradbagger für die Gewinnung von Diamanten im sibirischen Permafrost gebaut.

Eimerkettenbagger

Eimerkettenbagger sind mit den Schaufelradbaggern verwandt, da die größten Exemplare unter ihnen zu den schwersten gebauten Maschinen zählen. Sie arbeiten ebenfalls mit mehreren Schaufeln, die sich jedoch nicht an einem Rad, sondern an einer endlosen Kette befinden. Die Kette wird von einem Ausleger getragen. Der Eimerkettenbagger ist ein kontinuierlich arbeitendes Gewinnungsgerät für lose, aber auch gewachsene Stoffe und hat in jüngerer Zeit vor allem im Tagebau an Bedeutung gewonnen. Wie wir an anderer Stelle gesehen haben, wurden Bagger mit Eimerketten sehr früh mit Dampfantrieb zum Ausbaggern von Kanälen, Flüssen und Häfen eingesetzt. Aus diesem Grund unterscheidet man zwischen Trockenbaggern, die landgestützt sind, und Nassbaggern, deren Einsatzschwerpunkt der Ausbau oder die Vertiefung von Wasserstraßen ist.

Die modernen Maschinen verfügen über einen schwenkbaren Oberbau, wodurch sie sowohl im Tiefschnitt als auch im Hochschnitt, das heißt sowohl in einer tiefer gelegenen als auch in einer höheren Ebene, arbeiten können. Die Bagger fahren auf Schienen oder auf Raupenlaufwerken.

Bei den Eimerkettenbaggern gibt es wie bei den Schaufelradbaggern mehrere Größenklassen. Die kleinen Maschinen werden heute fast ausschließlich mit einem Raupenfahrwerk gebaut. Sie finden hauptsächlich in kleinen Tagebauen, wie Kies- oder Tongruben, Verwendung. Bagger mittlerer Größe haben ein Eigengewicht von bis zu 1000 Tonnen. Sie fahren meist auf Raupen. Große Eimerkettenbagger können ein Eigengewicht von Tausenden von Tonnen haben. Sie sind seltener mit Raupenlaufwerken ausgestattet, sondern fahren meist auf Gleisen. Sie arbeiten bevorzugt im Tiefschnitt. Die Antriebsleistung liegt in der Regel ebenfalls bei Tausenden von Kilowatt.

Große Eimerkettenbagger sind meist im Tagebau im Einsatz. Sie gehören zu den kontinuierlich fördernden Großbaggern. Das Fördergut wird mit einer Kette Eimer abgegraben.

Zu den Vorteilen der Eimerkettenbagger zählt eine gleichmäßig hohe Leistung. Die tatsächliche Förderleistung kann häufig sogar über der theoretischen liegen, da die Eimergeschwindigkeit festliegt und die Eimer über das theoretische Maß hinaus gefüllt sein können. Sie erzeugen ein sauberes Profil, weswegen wenig Nacharbeiten nach der Fertigstellung des Aushubs nötig sind. Dies könnte zum Beispiel beim Kanalbau der Fall sein. Sie ermöglichen eine große Aushubtiefe oder, wenn sie als Hochbagger eingesetzt werden, eine große Abtragshöhe.

Vor allem Maschinen der größeren Ausführung sind sehr langlebig. Exemplare, die vor 20 bis 40 Jahren gebaut wurden, befinden sich auch heute noch im Einsatz, wobei sie allerdings nicht selten einer gründlichen Modernisierung unterworfen wurden.

GRADER: OBERFLÄCHENBAGGER

Dieser moderne Grader von Caterpillar ist neben der eigentlichen Graderschar zwischen den Achsen auch noch mit einem Planierschild an der Front und einem Heckaufreißer ausgestattet.

Erdhobel, Straßenhobel oder Planierer werden Maschinen genannt, deren Zweck es ist, eine gerade Oberfläche herzustellen. Heute hat sich auch im deutschsprachigen Raum die englische Bezeichnung „Grader“ (Nivellierer, Begradiger) durchgesetzt. Typische Einsatzfelder der Grader sind dort, wo Unebenheiten beseitigt werden sollen. Dies betrifft vor allem den Straßenbau, weswegen auch von einem Straßenhobel gesprochen wird. Man sieht Grader aber auch beim Einebnen größerer Flächen, wie Fußballfelder und andere Plätze. In einigen Gegenden, wie Nordeuropa, Kanada oder in einigen Gebieten der Vereinigten Staaten, werden Grader häufig von Kommunen zum Schneeräumen auf Straßen und in Wohngebieten eingesetzt. Auf großen Farmen und landwirtschaftlichen Betrieben in Afrika und Australien werden die Planiergeräte oft verwendet, um Feldwege anzulegen.

Beim eigentlichen Hobel handelt es sich um ein Planierschild, das meist an einem langen Rahmen zwischen der Vorder- und Hinterachse angebracht ist. Es gibt sowohl gezogene als auch selbstfahrende Grader. Bei den modernen gezogenen Versionen ist ein Raupenschlepper, ein Traktor oder eine andere Zugmaschine zuständig, die Zugkraft aufzubringen. Früher waren es Dampfzugmaschinen, und davor mussten Arbeitstiere die Kraft dafür aufbringen.

Grader werden in der Kategorisierung der Baumaschinen zu den Flachbaggern gezählt, weil sie wie andere Maschinen in dieser Kategorie zum Abtragen von Boden verwendet werden. Das Baggerwerkzeug ist in diesem Fall kein Löffel, sondern der Planierschild, auch Schar genannt. Der Schild ist bei modernen Maschinen verstellbar und kann um bis zu 360 Grad gedreht werden.

Die Anhängerstraßenhobel wurden weitgehend von selbstfahrenden Gradern verdrängt. Bei den Selbstfahrern sind verschiedene Ausführungen mit zwei oder drei Achsen, Heckantrieb und Frontlenkung, Allradantrieb und Allradlenkung oder Tandemantrieb im Gebrauch. Manche selbstfahrende

Grader sind am Heck mit einem Heckaufreißer ausgestattet, um den Boden zu lockern.

Gegenüber Planierraupen haben die Straßenhobel den Vorteil, dass sie ein besseres Planum, gemeint ist damit die bearbeitete Bodenschicht, anlegen. Sie erzielen die besten Ergebnisse, wo mit Sand oder leichter Erde gearbeitet werden kann. Ein Bulldozer zeigt jedoch seine Vorteile, wenn Felsen, Bäume oder Sträucher vorhanden sind.

Grader-Anfänge

Der Grader gehört zu den ältesten und zeitweise auch zu den wichtigsten Baumaschinen. Wie zu erwarten, verbreitete sich das Gerät zuerst in den Vereinigten Staaten und Kanada. In Nordamerika schossen zahlreiche neue Siedlungen aus dem Boden; Wege und Straßen mussten angelegt werden, um den Verkehr zu ermöglichen. Im 19. Jahrhundert wurden längere Reisen und Transporte zwar mit der Eisenbahn unternommen, aber ab den 1920er-Jahren verbreitete sich zusehends das Automobil, und der Bedarf an Straßen ohne Schlaglöcher und Unebenheiten stieg. In Europa setzte man dagegen in den Städten noch lange Zeit auf gepflasterte Straßen, und was das Auto als Verkehrsmittel für die Massen betraf, musste man noch bis in die Zeit nach dem Zweiten Weltkrieg warten.

Einer der frühesten erfolgreichen Grader-Konstrukteure war Samuel Pennock aus Kennett Square im Bundesstaat Pennsylvania, der sich 1875 einen zweirädrigen Grader zum Ziehen hinter einem Pferdegespann patentieren ließ. Anschließend verbesserte er seine Grader-Konstruktion und patentierte 1877 einen vierrädrigen Typ, der als „The American Champion" bekannt wurde. Aus dieser Idee entstand die Firma S. & M. Pennock & Sons, die Grader und andere Straßenbaugeräte herstellte. Später wurde daraus die American Road Machine Company.

Die ersten Grader waren noch einfache Hilfsmittel, um die Straßenoberfläche zu begradigen. Das Holz, aus dem die Vorrichtung bestand, nutzte sich zwar schnell ab, war aber leicht zu ersetzen.

Joseph D. Adams war ein weiterer erfolgreicher Grader-Konstrukteur. Zu seinen Innovationen gehörten die schräg gestellten hinteren Räder, die mit dieser Stellung die Seitenkräfte bei der Arbeit aufnehmen sollten. 1885 gründete er die nach ihm benannte Firma mit Sitz in Indianapolis. Das Unternehmen stellte in seiner Fabrik Baumaschinen her, darunter Walzen, Planierraupen und Grader.

Mit der Verfügbarkeit der maschinellen Zugkraft durch den Einsatz von Dampfzugmaschinen und Traktoren im 20. Jahrhundert verbesserte sich auch die Effizienz der Grader. Eine leistungsstarke Zugmaschine konnte gleichzeitig zwei angehängte seitenversetzte Geräte ziehen.

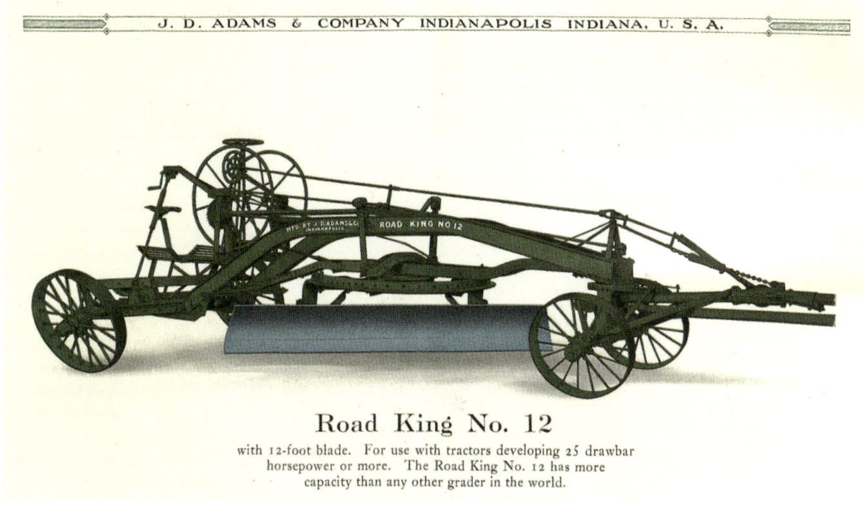

Joseph D. Adams erfand einen Grader, bei dem die Hinterräder schief gestellt werden konnten, um den Kräften, die durch den schräg gestellten Schild auftraten, entgegenzuwirken.

Dieser Grader wird von einem Case-Traktor gezogen. Für die Arbeit ist auf dem Gerät noch eine Person nötig, um Einstellungen vorzunehmen. Das Bild ist aus dem Jahr 1916.

Motorisierte Grader

Verglichen mit früheren Zeiten, als noch nicht so viele Maschinen und Geräte im Straßenbau zur Verfügung standen, ermöglichten die Grader eine erhebliche Einsparung an Arbeitskräften. Mit dem Aufkommen von motorisierten Zugmaschinen in den 1920er-Jahren, allen voran von Traktoren, bot sich die Möglichkeit, die Maschine mit dem Straßenhobel zu einer Einheit zu verschmelzen. Mit dieser Konstruktion konnte man eine Person einsparen, denn der Fahrer des Traktors konnte nicht nur das Fahrzeug, sondern auch den angebauten Hobel bedienen. Für die Umsetzung der Idee war ein Rahmen nötig, der den Traktor im Heck als Antriebseinheit aufnahm. Etwa in der Mitte des Fahrgestells saß der Fahrer, der nicht nur lenkte, sondern auch den Schild vor sich im Auge behielt und nötige Einstellungen vornahm. Weiterentwickelte Versionen übernahmen nur die Antriebseinheit des Traktors, nämlich den Motor, das Getriebe und die Hinterachse. Verglichen mit den gezogenen Gradern war aber die Anforderung an den Fahrer größer. Die Traktoren kamen von International Harvester, Allis-Chalmers, Holt und natürlich Fordson, solange diese in den Vereinigten Staaten hergestellt wurden.

Zu den Herstellern dieser Selbstfahrer gehörte die Firma Hadfield-Penfield, die in den 1920er-Jahren einen „Einmann-Grader“ vertrieb. Einen „One-Man Power Grader“ stellte auch die Firma Wehr in Milwaukee ab 1925 her. Der Grader kam in Kombination mit einem 18 PS leistenden Fordson-Schlepper zum Einsatz. Laut Hersteller konnte man den Traktor und den Straßenhobel ohne großen Aufwand zu einer Ein-Mann-Maschine verbinden. Der Power-Grader sollte die Arbeit von sechs Pferden und vier Arbeitern erledigen können. Den ersten motorisierten Grader in Europa stelle 1924 die schwedische Firma Munktells her.

Noch mehr Arbeit sollten die kontinuierlich fördernden „Hebegrader“ („elevating grader“) einsparen. Diese Maschinen verfügten über eine Sammelvorrichtung und ein Förderband, mit dem das aufgenommene Material zur Seite oder auf einen Wagen befördert werden konnte. Der Antrieb der Vorrichtung erfolgte über die Zapfwelle des Traktors.

Von 1937 stammt dieses Bild, das einen Grader beim Bearbeiten einer Straßenoberfläche zeigt. Ein Lastwagen dient als Zugfahrzeug.

Weiterentwicklungen

Zu den frühen erfolgreichen Grader-Herstellern gehörte die Firma Austin-Western, die bereits 1877 in Aurora, im Bundesstaat Illinois, von Arbeitern eines Eisenbahnbauunternehmens, das sich auf das Planieren von Eisenbahntrassen spezialisiert hatte, gegründet worden war. Die ersten Produkte des Unternehmens waren gezogene Grader und Scraper. Austin-Western festigte seine Position durch die Entwicklung neuer Geräte, darunter Motorgrader, Straßenkehrmaschinen, Straßenwalzen, Aufreißer und Mobilkrane, wobei die Produktpalette gezielt auf den Bedarf von Kommunen, Behörden und Eisenbahnen ausgerichtet war. Austin-Western war der Pionier bei Gradern mit Allradantrieb und bot sowohl Modelle mit Vierrad- als auch Sechsradantrieb an. Die als „Pacer“-Serie bekannten Modelle reichten von kleinen Nutzfahrzeugen bis hin zu großen Baustellenmodellen, die sich in den USA und im Ausland großer Beliebtheit erfreuten.

Eines der Dinge, mit denen sich die Grader von Austin-Western von den Produkten anderer Hersteller unterschieden, war der Umstand, dass sie hydraulisch und nicht mechanisch betrieben wurden. Austin-Western hatte bereits in den 1930er-Jahren mit der Entwicklung hydraulischer Systeme begonnen und sie erfolgreich auf Straßengrader angewendet. In Großbritannien wurden die Austin-Western-Grader ab 1950 von dem bekannten englischen Hersteller Aveling-Barford gebaut. Diese Maschinen wurden auch auf dem deutschen Markt und in anderen europäischen Ländern angeboten. Zu den übrigen Anbietern von motorisierten Gradern in den 1950er-Jahren zählten die Unternehmen O&K, Allis-Chalmers, LeTourneau-Westinghouse (das die Firma von Joseph D. Adams übernommen hatte), das Eisenwerk Gebrüder Frisch sowie Caterpillar.

Der 836C ist ein moderner Motorgrader von Case Construction. Er ist mit seiner Motorleistung von bis zu 115 kW (156 PS) nicht nur leistungsstark, sondern auch in einer benutzerfreundlichen Ausführung mit Joystick-Steuerung erhältlich.

Zu den weiteren Schritten in der Grader-Entwicklung gehörten 1956 die Einführung einer automatischen Scharsteuerung durch die amerikanische Firma Preco und der Bau eines Motorgraders mit einer Knicklenkung, die einen niedrigen Wenderadius und ein seitenversetztes Arbeiten ermöglichte. Die Grader-Modelle im oberen Leistungsbereich wurden zwar im Zuge der steigenden Leistungsanforderungen mit immer stärkeren Motoren ausgestattet, aber auch für Fälle mit einem niedrigeren Bedarf gab es Lösungen. 1960 führte zum Beispiel die Firma Maschinenbau Ulm (MBU) einen zweiachsigen Kompaktgrader ein, der sich für kleinere Bauprojekte einsetzen ließ.

Wichtige Anbieter von Gradern sind heute Case, Caterpillar, John Deere, Komatsu, LiuGong, Mitsubishi, New Holland, Sinomach und Volvo.

Der Grader vom Typ PP14G wird von PowerPlus, einem international tätigen Unternehmen mit Sitz in Singapur, hergestellt. Zu den Produkten des Unternehmens gehören neben Gradern auch Raupenschlepper, Raupenbagger, Radlader und Hecklader.

SCRAPER: KRATZEN, SCHÜRFEN, SCHABEN

↑ Scraper nehmen Erde mit dem Schürfkübel auf und transportieren das Material an die vorgesehene Stelle. Die modernen Scraper sind leistungsstarke Maschinen, die eine große Menge Erde bewegen können.

↗ Die frühen Scraper waren Schürfschaufeln, die meist von zwei Pferden gezogen wurden. Zum Entladen wurde die Schaufel einfach umgekippt.

Mit den Gradern verwandt und ebenfalls zur Kategorie der Flachbagger zählend sind die Schürfkübel. Moderne Ausführungen werden als Schürfkübelmaschinen, Schürfkübelwagen, Schürfzüge, Motorschürfwagen oder Motorschrapper bezeichnet. Zumindest umgangssprachlich wird aber auch in diesem Fall die einfache englische Bezeichnung Scraper benutzt. Diese Bezeichnung deutet auf den Verwendungszweck der Maschine beziehungsweise des Geräts hin, nämlich das Kratzen, Schürfen, Schaben. Anders als beim Grader, wird das gelöste Erdreich jedoch nicht durch eine Schar zur Seite geschoben, sondern in einem Schürfkübel aufgenommen und an anderer Stelle abgeladen.

Moderne Scraper gibt es in verschiedenen Ausführungen. Ein Schürfzug besteht aus einem motorisierten Vorderwagen, der einen Schürfkübel zieht, oder aus einer Zugmaschine, oft ein Traktor, die einen Schürfkübel hinter sich herzieht. Während die Schürfzüge normalerweise auf Rädern fahren, sind Schürfraupen mit Gleiskettenlaufwerken ausgestattet. Diese Fahrzeuge ziehen keinen Schürfkübel, sondern können das Bodenmaterial selbst aufnehmen und an anderer Stelle wieder entladen. Raupenschlepper mit zweiachsigen Kübelwagen befanden sich zeitweise ebenfalls im Einsatz. Später wurden sie nur noch bei kurzen Entfernungen verwendet, da die geringe Geschwindigkeit der Raupenschlepper die Produktivität einschränkte. Gummibereifte ein- oder zweiachsige Schlepper haben dagegen den Vorteil, dass sie auf entsprechenden Wegen eine höhere Geschwindigkeit erreichen können.

Frühe Scraper

Die Entwicklung der Scraper lässt sich bis ins 19. Jahrhundert zurückverfolgen. In einer Ausgabe der Zeitschrift „American Farmer“ von 1824 wurde ein Gerät erklärt, das einer Schaufel ähnelte und von zwei Pferden oder Maultieren gezogen wurde. Die Schaufel verfügte über Griffe, die das Bedienen ermöglichten. In der Normalposition nahm die Schaufel über die eiserne Schneidekante Erde auf. Die Transportposition konnte durch das Niederdrücken der Schaufel erreicht werden, da nun die Kante vom Boden abhob. An der Abladestelle angekommen, musste der Bediener nur die Griffe loslassen, sodass sich die Schneidekante im Boden eingrub und die Schaufel nach vorn kippte.

Eine erste größere Verbesserung des Schaberdesigns wurde 1831 von Dudley Marvin aus Canandaigua, im Bundesstaat New York, eingeführt. Marvin erhöhte die Seiten der Schaufel, um die Kapazität zu vergrößern, und fügte Eisen- oder Stahlzähne an der Schneidkante und den vorderen Enden der Seiten hinzu. Dies reduzierte die Notwendigkeit, vor dem Schürfen den Boden zu lockern, was die Produktivität steigerte. Es folgten Hybridkonstruktionen mit Böden und Seiten aus Eisen sowie Rückseiten aus Holz. 1880 bot die Western Wheeled Scraper Company einen Scraper mit Rädern und eine Schaufel aus Ganzstahl an. Andere Hersteller folgten mit ähnlichen fahrbaren Geräten.

Die frühen Scraper machten nicht den Eindruck, auf einer fortschrittlichen Technik zu beruhen. Aber sie trugen erheblich zur Produktivitätssteigerung bei Erdbewegungsarbeiten bei. Während bisher ein Arbeiter, mit Schaufel und Schubkarre ausgestattet, an einem 12 Stunden langen Arbeitstag zwei bis drei Kubikmeter schaffen konnte, war mit einem Schürfkübel und zwei Pferden das Zwei- bis Dreifache möglich. Die Unternehmen, die Erde bewegen mussten, scheinen zumindest davon überzeugt gewesen zu sein, denn die Anbieter der anfangs relativ einfach herzustellenden Geräte schossen aus dem Boden. Bei den Firmen, die Scraper in ihre Kataloge mit aufnahmen, handelte es sich meist um Hersteller von Schubkarren.

↑ Dieser Scraper wurde bei Arbeiten an einem Kanal eingesetzt. Die Schaufel ist in diesem Fall bereits aus Stahl gefertigt.

← Dieser Scraper mit Rädern und Deichsel stammt aus einem Katalog der Sidney Steel Scraper Company in Ohio, die sich auf die Produktion von Schürfkübeln und Schubkarren in verschiedenen Ausführungen spezialisiert hatte.

Der Fresno-Scraper

Besonders einflussreich war das Scraper-Design, das James Porteous (1848–1922) in Zusammenarbeit mit Farmern aus der Gegend von Fresno im kalifornischen San-Joaquin-Tal entwarf. Porteous war ein Einwanderer aus Schottland, der in Fresno eine Werkstatt eröffnet hatte, um Wagen herzustellen und zu reparieren. Durch die Zusammenarbeit mit den Farmern erkannte Porteous die Abhängigkeit des San-Joaquin-Tals von der Bewässerung und den Bedarf an effizienteren Mitteln zum Bau von Kanälen und Gräben im sandigen Boden. Er machte es sich zur Aufgabe, zu diesem Zweck einen Scraper zu entwickeln.

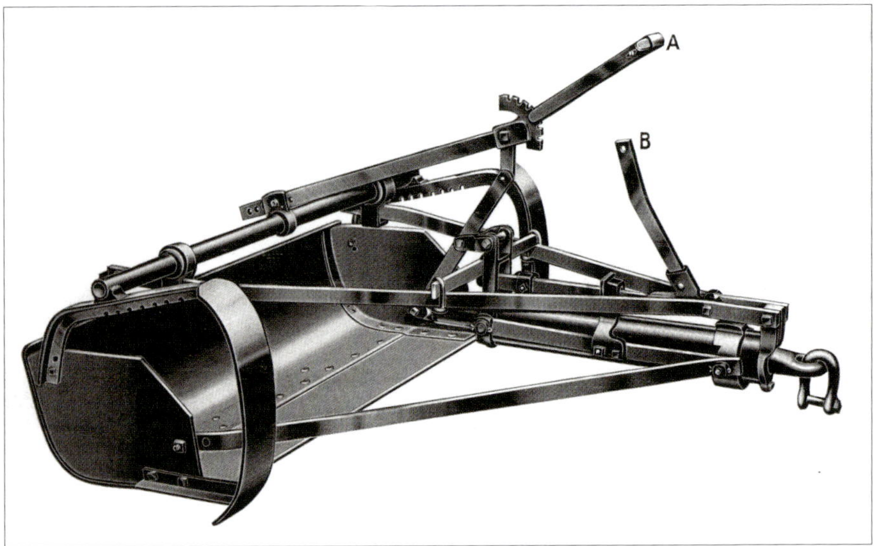

↑ Dies ist eine moderne Version eines Fresno-Scrapers, die in den 1930er-Jahren von der American Steel Scraper Company gefertigt wurde. Das Gerät ist bereits mit einer Anhängevorrichtung für Traktoren ausgestattet.

↗ Scraper wurden für verschiedene Zwecke eingesetzt. Hier wird mithilfe eines Scrapers die zugefrorene Oberfläche eines Sees vom Schnee befreit, damit das Eis gewonnen werden konnte.

1883 gilt als das Jahr, in dem der Fresco-Scraper erfunden wurde. Bei dieser Erfindung wurde die Erde in eine C-förmige Schüssel geladen und konnte mit weniger Reibung als bei herkömmlichen Modellen geschleppt werden. Durch das Anheben des Griffs konnte der Bediener den Schaber tiefer in den Boden eindringen lassen. Sobald genügend Erde gesammelt war, wurde durch das Absenken des Griffs die Klinge vom Boden abgehoben, sodass die Schüssel an eine niedrige Stelle gezogen und durch ein hohes Anheben des Griffs entleert werden konnte. Porteous überarbeitete mehrmals seinen Entwurf und tauschte auch Ideen mit anderen Erfindern aus. Er kaufte schließlich die Patente seiner potenziellen Konkurrenten und bekam so die unangefochtenen Rechte an seinem Fresno-Scraper. Das Design war so innovativ und wirtschaftlich, dass es bis heute als Vorlage für moderne Bulldozerschilde und Erdbewegungsmaschinen gilt.

Porteous gründete die Fresno Agricultural Works, die zwischen 1884 und 1910 Tausende von Fresno-Geräten herstellten. Später wurden sie auch von anderen Herstellern gefertigt. Sie wurden nicht nur in den üblichen Einsatzfeldern, im Straßen- und Eisenbahnbau, der Bauwirtschaft, der Landwirtschaft und beim Einebnen von Grundstücken, verwendet, sondern spielten auch eine Rolle in Großprojekten, wie dem Bau des Panamakanals. Sie sollen sogar von der US-Armee im Ersten Weltkrieg eingesetzt worden sein.

Im Jahr 2011 wurde der Fresno-Scraper von der American Society of Mechanical Engineers (ASME) als internationaler historischer technischer Meilenstein ausgezeichnet. Auf der Plakette, die für den Anlass angefertigt wurde, hieß es: „Der Fresno-Scraper legte die Grundlage für den modernen Erdbewegungs-Scraper."

Traktoren und Scraper

„Tumblebug" oder rotierender Scraper wurde eine Weiterentwicklung dieser Maschinen genannt. Als rotierend wurden sie bezeichnet, weil sie sich zum Entleeren um ihre eigene Achse drehten. In Kombination mit einem Traktor konnten diese Scraper ein Ein-Mann-System bilden. Der Traktorfahrer war dabei nicht nur als Fahrzeuglenker zuständig, sondern musste auch den angehängten Scraper kontrollieren. Sobald der Schürfkübel voll und die Stelle zum Entleeren erreicht war, zog

der Fahrer am Strick, wodurch sich der Kübel drehte und seinen Inhalt ausschüttete.

Mit der Verfügbarkeit von Traktoren, vor allem ab den 1920er-Jahren, waren Scraper mit anderen Ausmaßen möglich. Vierrädrige Maschinen, deren Schürfkübel zwischen den Achsen hingen und bei Transportfahrten hochgehoben werden konnten, leisteten einen erheblichen Beitrag zur Produktivitätssteigerung. Noch größere Zugkräfte brachten Raupenschlepper auf, die mit bis zu 100 PS starken Motoren ausgestattet waren. Angesichts solcher Zugkräfte erübrigte sich der Einsatz von Pferden und Maultieren.

LeTourneau

Eine weitere bedeutende Persönlichkeit in der Geschichte des Scraperbaus hieß Robert Gilmour LeTourneau (1888–1969). Er gehörte zu den Erfindern und Unternehmern, die ihr Handwerk von der Pike auf gelernt hatten. LeTourneau war im amerikanischen Bundesstaat Vermont aufgewachsen und hatte die Schule im Alter von 14 Jahren verlassen. Anschließend zog er zunächst nach Minnesota und dann nach Portland, im Bundesstaat Oregon, wo er eine Lehre im Eisenwarenhandel begann. Er scheint sehr lernbegierig gewesen zu sein, denn er eignete sich auch die Kenntnisse für die Gießerei- und Mechanikerberufe an und studierte nebenbei Mechanik in einer Fernschule. Später zog er nach San Francisco, wo er auf persönliche Einladung des Eigentümers in einer Gießerei arbeitete. Nach dem Erdbeben und dem Brand in San Francisco arbeitete er im Kraftwerk Yerba Buena, lernte Schweißen und machte sich mit der Anwendung von Elektrizität vertraut. Während dieser Zeit arbeitete LeTourneau in verschiedenen Berufen, unter anderem als Holzfäller, Maurer, Landarbeiter, Bergmann und Zimmermann, und eignete

↖ Der Western-Tumblebug-Scraper war für den Einsatz mit einem Traktor konzipiert. Bis zu drei Tumblebugs ließen sich von einem 30 PS starken Schlepper ziehen.

↑ Die Einführung von Traktoren und Raupenschleppern zum Ziehen von Schürfkübeln erleichterte das Scraping enorm. Um die Leistung einer Zugmaschine aufzubringen, wären viele Pferde nötig gewesen.

↖ Bei vierrädrigen Scrapern hing der Schürfkübel zwischen den Achsen. Bei diesem Exemplar von Manley konnte der vordere Teil des Kübels über eine Kette hochgezogen werden.

↑ Die Maschinen von LeTourneau wurden auch ins Ausland exportiert. Dieser selbstfahrende Scraper kam 1959 beim Bau der Hauptlandebahn eines Flughafens der australischen Luftwaffe bei Darwin in Nordaustralien zum Einsatz.

↗ LeTourneau stellte verschiedene Maschinen für die Erdbewegung und den Straßenbau her. Dazu gehörte ein Baumbrecher. Das Exemplar im Bild wurde 1967 von der US-Armee in Vietnam eingesetzt.

sich Kenntnisse in den Handwerksberufen an, die sich in seinem späteren Leben als wertvoll erweisen sollten.

1909 nahm er an einem Automobil-Fernkurs teil, bei dem er als Abschluss den Titel eines „Bachelor of Motorcycles" erhielt. Seine praktischen Kenntnisse in der Fahrzeugmechanik erlangte er dadurch, dass er sein neu erworbenes Motorrad auseinandernahm und wieder zusammenbaute. Nachdem er in Kalifornien an einem Projekt zum Bau einer Brücke über den Stanislaus River gearbeitet und dabei den Fresno-Scraper aus erster Hand gesehen hatte, wollte er unbedingt seine mechanischen Fähigkeiten einsetzen.

Im Jahr 1911 gründete LeTourneau als Miteigentümer die Superior Garage in Stockton, investierte 1000 US-Dollar und baute möglicherweise das erste Gebäude, das in diesem Teil Kaliforniens ausschließlich für den Verkauf und die Wartung von Autos konzipiert war. Während des Ersten Weltkriegs arbeitete er als Wartungsassistent bei der Marine. Bei dieser Gelegenheit absolvierte er eine Ausbildung zum Elektroschlosser und verbesserte dabei seine Schweißkenntnisse. Nach dem Krieg kehrte LeTourneau nach Stockton zurück und musste feststellen, dass sein Geschäft gescheitert war. Um seine Schulden zurückzahlen zu können, nahm er als Auftrag die Reparatur eines Holt-Raupentraktors an. Er wurde anschließend von dem Fahrzeugbesitzer damit beauftragt, 40 Acres (16,19 Hektar) mit dem Traktor und einem gezogenen Grader einzuebnen.

Diese Art von Arbeit gefiel LeTourneau. Im Januar 1920 kaufte er einen gebrauchten Holt-Traktor und begann mit einem gemieteten Scraper seine Tätigkeit als Sanierungsunternehmer. Im Mai 1921 kaufte er ein Grundstück in Stockton und gründete eine Maschinenwerkstatt, in der er verschiedene Arten von Scrapern entwarf und baute. Durch die Kombination von Vertragsarbeiten und Erdbewegungsmaschinenbau expandierte sein Unternehmen. 1929 meldete er seine Firma als „R.G. LeTourneau, Inc." an.

LeTourneau schloss in den 1920er- und frühen 1930er-Jahren zahlreiche Erdbewegungsprojekte ab, darunter einige sehr bekannte öffentliche Projekte. Im Jahr 1933 zog er sich von den Auftragsarbeiten zurück, um sich der Herstellung von Erdbewegungsgeräten zu widmen. 1935 baute er eine Produktionsanlage in Peoria, Illinois. Später eröffnete er auch noch andere Fabriken.

Ein Gigant trifft auf einen Zwerg: Bei dem Straßenbauriesen handelt es sich um einen Schürfzug von LeTourneau-Westinghouse. Das kleine Auto ist ein Goggomobil.

LeTourneau soll auf die Idee gekommen sein, einen selbstfahrenden Motor-Scraper zu bauen, als er sich von einem beinahe tödlichen Autounfall erholte. Er wandte sich mit seiner Idee an den Bulldozerhersteller Caterpillar, der in Peoria ebenfalls eine Fabrik besaß. Sein Vorschlag wurde jedoch abgelehnt, woraufhin er selbst mit der Produktion begann. Das erste Exemplar, Modell A genannt, rollte 1937 in die Testphase. Dies war der Anfang einer erfolgreichen Produktion von Schürfzügen. Während des Zweiten Weltkriegs produzierte das Unternehmen etwa 70 Prozent der Erdbewegungsmaschinen für die Alliierten. Auch später lieferte die Firma LeTourneau Ausrüstung an die amerikanische Armee.

1953 zog sich LeTourneau von dem Geschäft mit Erdbewegungsmaschinen zurück und verkaufte den Unternehmensbereich an Westinghouse. Zu seinen vielen Errungenschaften gehört der Ruf, der Erfinder des Schürfzugs zu sein.

Schürfraupen

In Deutschland hatte der Schürfkübelwagen trotz verschiedener Versuche, ihn einzuführen, keine große Verbreitung gefunden. Die in Deutschland konstruierten Schürfkübelwagen waren nur mäßig erfolgreich, und auch die eingeführten amerikanischen Modelle konnten sich nicht durchsetzen. Ein Grund dafür mag in dem Umstand liegen, dass die Verhältnisse in Deutschland und anderen europäischen Ländern hinsichtlich des Bedarfs an Erdbewegung anders waren als in Amerika und vergleichbaren Ländern. Ganz Europa hinkte Amerika hinsichtlich der Motorisierung hinterher. Das Auto für die Durchschnittsfamilie und der Traktor für den

Die Schürfkübelraupen hatten mehrere Vorteile gegenüber den Schürfzügen. Sie konnten ohne zu wenden vorwärts und rückwärts fahren. Sie hatten außerdem eine hervorragende Geländegängigkeit.

mittelgroßen landwirtschaftlichen Betrieb verbreiteten sich auf dem alten Kontinent 30 Jahre später als in der Neuen Welt. Die Betriebsstoffpreise waren höher und es mangelte an Großbaustellen, die für den Einsatz von Schürfkübelwagen geeignet gewesen wären.

Die Hamburger Firma Menck & Hambrock hatte dagegen bereits vor dem Zweiten Weltkrieg eine Maschine auf den Markt gebracht, die mehr an deutsche Verhältnisse angepasst war und aus einem Raupenschlepper sowie einem eingebauten Schürfkübel bestand. Die Bezeichnung dieses Erdbewegungsfahrzeugs lautete deswegen „Schürfraupe“ oder „Schürfkübelraupe“. Eine gute Geländegängigkeit ermöglichten nicht nur die Raupen, sondern auch die Nutzlast, die durch ihr Gewicht die Standfestigkeit erhöhte.

Der Zweite Weltkrieg verhinderte jedoch eine größere Verbreitung der Maschine, obwohl die ersten Exemplare im Auftrag des Militärs gebaut worden waren. Erst 1953 konnte Menck & Hambrock die selbstfahrende Erdbewegungsmaschine auf der Industriemesse in Hamburg vorstellen und mit der Serienfertigung beginnen. In Japan begann die Firma Nissha (Nippon Sharyo) aufgrund einer Lizenzvereinbarung mit der Herstellung der Schürfraupen. Die Schürfraupen gewannen jedoch trotz gewisser Vorteile nie eine größere Verbreitung.

Der 627H ist ein Caterpillar-Scraper, der mit zwei Motoren ausgestattet ist. Die Zugmaschine wird von einem 304 kW (413 PS) starken Motor angetrieben. 216 kW (294 PS) leistet der Antrieb des Schürfkübelteils.

Moderne Schürfzüge

Moderne Schürfkübelzüge sind eine Weiterentwicklung der früheren gezogenen Scraper. Die Standardbauform besteht aus einem Einachs-Radschlepper, der über einen Tragholm mit einem Kübelwagen verbunden ist. Von diesem Grundprinzip gibt es mehrere Variationen. Anstelle der einachsigen Zugmaschine kann auch ein Raupenschlepper Verwendung finden. Von den Herstellern großer Traktoren werden oft auch Ausführungen der Schlepper speziell für den Einsatz mit Schürfzügen angeboten, wobei die Exemplare der obersten Leistungsklasse oft mit mehreren Schürfkübeln gleichzeitig arbeiten können. Eine weitere Variante sind die Elevatorscraper, die eine Förderkette beim Schneidmesser haben, um das Material in den Kübel zu befördern.

Die größten Anbieter von Schürfzügen und Kübelwagen befinden sich, wie zu erwarten, außerhalb Europas. Dazu gehören der Marktführer Caterpillar mit Kohleschürfzügen, die im Bereich der Energieerzeugung eingesetzt werden. Die einachsigen Zugmaschinen sind mit einem bis zu 425 kW (578 PS) starken Motor ausgestattet. Für die Erdbewegung bietet Caterpillar ebenfalls mehrere Modelle an. Die Maschinen sind als Ausführungen mit offenem Kübel sowie mit einem oder zwei Motoren und als Elevatorscraper erhältlich. Die Motorleistung kann bei diesen Modellen 304 kW (413 PS) bis 425 kW (578 PS) betragen. Andere wichtige Hersteller sind John Deere, IMC und K-Tec.

PLANIERRAUPEN: EINEBNEN UND AUFFÜLLEN

Eine weitere Art von Flachbagger sind die Planierraupen, die manchmal auch als Schubraupe, Bulldozer oder Kettenräumer bezeichnet werden. Wie der Name andeutet, werden diese Baumaschinen zum Planieren, das heißt zum Einebnen, benutzt. Sie sind deswegen hinsichtlich ihres Einsatzzwecks mit Scrapern und Gradern verwandt. Der Planierschild befindet sich an Armen an der Front und ist hydraulisch oder früher mittels eines Kabels verstellbar. Die Raupen sind ein weiteres Merkmal, das bereits im Namen enthalten ist. Es gibt jedoch auch Maschinen, die den gleichen Zweck erfüllen, aber auf Rädern fahren. In diesem Fall spricht man von Radplanierern.

Radplanierer sind vorteilhaft, wenn Schnelligkeit und Wendigkeit gefragt sind. Sie können außerdem bei Verwendung großvolumiger Spezial-Niederdruckreifen die Bodenpressung verringern. Während die Raupenvarianten in der Regel keine hohen Fahrgeschwindigkeiten erreichen, sind mit den Radversionen bis zu 50 Stundenkilometer möglich.

Planierraupen sind flexibler als Grader. Sie können deswegen neben dem Ausgleichen und Planieren auch für andere Arbeiten eingesetzt werden, wie das Entfernen von Buschwerk, Unterholz, Hecken und so weiter (auch an Böschungen), das Abdecken von Mutterboden, das Zuschieben von Gräben und Gruben, das Ausbreiten von gebaggertem Material, dem Aushub von Boden, das Zusammenschieben von ausgehobenem Boden zu einem Haufen, der dann von einem Bagger verladen werden kann.

Ausstattung

Manche Planierraupen sind für spezielle Einsatzzwecke konzipiert. Dazu gehören Pistenraupen in Wintersportgebieten, Spezialmaschinen in Mülldeponien oder im Moor sowie Planierraupen zum Festfahren von Silage in der Landwirtschaft. In Japan wurde sogar ein Modell für den Unterwassereinsatz entwickelt. Diese submarinen Spezialfahrzeuge werden über Kabel mit Energie versorgt. Sie sind ferngesteuert und arbeiten mit Kameras und Ultraschallortung.

↖ Diese Planierraupe von Liebherr befindet sich schon seit längerer Zeit in einer Kiesgrube im Einsatz. Liebherr stellt heute Planierraupen mit einem Einsatzgewicht von 13,3 bis 73,2 Tonnen her. Die Motorleistung kann bei 93 kW (126 PS) bis 565 kW (768 PS) liegen.

↑ Von dem südkoreanischen Hersteller Samsung stammte die Planierraupe vom Typ SD6p, die von einem 47 kW (64 PS) starken Motor von Cummins angetrieben wurde. Dieses Exemplar ist mit einem S-Schild ausgestattet.

Die Planierraupe D6K von Caterpillar ist hier mit einem Heckaufreißer ausgestattet. Das mit Zinken versehene Werkzeug dient dazu, den Boden zu lockern. Der 118 kW (160 PS) starke Motor ist für die nötige Leistung verantwortlich.

Planierraupen können für verschiedene Einsatzzwecke mit unterschiedlichen Arten von Schilden ausgestattet werden. Die einfachste und gebräuchlichste Form ist der S-Schild, der zum Schieben von Erde, zur allgemeinen Rodung von Land sowie zur Feinplanierung verwendet wird. Das S in der Bezeichnung steht für „straight“ (gerade), da er seitlich nicht gebogen ist. Er hat auch an den Seiten keine „Flügel“, die verhindern, dass das geschobene Material an den Rändern herausläuft. Mit dem S-Schild ist es deshalb schwierig, Materialien über große Entfernungen zu befördern.

Eine weitere Grundform ist der U-Schild. Das U bedeutet in diesem Fall „universal“. Mit diesem Schild lassen sich Materialien besser über große Entfernungen schieben. Der U-Schild ist höher, leicht gebogen und an beiden Enden der Schaufel mit großen Überlaufblechen versehen, um zu verhindern, dass bei längerem Schieben Material ausläuft. Diese Bulldozerschilde eignen sich auch am besten zum Schieben großer Steine und von feinem Kies, da die Seitenflügel das Material vor dem Schild halten. Es gibt auch eine Kombination von S- und U-Schilden. Diese Art ist gewöhnlich kürzer und nicht so groß

AUFREISSER

Im Zusammenhang mit Planierraupen, Scrapern und Gradern wird manchmal die Notwendigkeit für den Einsatz eines Aufreißers erwähnt. Dieses Werkzeug ist oft am Heck einer Planierraupe angebracht, weswegen es manchmal auch als Heckaufreißer bezeichnet wird. Es gibt auch Anhängeaufreißer, die als separate gezogene Anhänger konstruiert sind.
Ein Aufreißer ist mit einem oder mehreren Zinken ausgestattet. Ihr Zweck besteht darin, harten Boden aufzulockern oder beim Roden Wurzeln zu entfernen. Wenn beispielsweise der Boden zu hart ist, um von der Schneide eines Schürfkübels gelöst werden zu können, kann der Einsatz eines Aufreißers in Betracht kommen.

wie die S-Schilde und haben kleinere Seitenflügel als die U-Varianten. Sie werden oft verwendet, um größere Felsen zu befördern.

Die Hersteller bieten außer diesen Grundformen auch noch Schilde an, die mehr für spezielle Aufgaben optimiert sind. Ein sogenanntes Schwenkschild ist im Winkelbereich von 25 Grad nach links und rechts verstellbar. Er eignet sich daher für das seitliche Abschieben von Material und damit verbundene Aufgaben. Ein Kohleschild ist für Arbeiten auf Kohlehalden konzipiert. Spezielle Schilde wurden auch für Rodungen entwickelt.

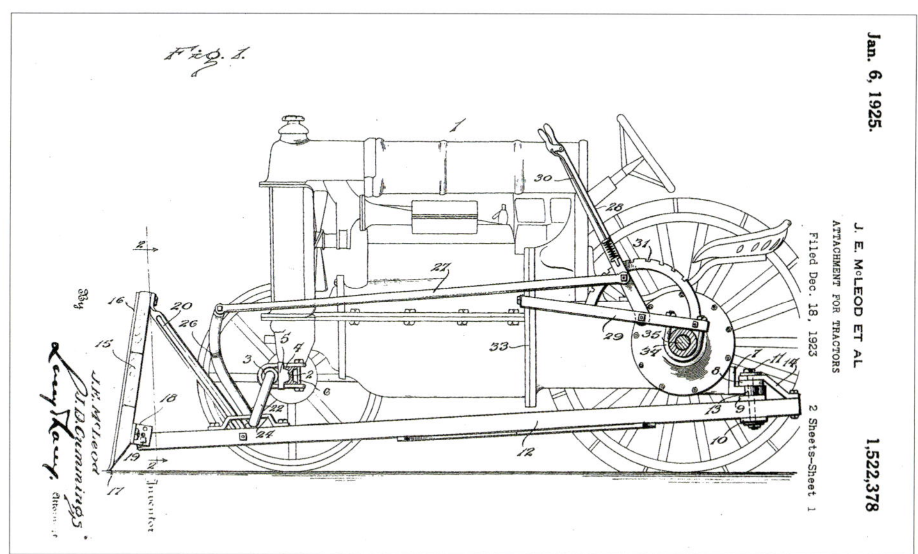

Der Traktor, den Cummings mit einem Planierschild ausgestattet hatte, fuhr noch auf Rädern, wie der Entwurf im Patentantrag zeigt. Später bevorzugte man Raupenschlepper, die wegen ihren Kettenlaufwerken eine bessere Traktion besaßen.

Geschichte

Die Geschichte der Planierraupen beginnt auch in diesem Fall jenseits des Atlantiks, wo ein größerer Bedarf an Erdbewegungsmaschinen als in Europa bestand.

James Dell Cummings (1895–1981) war ein Farmer in der Nähe der kleinen Ortschaft Morrowville, im Bundesstaat Kansas. 1923 beobachtete er, wie Arbeiter eine Pipeline quer durch seine Farm verlegten und anschließend den Graben mit Schaufeln und der Hilfe von Maultieren wieder auffüllten. Er überlegte, ob es keinen besseren Weg gab, diese Arbeit zu erledigen, und kam auf die Idee, seinen Fordson-Traktor mit einem Schild aus Eichenholz zu versehen. Nachdem er seine Idee umgesetzt hatte, war er in der Lage, bereits am ersten Tag im Alleingang eineinhalb Meilen (2,4 km) des Grabens aufzufüllen. Dies war ein Vielfaches von dem, was auf herkömmliche Weise zu schaffen war. Bald hatte er einen Auftrag zum Füllen des Grabens sowie weitere Aufträge für Arbeiten mit seinem Traktor und dem daran befestigten Schild. Noch im Dezember des gleichen Jahres reichten James D. Cummings und der technische Zeichner J. Earl McLeod einen Patentantrag ein. In dem Antrag heißt es: „Unsere Erfindung ist ein Anbaugerät für Traktoren, mit dessen Hilfe die Bodenoberfläche leicht in einen ebenen Zustand gebracht werden kann. Das Gerät ist insbesondere zum Auffüllen von Gräben bestimmt, in denen Rohrleitungen verlegt wurden, kann aber auch als Grader und für andere Zwecke eingesetzt werden.“[1]

James D. Cummings beschäftigte sich weiterhin mit den Problemen der Pipeline- und Ölfeldindustrie und erfand Geräte zu deren Lösung. Bis 1976 erwarb er 68 Patente für Maschinen zur Rationalisierung der Arbeit.

Eine größere Verbreitung fanden die Planierraupen, die im Englischen die Bezeichnung „Bulldozer“ bekamen, erst Mitte der 1930er-Jahre. Zu dieser Zeit standen auch stark motorisierte Raupenschlepper zur Verfügung. Mit der Einführung der Hydraulikzylinder konnte außerdem ein zusätzlicher Druck auf den Boden, der vorher nur durch das Gewicht des Schildes zustande kam, erzeugt werden. Dies machte die Bulldozer in den 1940er-Jahren zu beliebten Aushubmaschinen für große und kleine Bauunternehmer. Zu den bedeutendsten Herstellern von Planierraupen und Radplanierern gehören heute die Firmen Caterpillar, Liebherr und Komatsu.

1 Vgl. US-Patent U.S. patent #1,522,378

LADER: AUFNEHMEN UND ENTLEEREN

↑ Der 321B wurde von Case 1992 eingeführt. Der kompakte Radlader hatte ein Eigengewicht von 5,9 Tonnen und wurde von einem 54 kW (73 PS) starken Perkins-Motor angetrieben. In die Schaufel passte ein Kubikmeter Material.

↗ Zum Aufnehmen von Material fährt der Lader vorwärts zum Kieshaufen. Der Schub zum Füllen der Schaufel findet über das Fahrwerk statt. Eine sehr gute Traktion ist deshalb eine Voraussetzung für das effiziente Arbeiten.

Schaufellader sind Maschinen, die mit einer Ladeschaufel ausgestattet sind und deren Zweck darin besteht, mit dieser Schaufel Material an eine bestimmte Stelle zu transportieren und den Schaufelinhalt auf ein anderes Fahrzeug zu laden. Abhängig vom Fahrwerk unterscheidet man zwischen einem Radlader und seiner mit einem Kettenlaufwerk ausgestatteten Variante, dem Raupenlader oder die Laderaupe. Der Schaufellader gehört zu den relativ jungen Arbeitsmaschinen, die im Bau, aber auch in anderen Bereichen verwendet werden. In Deutschland und anderen europäischen Ländern fanden sie erst nach dem Zweiten Weltkrieg Verbreitung. Oft werden diese Fahrzeuge unter der Kategorie der Fahrbagger eingeordnet, da ihre Funktion wie bei herkömmlichen Baggern darin besteht, Material aufzunehmen. In diesem Fall handelt es sich jedoch nicht um harten Boden, sondern eher um lockeres Material. Ein Unterschied zum Bagger besteht auch darin, dass das Fahrwerk eine wichtige Funktion bei der Arbeit innehat. Der Lader bewegt sich vorwärts, um mit der Schaufel Material aufzunehmen, und fährt an die Stelle, an der die Entladung stattfinden soll.

Eine Ähnlichkeit besteht auch zu einem Traktor, der mit einem Frontlader ausgestattet ist. Sowohl ein Traktor mit Frontlader als auch ein Radlader können für den gleichen Zweck eingesetzt werden, nämlich zum Aufladen sowie für Transportarbeiten. Radlader findet man deswegen nicht selten in großen landwirtschaftlichen Betrieben.

Eine Ähnlichkeit besteht außerdem zu den Planierraupen und Radplanierern. Der Hauptunterschied ist jedoch die Ladeschaufel, die zum Aufnehmen und Transportieren von Material dient, während Planierschilde das Material lediglich schieben.

Neben der Einteilung in Radlader und Raupenlader wird auch hinsichtlich des Ladeprinzips unterschieden. Bei Frontladern ist am Vorderrahmen, auch Hubrahmen genannt, die Arbeitsausrüstung angebaut. Beim Laden fährt das Fahrzeug mit der gesenkten Schaufel in den Materialhaufen, um die Schaufel zu füllen. Der Widerstand muss dabei vom Fahrwerk überwunden werden. Anschließend wird die gefüllte Schaufel von den Hydraulikzylindern gehoben, und der Lader kann zur gewünschten Stelle fahren, zum Beispiel einem Lkw, um die Schaufel zu entleeren. Frontlader mit einem Radfahrwerk haben die größte Bedeutung unter den Schaufelladern erlangt.

Bei einem Schwenklader muss das Fahrzeug nicht mit der Front vor die Stelle fahren, an der abgeladen werden soll. Die Arbeitsausrüstung, das heißt der Ausleger mit der Schaufel oder einem anderen Werkzeug, ist bei dieser Variante auf einem Drehschemel aufgebaut. Wenn die Schaufel voll ist, kann der Schemel gedreht werden, sodass ein seitliches Ausladen möglich ist.

Lenkungen

Die Radlader können bezüglich eines weiteren Merkmals, nämlich der Lenkung, unterschieden werden. Die einfachste und außerhalb des Baumaschinensektors bekannteste Lenkungsart ist die Achsschenkellenkung. Man kennt diese Lenkung von den Autos, Lastwagen und den meisten Traktoren. Eine Kurvenfahrt wird dadurch erreicht, dass sich die Vorderräder einschlagen. Bei manchen Fahrzeugen, wie zum Beispiel Staplern und auch bei Radladern, sind es die Hinterräder, die sich einschlagen lassen.

Eine neue Lenkungsart kam auf, als der Allradantrieb in den 1960er-Jahren eine größere Verbreitung zu finden begann. Bei der Allradlenkung wird mit allen vier Rädern gelenkt. Das heißt, die Vorderräder schlagen sich beim Lenkvorgang in eine Richtung ein, während sich die Hinterräder in die andere Richtung einschlagen. Dies ermöglicht einen besonders geringen Wenderadius.

Eine eher seltene Variante ist die Radseitenlenkung, bei der sich die Räder auf einer Seite mit einer anderen Geschwindigkeit als auf der gegenüberliegenden Seite drehen. Dies ist vergleichbar mit der Steuerung eines Raupenfahrzeugs, bei dem eine Kette schneller als die andere läuft. Dadurch kommt es zu einer Kurvenfahrt.

Eine weit verbreitete Lenkungsart bei größeren Modellen ist die Knicklenkung. Bei dieser Technik ist das Vorderteil eines Fahrzeugs mit dem Hinterteil über ein Gelenk verbunden. Das Steuern erfolgt, indem bei einer Kurvenfahrt die beiden Teile relativ zueinander bei dem Gelenk einschwenken. Diese Art der Lenkung ist nicht neu. Einige frühe Traktoren wie der Lanz HP von 1923 und der 1930 eingeführte GP von Massey-Harris verfügten bereits über eine Knicklenkung. Die Achsschenkellenkung erwies sich jedoch

↙ Der Radlader 538 von Liebherr verfügt über eine Knicklenkung. Das Gelenk befindet sich unterhalb der Fahrerkabine. Das 14,52 bis 16 Tonnen wiegende Gefährt wird von einem 129 kW (175 PS) leistenden Motor angetrieben.

↓ Das Steuern bei diesem Radlader des südkoreanischen Herstellers Doosan erfolgt ebenfalls über eine Knicklenkung. Deutlich sind bei diesem Modell unterhalb der Kabine die Verbindungen zwischen dem vorderen und dem hinteren Teil des Fahrzeugs zu sehen.

bei den Standardmodellen als praktikabler, weswegen man noch bis zum Aufkommen der ersten Großtraktoren in den 1950er-Jahren warten musste, bis die Knicklenkung eine größere Verbreitung fand und schließlich auch bei den Radladern verwendet wurde.

Liebherr entwickelte für Kompaktlader eine sogenannte Stereolenkung, die eine extrem hohe Manövrierfähigkeit ermöglicht. Bei dieser Lenkung ist die Knicklenkung mit einer zusätzlichen Lenkung der Hinterräder durch Radeinschlag kombiniert.

Schaufeln

Radlader sieht man zwar in den meisten Fällen mit einer Schaufel, sie können aber auch mit anderen Arbeitsgeräten ausgestattet und deshalb sehr flexibel eingesetzt werden. Aber selbst unter den Schaufeln bieten die Hersteller unterschiedliche, für verschiedene Einsatzzwecke angepasste Ausführungen an. Eine Universalschaufel soll für eine möglichst große Bandbreite von Arbeiten verwendbar sein. Dazu gehören natürlich das Aufnehmen und das Laden von losem Material. Universalschaufeln können aber auch mit angeschraubten Messern oder mit angeschweißten Zähnen bestückt werden. Mit dieser Ausstattung soll die Schaufel zum Verladen von Bruchmaterial, wie etwa Schotter, Bauschutt oder zerkleinertem Asphalt, optimiert werden können. Universalschaufeln gibt es aber auch in Ausführungen für Schwereinsätze. Diese Varianten sind oft mit verschleißbeständigem Stahl verstärkt. Schließlich gibt es auch noch Schaufeln, die für einen weichen Untergrund und Erdbewegungsarbeiten im Landschaftsbau, zum Abtragen von Mutterboden oder zum Nivellieren vorgesehen sind. Zum Ebnen des Bodens werden auch spezielle Planierschaufeln verwendet. Sie haben einen langen flachen Boden sowie an der Rückseite eine Kante, die beim Rückwärtsfahren zum Einebnen eingesetzt werden kann.

Felsschaufeln sind für anspruchsvolleres Material vorgesehen. Sie können für Arbeiten mit hartem und steinigem Material sowie von Sprenggestein eingesetzt werden. Oft werden sie in Steinbrüchen und zum Transport von Gesteinsblöcken verwendet. Bei ihrer Herstellung kommen deswegen besonders verschleißbeständige Teile und Stahl mit hoher Zugfestigkeit zur Verwendung. Felsschaufeln können sowohl mit Zähnen versehen sein als auch eine gerade Kante haben.

Für Material mit geringer Dichte sind Leichtgutschaufeln vorgesehen. Sie zeichnen sich durch ein hohes Fassungsvermögen aus und sollen einen möglichst schnellen und effizienten Umschlag ermöglichen. Zu den Materialien, mit denen sie eingesetzt werden,

↓ Mit einer Greifschaufel von MX Mailleux ist dieser Liebherr 506 ausgestattet. Die Oberzange hält das Material fest, weswegen mit der Schaufel auch breitere Gegenstände aufgenommen werden können, wie zum Beispiel Baumstämme.

↘ Dieser Caterpillar ist mit einer Klappschaufel ausgestattet. Bei dieser Schaufel kann der vordere, mit den Zähnen versehene Teil hochgeklappt werden. Der hintere Teil kann in dieser Stellung dann beispielsweise zum Planieren verwendet werden.

gehören zum Beispiel Kompost, Abfall, Kohle, Holzschnitzel, Getreide und Ähnliches.

Eine Greifschaufel ist eine Variante, die mit einer Oberzange aus einer Reihe von Zinken oder Zähnen versehen ist. Sie eignet sich für den Transport von Silage, Mist, Futtermitteln, Ballen, Bauschutt und Hölzern.

Zu den noch spezielleren Werkzeugen gehören beispielsweise Abfallschaufeln, die in der Recyclingbranche verwendet werden. Diese Schaufeln sind außerdem in Ausführungen mit Klemmarmen zur Verdichtung des Mülls erhältlich.

Radlader können mit der entsprechenden Ausrüstung, zum Beispiel einer Palettengabel, wie Gabelstapler eingesetzt werden. Für beengte Verhältnisse sind jedoch Maschinen dieser Größe weniger geeignet.

Gabeln und andere Geräte

Während die Schaufeln hauptsächlich für die Arbeit mit losem Material vorgesehen sind, gibt es auch Anbaugeräte, die für andere Arbeiten verwendet werden können. Radlader lassen sich oft wie Gabelstapler einsetzen. Für diesen Zweck bieten einige Hersteller Gabeln, mit denen Paletten transportiert werden können. Aber auch in diesem Fall gibt es Ausführungen, die für den Transport von speziellen Gegenständen vorgesehen sind. Eine Steinblockgabel ist zum Beispiel für den Transport von Granit- oder Marmorblöcken und ähnlichen schweren Lasten konzipiert. Die Zinken sind deshalb aus besonders stabilem Stahl gefertigt. Ähnlich sind die Schwerlastgabeln, die zum Anheben und Transportieren von Steinblöcken in Steinbrüchen dienen. Gabeln mit nur einem Zinken können zum Ausbrechen von Gesteinsblöcken verwendet werden.

Für leichtere Güter, wie etwa Holz, gibt es ebenfalls spezielle Gabeln. Die Arme dieser Gabeln sind gewöhnlich dünner als bei herkömmlichen Varianten. Manche sind sichtoptimiert, damit der Fahrer des Radladers eine ungehinderte Sicht auf die Gabelenden hat. Um das Herunterfallen von Rundholz oder anderen Gütern zu verhindern, gibt es Gabeln mit Klemmarmen, die von oben die Güter umarmen. Schließlich gibt es auch noch Gabeln mit Seitenversatz, bei denen sich die Gabelzinken auf die Breite der Ladung einstellen lassen.

Für Transportzwecke kann an einem Radlader auch ein Lastarm angebaut werden. Am Ende des Arms befindet sich ein Haken, an dem verschiedene Gegenstände für den Transport angehängt werden können. Manche Lastarme haben mehrere Teleskopsegmente, sodass der Arm nach Bedarf verlängert oder verkürzt werden kann.

Die Einsatzmöglichkeiten von Radladern lassen sich mit Geräten, die nicht dem Transport, sondern anderen Arbeiten dienen, bedeutend erweitern. Beispiele dafür sind

Der WL 30 von Wacker Neuson ist mit einem hydraulischen Schnellwechselsystem für die verschiedenen Anbaugeräte ausgerüstet. Der Adapter soll das schnelle und unkomplizierte An- und Abkuppeln der Anbaugeräte ermöglichen.

Für kommunale Aufgaben können Kompaktlader wie dieser Caterpillar 26203 mit Kehrmaschinen ausgestattet werden. Die Wendigkeit und vielfältige Einsetzbarkeit macht die Kompaktlader zu universellen Mehrzweckgeräten.

Kehrmaschinen, die entweder mit einer Kehrbürste oder einer Kehrwalze ausgestattet sind. Damit lassen sich Wege und Plätze reinigen. Oft können die Kehrmaschinen auch mit einem Wassertank ausgerüstet werden.

Für winterliche Einsätze kann man Radlader auch oft mit Schneeräumschilden ausstatten. Diese Schilde sind in mehreren Größen erhältlich und vor allem für Einsätze unter städtischen Verhältnissen konzipiert.

Kompaktlader

Einige der Radlader sind kompakt gebaut und deshalb genügend manövrierfähig, um unter beengten Verhältnissen eingesetzt zu werden. Die kleinsten unter den Lademaschinen heißen Kompaktlader. Sie sind äußerlich nicht nur wegen ihrer geringen Maße von gewöhnlichen Ladern zu unterscheiden, sondern auch aufgrund bestimmter Merkmale, wie dem extrem kleinen Radstand. Die Hubarme der Kompaktlader sind am Heck befestigt und werden dort angelenkt, weswegen sie an der Fahrerkabine vorbeiführen. Die Kompaktlader verfügen in der Regel wegen des kurzen Abstands zwischen den Vorder- und den Hinterrädern über eine Radseitenlenkung, das heißt, beim Steuern drehen sich die Räder auf den beiden Seiten unterschiedlich schnell. Kompaktlader mit Raupenlaufwerken sind weniger häufig.

Von dem Kompaktlader Caterpillar 236 waren im Laufe der Zeit mehrere Generationen auf dem Markt. Die neueste Ausführung verfügt über einen 55,4 kW (75 PS) starken Motor und kann bis zu 820 Kilogramm an Nutzlast heben.

Die Kompaktlader sind für Einsätze konzipiert, die oft innerhalb von Gebäuden, auf kleinen Flächen oder auf engen Wegen stattfinden. Hohe Fahrgeschwindigkeiten sind unter solchen Umständen ohnehin nicht möglich. Die meisten neueren Modelle können eine Höchstgeschwindigkeit von knapp 18 km/h erreichen. Trotz ihrer geringen Ausmaße sind die Kompaktlader in der Regel hinsichtlich ihrer Motorleistung keine Zwerge. Die Modelle von JCB werden zum Beispiel von 54 kW (73 PS) bis 71 kW (96 PS) starken Motoren angetrieben. Auf 38 kW (52 PS) bis 82 kW (111 PS) kommen die Antriebsaggregate der Caterpillar-Maschinen.

Kompaktlader sind so konzipiert, dass sie für möglichst viele und unterschiedliche Arbeiten eingesetzt werden können, und zwar nicht nur in der Baubranche, sondern auch in anderen Bereichen, wie der Landwirtschaft, dem Gartenbau, der Industrie sowie für kommunale Aufgaben. Dementsprechend bieten die Hersteller eine Vielfalt von Anbaugeräten an. Für Einsätze im Bau und beim Abriss gibt es zum Beispiel Schaufeln, Anbaubagger, Greifer, Grader, hydraulische Hämmer und sogar Betonmischmaschinen. Für kommunale Aufgaben stehen Planierschilde, Scraper, Besen zur Straßen- und Wegereinigung sowie Universalschaufeln zur Verfügung. In der Landwirtschaft erfüllen die Kompaktlader oft die Aufgabe eines Hofladers. Das heißt, sie sind vor allem für kurze Transportarbeiten und zum Heben von Lasten vorgesehen. Für diese Zwecke gibt es zum Beispiel Dünger- und Getreideschaufeln, Greifer, Palettengabeln und sogar Saatgeräte sowie Mähmaschinen.

Von JCB stammen die ersten europäischen Baggerlader. Die Maschinen gewannen wegen ihrer Flexibilität schnell an Verbreitung in der Bauwirtschaft.

Baggerlader

Der Baggerlader ist mit dem Schaufellader verwandt, da er vorne ebenfalls mit einer Schaufel oder einem anderen Ladewerkzeug ausgestattet werden kann. Der Hauptunterschied ist jedoch das Heck, an dem der Baggerlader mit einem Heckbagger ausgestattet ist. Dieser Heckbagger kann ebenfalls mit verschiedenen Werkzeugen ausgerüstet werden.

Der Hecklader hat seinen Ursprungsort auf zwei Kontinenten, nämlich in Nordamerika und Europa. Auf der europäischen Seite des Atlantiks wurde der Baggerlader in der englischen Ortschaft Rocester erfunden. 1953 stellte Joseph Cyril Bamford (JCB) den Prototypen des angeblich ersten Baggerladers der Welt vor – zumindest handelte es sich um die erste in Europa gebaute Arbeitsmaschine dieser Art. Diesem Ereignis war die Vorstellung des „Major Loader", des ersten europäischen hydraulischen Frontladers, vorausgegangen. Mit der Einführung des Heckbaggers konnte JCB nun eine Arbeitsmaschine anbieten, die sowohl über ein Front- als auch ein Heckgerät verfügte.

Das Fahrzeug basierte anfangs auf einem Traktor, der mit den entsprechenden Arbeitsgeräten ausgestattet war. Erst später stellte JCB den ersten speziellen Baggerlader vor, das heißt, der Frontlader und der Hecklader waren fest mit dem Fahrgestell verbunden und bildeten keine abnehmbaren Zubehörteile für einen landwirtschaftlichen Traktor, wodurch sich die Robustheit der Arbeitsmaschine erhöhte.

1948, in dem gleichen Jahr, in dem Bamford in England in einer Garage damit begann, sein Unternehmen aufzubauen, gründeten in den Vereinigten Staaten Vaino J. Holopainen und Roy E. Handy die Firma Wain-Roy Corporation mit Sitz in Hubbardston in Massachusetts. Ihr Ziel war es, den Baggerlader, den sie im vorhergehenden Jahr konstruiert hatten, auf den Markt zu bringen.

Der Wain-Roy-Baggerlader basierte wie das JCB-Gegenstück auf landwirtschaftlichen Traktoren, nämlich in diesem Fall auf Modellen der Marken Ford und Ferguson. Das Unternehmen verkaufte im ersten Jahr 24 Einheiten. Zwischen Herbst 1948 und Anfang 1954 wurden etwa 7000 Wain-Roy-Baggerlader hergestellt und verkauft, hauptsächlich über Ford-Händler. In späteren Jahren schloss Wain-Roy mit Ford ein Abkommen ab, um den Vertrieb auszuweiten, aber schließlich begann Ford, die Baggerlader selbst zu bauen, was Wain-Roy beinahe aus dem Geschäft drängte.

1957 begann ein weiteres Unternehmen mit dem Bau von Baggerladern. Es handelte sich diesmal um kein Start-up, sondern um eine Firma mit langer Geschichte, nämlich Case. Das große Landtechnikunternehmen hatte den Vorteil, dass der Traktor, der als Antrieb des Baggerladers diente, wie auch die anderen Komponenten, aus eigener Produktion stammte.

↑ Der Bobcat T40140 ist ein Teleskoplader, der eine Hubhöhe von 13,7 Metern erreichen kann. Er kann mit Schaufeln, Arbeitsbühnen, Greifern und Betonkübeln ausgerüstet werden. Der Motor erbringt eine Leistung von 74,5 kW (101 PS).

↓ Teleskoplader können in unterschiedlichen Bereichen eingesetzt werden. Dieser JCB 536-60 wird zum Aufladen von Silage in einem landwirtschaftlichen Betrieb verwendet. Die maximale Hubhöhe dieses Modells liegt bei 7 Metern.

Teleskoplader

Teleskoplader fallen durch ihre ausfahrbaren Ausleger auf. Von diesem Teleskoparm abgesehen, gleichen sie äußerlich den Radladern. Da die Maschine jedoch hauptsächlich für das Heben von Lasten vorgesehen ist, wird sie manchmal in die Kategorie der Krane eingeordnet. Andere sehen den Teleskoplader als eine besondere Art der Stapler. Weitere Bezeichnungen für die Arbeitsmaschine sind deswegen Teleskopstapler oder Teleskoparmstapler. Telehandler oder Teleskopmaschine sind ebenfalls Bezeichnungen, mit denen die Teleskoplader manchmal bedacht werden.

Wie bereits erwähnt, ist das Hauptmerkmal des Teleskopladers der am Fahrzeug mittig angeordnete Teleskoparm, der am hinteren Ende des Fahrzeugs gelagert ist. Der Fahrerstand befindet sich dagegen seitlich auf dem Fahrzeug. Der Teleskoparm wird mittels Hydraulikzylindern gehoben und gesenkt. Er kann außerdem hydraulisch aus- und eingefahren werden. Die Last kann also in zwei Richtungen bewegt werden, nämlich aufwärts und abwärts sowie vorwärts und rückwärts. Durch die Lagerung des Teleskoparms mittig am Fahrzeugheck lässt sich das Eigengewicht des Fahrzeugs als Gegengewicht für die aufgenommene Last nutzen.

Manche Modelle verfügen über einen schwenkbaren Oberwagen, das heißt, der obere Teil des Fahrzeugs kann teilweise oder sogar um 360 Grad gedreht werden. Dadurch ist eine weitere Bewegungsrichtung, nämlich eine seitliche, für den Teleskoparm zum Aufnehmen und Ablegen der Last möglich. Solche Ausführungen werden manchmal als Roto-Teleskoplader oder Roto-Teleskopen bezeichnet.

Teleskoplader werden zwar häufig in der Baubranche eingesetzt, sie finden aber nicht selten auch in anderen Bereichen ein Einsatzfeld. Dazu gehören nicht zuletzt die Landwirtschaft, kommunale Betriebe sowie der Landschaftsbau. Zu den häufigsten Ausstattungen im Baubereich gehört die Ladeschaufel, mit der Schüttgut, Erdreich und andere Materialien aufgenommen und transportiert werden können. Ein Vorteil gegenüber den Radladern besteht in der Flexibilität des Teleskoparms, der einen Einsatz des Arbeitsgeräts, wie etwa der Schaufel, in größeren Höhen und verschiedenen Richtungen ermöglicht.

Nicht selten sieht man Teleskoplader, die mit einer Arbeitsbühne ausgestattet sind. Diese Ausstattung ermöglicht den Einsatz an Häuserfassaden und Dächern.

KRANE: HEBEN UND BEWEGEN

Krane gehören zu den ältesten Baumaschinen. Die ersten Krane wurden bereits im Altertum eingesetzt, um Lasten zu heben. Auch heute kommt man bei vielen Baustellen, vor allem beim Bau von Häusern und anderen Gebäuden, ohne Kran nicht aus.

Turmdrehkrane

Turmdrehkrane sind die häufigste Art von Kranen, die man im Hochbau sieht. Sie werden aber neben dem Baugewerbe auch in anderen Industriezweigen zum Heben und Bewegen von Materialien eingesetzt. Es gibt verschiedene Ausführungen von Turmdrehkranen. Alle haben aber bestimmte Komponenten, die für diese Kranart unentbehrlich sind. Dazu gehört der Unterbau, der dafür sorgt, dass der Kran stabil auf dem Boden steht. Die Drehbewegung bei untendrehenden Kranen ermöglicht der Drehkranz, der sich auf dem Unterbau befindet. Auf dem Drehkranz steht der eigentliche Kranturm. Es gibt auch obendrehende Krane, bei denen der Kranturm fest auf dem Unterbau verankert ist und sich selbst nicht dreht. Das Drehwerk befindet sich in diesem Fall am oberen Ende des Kranturms. Bei beiden Ausführungen sind am oberen Ende der Ausleger, der zum Heben der Last verantwortlich ist, sowie der Gegenausleger, der für das Gegengewicht sorgt.

Der Lasthaken, an dem die Last hochgezogen beziehungsweise herabgelassen wird, ist bei den meisten Auslegern mit einem Hubseil an einer Laufkatze befestigt. Die Laufkatze kann am Ausleger entlangfahren. Man spricht bei dieser Ausstattung von einem Laufkatzenausleger.

Auf eine Laufkatze wird bei Verstell- oder Nadelauslegern verzichtet. Der Ausleger ist bei dieser Bauart zum Ende hin verjüngt. Das Hubseil läuft über die Spitze des Auslegers, der gehoben und gesenkt werden kann. Die Höhe und die Reichweite des Auslegers sind verstellbar. Der Vorteil des Verstellauslegers ist die unkompliziertere Einsetzbarkeit bei beengten Verhältnissen, wenn zum Beispiel ein anderes Gebäude im Weg steht oder ein fremdes Grundstück nicht überquert werden darf.

← Krane sind schon seit dem Altertum an Baustellen zu sehen, an denen Lasten gehoben werden müssen. Turmdrehkrane, wie diese im Bild, sind heute ein unverzichtbares Mittel im Hochbau.

← Die Turmdrehkrane benötigen ein Ballastgewicht, das die Standfestigkeit verbessert. Bei untendrehenden Kranen ist das Ballastgewicht meist exzentrisch auf dem Unterwagen angebracht und dreht sich bei Turmbewegungen mit.

↑ Für diese Baustelle ist ein mobiler Kran, der von einem Lastwagen getragen wird, ausreichend. Eine hohe Stabilität verleihen dem Fahrzeug die ausgefahrenen Stützen.

↓ Mit dem Baustellenaufzug lassen sich Material oder Personen in die oberen Stockwerke transportieren. Der Aufzug kann nach oben verlängert werden.

Fahrzeugkrane

Das Aufstellen und der Abtransport von Turmdrehkranen sind mit einem erheblichen Aufwand verbunden. Krane, die auf ein Fahrzeug montiert sind, bieten dagegen eine bedeutend höhere Mobilität, weswegen sie auch als Mobilkrane bezeichnet werden. Bei den fahrbaren Untersätzen kann es sich um Lastwagen, aber auch um spezielle Fahrzeuge mit Rädern oder Ketten handeln. Lastwagenkrane verfügen in der Regel über verstellbare Stützen, die bei der Arbeit ausgezogen werden, um die Standfestigkeit des Fahrzeugs zu erhöhen.

Fahrzeugkrane sind zwar flexibel und können schnell an den Einsatzort gebracht werden, sie haben aber meist eine geringere potenzielle Traglast als die stationären Kranarten. Eine Ausnahme in dieser Hinsicht bieten zum Beispiel für spezielle Einsätze konzipierte Gittermastkrane wie der auf acht Achsen fahrende LG 1750 von Liebherr, der eine Hubhöhe von 193 Metern und eine maximale Traglast von 750 Tonnen erreichen kann.

Umschlagmaschinen

Von Baustellen abgesehen ist ein Einsatzgebiet für Krane der Güterumschlag. Gemeint ist damit das Aufladen, Abladen oder Umladen von Gegenständen. Für diese Aufgabe haben manche Kranhersteller spezielle Umschlagmaschinen entwickelt. Liebherr bietet beispielsweise Umschlagmaschinen für Sägewerke und andere holzverarbeitende Betriebe an. Es handelt sich dabei um mobile Krane, die am Ausleger mit einem Greifer zum Aufnehmen und Ablegen von Baumstämmen versehen sind. Raupenumschlagmaschinen sind dagegen für Arbeiten in einem unwegsamen Gelände konzipiert. Außerdem gibt es Umschlagmaschinen, die für Arbeiten in Hallen vorgesehen sind und deshalb über einen Elektromotor verfügen.

Für den Umschlag von Containern in kleinen Terminals oder in mittelgroßen Häfen werden ebenfalls spezielle Fahrzeuge angeboten. Diese Reachstacker oder Greifstapler sind mit einem sogenannten Spreader oder Containergeschirr ausgestattet und können Container vergleichsweise schnell über kurze Distanzen transportieren und in verschiedenen Reihen stapeln.

Baustellenaufzüge

Baustellenaufzüge fallen weniger auf als Turmkrane, sie werden aber ebenfalls im Hochbau eingesetzt und dienen der vertikalen Beförderung. Anders als die großen Krane, befördern die Aufzüge auch Menschen, und das Gewicht der Lasten, die mit ihnen gehoben werden, ist bedeutend niedriger. Baustellenaufzüge werden während der Bauphase außerhalb des Gebäudes angebracht. Sie sind in unterschiedlichen Größen und Klassen erhältlich und können während der Projektzeit der wachsenden Höhe des Baus angepasst werden.

↖ Der Reachstacker von Kalmar ist mit einem Werkzeug zum Heben von Containern ausgestattet. Zur optionalen Ausrüstung gehören „Tilting Spreaders", mit denen die Container um bis zu 40 Grad geneigt werden können.

WALZEN: VERDICHTEN UND EBNEN

Walzen gehören zu den ältesten Baumaschinen. Ihre Aufgabe ist es, den Boden zu verdichten und dadurch dessen Tragfähigkeit zu erhöhen. Dies ist beispielsweise im Straßenbau wichtig, da man möchte, dass sich die Asphaltdecke auf einem tragfähigen, festen Untergrund befindet und nicht einsinkt. Sobald der Asphalt aufgetragen ist, muss auch dieser verdichtet werden. Da Walzen beim Bau von Straßen eine so wichtige Rolle spielen, werden sie umgangssprachlich mit dem Begriff Straßenwalzen bezeichnet.

Die frühesten Walzen wurden von Pferden, Maultieren, Ochsen und manchmal auch Menschen gezogen. Mit dem Aufkommen der Dampfmaschine ergab sich die Möglichkeit, die Dampfkraft als Antrieb selbstfahrender Walzen zu nutzen. Dabei war das hohe Gewicht der Maschine ein Vorteil. Als sich bereits der Verbrennungsmotor in anderen Nutzfahrzeugen durchsetzte, blieben manche Walzenhersteller immer noch bei der Dampfmaschine als Antrieb. In Frankreich wurden noch bis in die 1950er-Jahre Dampfwalzen gebaut. In Deutschland rollte 1939 die letzte dampfgetriebene Walze aus dem Werkstor der Maschinenfabrik Ruthemeyer. Umgangssprachlich blieb aber noch länger die Bezeichnung „Dampfwalze", auch wenn kein Wasserdampf mehr für den Antrieb erzeugt wurde. Die ersten Straßenwalzen mit Verbrennungsmotor ähnelten den Dampfwalzen, die sie ersetzten. Sie verwendeten anfangs ähnliche Mechanismen, um die Kraft vom Motor auf die Räder zu übertragen, nämlich über große, freiliegende Stirnräder.

Zu den bekanntesten Herstellern von Straßenwalzen gehören heute Hamm in Tirschenreuth, Bomag in Hellerwald, Wacker Neuson, Ammann in dem Schweizer Ort Langenthal, der große englische Baumaschinenhersteller JCB, die schwedischen Unternehmen Dynapac und Volvo sowie der Baumaschinenmarktführer Caterpillar.

Walzenvarianten

Die Dreiradwalze gilt hinsichtlich der Bauweise als die einfachste Walzenvariante und zugleich als die direkte Nachfolgerin der Dampfwalze. Die Verdichtung geschieht ausschließlich durch das Gewicht der Maschine.

↑ Walzen spielen im Straßenbau eine wichtige Rolle. Sie dienen zur Verdichtung des Untergrunds und der Asphaltschicht. Die beiden Walzen in diesem Bild stammen von Bomag.

↖ Diese 1923 gebaute Dampfwalze von Kraus-Maffei wurde von der Ausbildungsabteilung des Unternehmens wieder funktionsfähig restauriert. Die Maschine wiegt 12 Tonnen und kann eine Höchstgeschwindigkeit von 5 Stundenkilometern erreichen.

↑ Die Firma Kemna brachte 1923 als erstes Unternehmen in Deutschland eine Straßenwalze mit einem Dieselmotor auf den Markt. Da der Motor von Deutz stammte, erhielten die Walzen anfangs die Bezeichnung „Deutz-Kemna".

↓ Mit einer Stampffußbandage und einem Planierschild ist diese Straßenwalze ausgerüstet. Die abgebildete Bomag BW 213 PDH gehört mit einem Eigengewicht von 13,83 Tonnen und einer Motorleistung von 115 kW (156 PS) zu den größeren Modellen dieser Art.

Bei den frühen Konstruktionen befanden sich die Führerstände am Heck der Maschine und waren nach allen Seiten offen. Die Walze fährt, wie die Bezeichnung sagt, auf drei Rädern. Dabei handelt es sich um eine breite Walze als Vorderrad sowie zwei schmalere, aber größere Räder an der Hinterachse. Alle drei Räder sind meist mit einer Glattmantelbandage, das heißt mit einer glatten Oberfläche, versehen.

Herkömmliche Straßenwalzen nutzten das Eigengewicht als Einsatzgewicht, um die zu walzende Oberfläche zu komprimieren. Bei Vibrationswalzen kann aber eine zusätzliche Verdichtung durch das Vibrieren der Walzentrommeln erreicht werden, sodass eine kleine, leichte Maschine genauso gut arbeiten kann wie ein viel schwereres Exemplar. Vibrationen werden typischerweise durch einen frei drehenden hydrostatischen Motor innerhalb der Trommel erzeugt, an dessen Welle ein exzentrisches Gewicht befestigt ist. Einige Walzen verfügen über ein zweites Gewicht, das relativ zum Hauptgewicht gedreht werden kann, um die Vibrationsamplitude und damit die Verdichtungskraft anzupassen.

Eine weitere Walzenvariante ist der Walzenzug, bei dem die Verdichtung durch die Walze im Frontbereich der Baumaschine durchgeführt wird. Auf der Hinterachse lasten dagegen das Gewicht des Motors und der Fahrerkabine. Eine Variante des Walzenzugs ist die Tandemwalze mit einem vorderen und einem hinteren Walzenkörper.

Neben den Walzen, deren Trommeln eine glatte Oberfläche besitzen, gibt es auch Schaffußbandagen und Polygonbandagen. Die Schaffußbandage, auch als Stampffußbandage bezeichnet, ist auf der Oberfläche mit sogenannten Stollen oder Stampffüßen versehen. Sie haben den Zweck, den Untergrund durch eine zusätzliche Knetwirkung zu verdichten. Bei der Polygonbandage handelt es sich um die jüngste Entwicklung. Sie besteht aus drei nebeneinander liegenden, achteckigen Bandagenelementen, die versetzt zueinander angeordnet sind. Bei der Drehbewegung der Walze wird der Boden durch die kontinuierliche Krafteinwirkung von Platten- und Keilsegmenten bearbeitet und verdichtet.

Gummiradwalzen

Weniger häufig sieht man Verdichtungsmaschinen, die auf Gummirädern fahren. Diese Gummiradwalzen verbreiteten sich von Amerika ausgehend nach dem Zweiten Weltkrieg zunächst als gezogene Varianten. Heute verfügen sie in der Regel über einen eigenen Antrieb. Ihre Aufgabe ist ebenfalls die Verdichtung des Bodenmaterials, und zwar

vor allem im Straßenbau. Bei Erdbauarbeiten können spezielle Ausführungen eingesetzt werden.

Eine Gummiradwalze ist meist sowohl an der Vorderachse als auch an der Hinterachse mit einer Reihe von Rädern ausgestattet. In der Regel handelt es sich um jeweils vier Räder. Es sind aber auch Ausführungen mit einer größeren Anzahl davon möglich. Die Räder auf der Vorderachse sind relativ zu den hinteren Rädern auf der Achse versetzt. Dadurch werden beim Einsatz auch die Bodenflächen überrollt, die durch die Lücke zwischen den Rädern einer Achse freigelassen werden. Zu den Vorteilen der Gummiradwalze gehört der Umstand, dass der Reifendruck an die Erfordernisse und den Bodenbelag angepasst werden kann.

Die Bodenverdichtung findet meist durch das Eigengewicht der Maschine statt. Das Einsatzgewicht einer Gummiradwalze beträgt bis zu 14 Tonnen. Die Modelle von Hamm bringen zum Beispiel 8,5 beziehungsweise 9,5 Tonnen auf die Waage, während die Bomag-Walzen 5,2 bis 8,5 Tonnen wiegen. Das Gewicht der Maschine kann durch die Aufnahme von zusätzlichem Ballast noch erhöht werden.

Grabenwalzen

Ebenfalls zu den speziellen Walzen gehören die Grabenwalzen. Dabei handelt es sich um eine kleine Tandemwalze mit einer sehr geringen Breite, die unter besonders engen Verhältnissen, wie dies etwa in Gräben der Fall ist, eingesetzt werden kann. Grabenwalzen sind zu klein, um mit einem Fahrerstand ausgestattet zu sein. Sie sind entweder handgesteuert, das heißt, der Maschinenlenker geht mit der Walze mit und führt dabei die Steuerung durch, oder sie sind ferngesteuert. Die Fernsteuerung hat den Vorteil, dass zur Bedienung der Maschine nicht in den Graben hinabgestiegen werden muss. Im Fall eines Grabeneinbruchs ist deshalb der Maschinenlenker in Sicherheit. Außerdem ist der Bediener vor Staub, Abgasen und Lärmemissionen geschützt.

Wegen des geringen Eigengewichts hilft bei der Verdichtung des Bodens die Vibrationsfunktion mit. Die Grabenwalzen sind oft mit einer Knicklenkung ausgestattet.

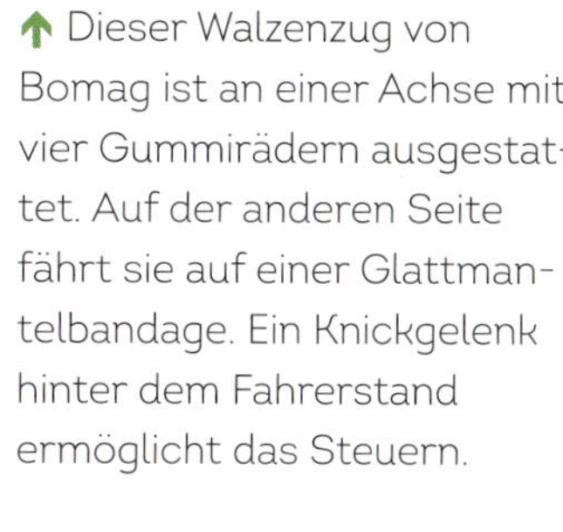

↑ Dieser Walzenzug von Bomag ist an einer Achse mit vier Gummirädern ausgestattet. Auf der anderen Seite fährt sie auf einer Glattmantelbandage. Ein Knickgelenk hinter dem Fahrerstand ermöglicht das Steuern.

← Die RT SC2 von Wacker Neuson ist eine Grabenwalze, die mittels Fernsteuerung gelenkt wird. Die Maschine wiegt 1,5 Tonnen und wird von einem 16 kW (22 PS) leistenden Motor des italienischen Herstellers Lombardini angetrieben.

3. TEIL: HERSTELLER

Die Geschichte der Bagger und Baumaschinen ist auch eine Geschichte der Erfinder und Unternehmen, ohne die es die Entwicklung dieser Maschinen nicht gegeben hätte. Die Gründer stammten oft aus sehr einfachen Verhältnissen, gründeten ihren Erfolg aber auf innovative Ideen und die Bereitschaft, Risiken einzugehen sowie hart zu arbeiten. Viele der Firmen durchliefen eine wechselhafte Geschichte. Einige entwickelten sich zu internationalen Konzernen, manche verschwanden wieder oder fusionierten mit anderen Unternehmen der Branche. Manche Namen verschwanden, andere sind heute auf Bauplätzen auf der ganzen Welt zu sehen.

➔ Der Baumaschinenriese Caterpillar kann auf eine lange Geschichte zurückblicken. Die Ursprünge des Unternehmens liegen jedoch in einem ganz anderen Bereich.

➔ Eimerkettenbagger sind beeindruckende Maschinen. Das Exemplar in dem Bild ist mit einem Raupenlaufwerk versehen und kann sich selbst vorwärtsbewegen, wenn auch nur sehr langsam.

➔ Die Baumaschinen von Liebherr sind heute in vielen Varianten auf der ganzen Welt anzutreffen. Das schwäbische Unternehmen erfuhr einen unvergleichlich schnellen Aufstieg.

ATLAS: BAGGER UND RADLADER

Atlas gehört nicht zu den weltweit größten Baumaschinenherstellern. Wer aber an Baustellen in Deutschland und anderen europäischen Ländern vorbeikommt, wird früher oder später Maschinen mit der Aufschrift „Atlas“ sehen.

Die Unternehmensgeschichte begann 1919 in der Stadt Delmenhorst, die damals zum Freistaat Oldenburg gehörte und heute in Niedersachsen ist. In diesem Jahr gründete Hinrich Weyhausen eine Firma, die sich mit dem Handel von mechanischer Ausrüstung für Agrarbetriebe beschäftigte. Es blieb jedoch nicht lange beim Handel. Weyhausen erkannte den Bedarf an landwirtschaftlichen Maschinen, für die es keine geeigneten Anbieter gab. Er begann mit der Konstruktion eigener Geräte und Maschinen, und bereits 1921 stellte die Hinrich Weyhausen KG Landmaschinen her. Das Unternehmen stieg im Bereich der Förderanlagen für die Landwirtschaft zu einem der führenden Hersteller auf.

Die Weyhausen KG überstand das wirtschaftliche Auf und Ab der Weimarer Zeit und auch die Weltwirtschaftskrise, die im Winter 1929/30 über das Land hereinbrach. Den Markennamen „Atlas“ gebrauchte die Firma Weyhausen erstmals 1936.

Das Unternehmen überlebte auch die folgenden schwierigen Jahre und konnte schon bald nach dem Ende des Zweiten Weltkriegs die Produktion wieder aufnehmen. Bereits 1945 erhielt Weyhausen ein Patent auf einen Anbaukran. Der Unternehmer hatte schon früh die Idee gehabt, die Kraft der Hydraulik in landwirtschaftlichen Geräten zum Greifen und Heben zu nutzen. 1949 konnte schließlich die Serienproduktion des ersten Atlas-Hydraulikladers beginnen. Der Bagger war als Anbaugerät für den Einsatz mit Traktoren konzipiert. Als Zielgruppe galten in erster Linie landwirtschaftliche Betriebe, weswegen die Heckanbaumaschine als „Bauernlader“ bezeichnet wurde. Die Maschine unterschied sich nicht sehr von den Heckbaggern anderer Erfinder in dieser Zeit, wie zum Beispiel die Geräte von Bamford in England oder Wain-Roy in den USA. Für die Konstruktion eines Baggerladers, der gleichzeitig mit einem Frontanbaugerät ausgestattet war, scheint aber kein Bedarf gewesen zu sein. Spätere Versionen des Laders waren für härtere

Die Atlas-Bagger, wie dieser Mobilbagger vom Typ 1304, sind auf vielen Baustellen zu sehen. Das Modell wurde bereits in den 1980er-Jahren eingeführt und war in verschiedenen Ausführungen erhältlich.

Die Atlas-Bagger waren für harte Einsatzbedingungen konzipiert. Dieses Exemplar vom Typ 1204 wird auch im Winter eingesetzt oder muss zumindest die kalte Jahreszeit im Freien überstehen.

↑ Die Atlas-Mobilbagger werden vom Hersteller als Universalbagger für den Straßen- und Tiefbau bezeichnet. Das Eigengewicht liegt bei 15,7 Tonnen. Der Motor stammt von Deutz und hat eine Leistung von 85 kW (116 PS).

↗ Atlas-Bagger wurden bereits in den 1960er-Jahren in Zweiwegevarianten angeboten. Diese Ausführungen konnten sowohl im Gleisbau als auch für andere Zwecke eingesetzt werden.

Einsätze konzipiert und erfreuten sich einer starken Nachfrage von Baubetrieben. Bis 1954 konnten deswegen bereits 6000 Exemplare der Maschine ausgeliefert werden.

Der Aufstieg

In den 1950er-Jahren stellte Weyhausen den ersten selbstfahrenden vollhydraulischen Bagger vor. Damit begann die Erfolgsgeschichte der Atlas-Bagger. Der 1954 eingeführte vollhydraulische Mobilbagger vom Typ 1500 war wegweisend für seine Zeit. Er fiel nicht nur durch sein etwas futuristisch wirkendes Design auf, sondern war auch sonst fortschrittlich gestaltet. Dazu gehörte die rundliche Fahrerkabine, die einen hervorragenden Ausblick ermöglichte. Als Antrieb diente ein 48 PS starker Motor von Deutz. Als Ausrüstung wurden verschiedene Löffel, Greifer und Ladeschaufeln angeboten.

Bereits 1956 waren die Produktionskapazitäten im Stammwerk so ausgelastet, dass in der Stadt Vechta, etwas über 50 Kilometer südwestlich von Delmenhorst, ein zweites Werk eröffnet werden musste. Heute hat das Atlas-Werk in Vechta eine Größe von 66.000 Quadratmetern und dient als Produktionsstandort für Bagger, Krananbauteile und verschiedene Komponenten. Ein drittes Werk entstand 1960 in der etwa 10 Kilometer westlich von Delmenhorst gelegenen Ortschaft Ganderkesee. Diese 88.000 Quadratmeter große Niederlassung ist heute der Hauptsitz des Unternehmens und produziert vor allem Bagger. 1962 waren bereits rund 1000 Personen in der Firma Weyhausen beschäftigt, und die Atlas-Bagger hatten eine internationale Bedeutung erlangt.

In den 1960er-Jahren erfuhr das Bagger-Programm eine beträchtliche Erweiterung. Der 7 Tonnen wiegende Typ 1200 begann 1960 mit dem neuen Programm. Der Bagger war mit einem 38 PS starken Motor ausgerüstet und in Mobil- und Gleiskettenvarianten erhältlich. Für geringere Ansprüche führte Weyhausen den Typ 450 ein. Als Antrieb konnte der Käufer zwischen einem 12-PS-Motor von München-Sendling und einem 40 PS leistenden Opel-Motor wählen. Den Abschluss nach oben stellte der 1963 eingeführte 19 Tonnen schwere 1800 dar. Der ebenfalls in zwei Varianten verfügbare Großbagger war in seiner Mobilausführung mit drei Achsen ausgestattet. Ein Jahr später folgte noch ein neues Mitglied der Baureihe, der Typ 1500, der mit dem gleichnamigen Vorläufer in konstruktionstechnischer Hinsicht nichts zu tun hatte. 1966 vervollständigte schließlich der Typ 1300 die Baggerreihe.

Bereits 1966 begann die Einführung einer neuen Baggergeneration, die in der Typenbezeichnung durch die Buchstaben „AB" erkennbar war. An die Stelle des bisherigen Spitzenreiters im Leistungsbereich, des 1800, rückte der AB 1700. An der Spitze der Verkaufsstatistik lag der neue AB 1302, der in einer Kurzheckversion und als Zweiwegevariante für den Gleisbau zur Verfügung stand. Schließlich wurde noch ein 21 Tonnen schwerer AB 1902 eingeführt, um dem wachsenden Bedarf an großen Baggern gerecht zu werden.

Die Atlas-Bagger erzielten in den 1960er-Jahren einen beträchtlichen Anteil auf dem deutschen Markt für Baumaschinen. Sie waren aber auch im Ausland erfolgreich. In Japan begann 1966 Kubota mit der Lizenzfertigung der Maschinen. In Schweden wurden die Bagger unter dem Markennamen Atila vertrieben, und in den Vereinigten Staaten wurden sie von dem Importeur JAY ins Land gebracht.

Generationswechsel

Ein einschneidendes Ereignis für das Unternehmen war 1969 der Tod des Firmengründers Hinrich Weyhausen im Alter von 88 Jahren. Sein Sohn Günter Weyhausen übernahm die Geschäftsführung der Hinrich Weyhausen KG. Der Wechsel in der Unternehmensleitung hatte jedoch weitere Folgen, denn 1971 gründete Friedrich Weyhausen, der Bruder des neuen Geschäftsführers, ein eigenes Unternehmen: die F. Weyhausen GmbH & Co. KG. Der Sitz der zweiten Weyhausen-Firma wurde die zwischen Delmenhorst und Vechta gelegene niedersächsische Stadt Wildeshausen. Noch im gleichen Jahr startete in Wildeshausen die Produktion des ersten Radladers, des AR 70. Die Typenbezeichnung „AR" stand für „ATLAS Radlader".

Die Hinrich Weyhausen KG begann 1970 mit der Überarbeitung des Baggerprogramms. Die neuen Modelle erhielten ein C am Ende der Typenbezeichnung, wie zum Beispiel im Fall des AB 1302 C. Aber bereits 1976 erschienen mit dem AB 1302 D und dem AB 1602 D die ersten Modelle der vierten Generation der Atlas-Bagger. Einige Modelle der D-Generation wurden an den großen Landtechnikkonzern John Deere geliefert, der die Maschinen in grün-gelber Lackierung als eigene Modelle verkaufte. Zur Erweiterung des Baumaschinenprogramms erfolgte in dieser Zeit die Einführung von Radladern.

Ein Zeichen des wirtschaftlichen Erfolgs war die Gründung einer Niederlassung im englischen Bradford. Die 1980 gegründete britische Tochtergesellschaft mit dem Namen „Atlas Cranes" hat heute als Ziel die Montage von Ladekranen und den Verkauf von Baggern.

Die Bedeutung des Markennamens Atlas äußerte sich 1986 in der Umfirmierung der Hinrich Weyhausen KG in Atlas Weyhausen GmbH. In den 1980er-Jahren erfolgte auch die Einführung der E-Generation der Bagger sowie eines neuen Hydrauliksystems mit der Bezeichnung AWE 4.

Die Erfolgsgeschichte des Unternehmens hielt jedoch nicht an. In den 1990er-Jahren geriet die Atlas Weyhausen KG durch die wachsende Konkurrenz zunehmend unter Druck, und 1999 übernahm die Eder Handel und Beteiligungen GmbH das Unternehmen und verkaufte es 2001 an den amerikanischen Baumaschinenhersteller Terex. Aus der Firma Atlas Weyhausen wurde nun die Atlas-Terex GmbH.

Nach dem Tod von Hinrich Weyhausen gründete sein Sohn Friedrich die F. Weyhausen GmbH & Co. KG in Wildeshausen. Das Unternehmen produziert seitdem Radlader, die ebenfalls unter dem Namen Atlas vertrieben wurden.

↑ Der Terex TL 100 war ein Radlader, der von einem 54 kW (74 PS) starken Deutz-Motor angetrieben wurde. Das 5,7 Tonnen wiegende Fahrzeug verfügte über einen hydrostatischen Fahrantrieb und konnte eine Höchstgeschwindigkeit von 36 km/h erreichen.

EXKURS

Terex

Terex zählt zu den größten Baumaschinenherstellern der Welt. Das Unternehmen ist in manchen Ländern auch unter anderen Markennamen bekannt. Der Name Terex wurde 1970 von dem Automobilkonzern General Motors geschaffen. Er setzt sich aus den lateinischen Wörtern „terra“ (Erde) und „rex“ (König) zusammen und bedeutet soviel wie „Erdkönig“ oder „König der Erde“.

Der Grund für die Gründung der Tochtergesellschaft Terex und des Markennamens war eine Entscheidung des amerikanischen Justizministeriums, die besagte, dass sich General Motors aus wettbewerbsrechtlichen Gründen aus der Produktion und dem Verkauf von geländegängigen Nutzfahrzeugen in den Vereinigten Staaten für vier Jahre zurückziehen und den Markennamen Euclid veräußern müsse. Die verbliebenen Erdbewegungsprodukte, die General Motors noch blieben, wurden von nun an unter dem Namen Terex vermarktet.

Die Vorgeschichte von Terex geht aber weiter zurück, nämlich bis ins Jahr 1933, als George A. Armington die Euclid Company gründete, um Muldenkipper zu entwickeln und zu bauen. Euclid erfuhr in den folgenden Jahren ein schnelles Wachstum und war im Zweiten Weltkrieg einer der wichtigsten Fahrzeuglieferanten des amerikanischen Militärs. 1953 übernahm General Motors das Unternehmen und baute die „Euclid Division“ aus. Die Euclid-Muldenkipper eroberten sich in der Folgezeit mehr als die Hälfte des US-amerikanischen Marktes für diese Transportfahrzeuge. Der Erfolg führte jedoch auch zu der bereits erwähnten wettbewerbsrechtlichen Entscheidung. Nachdem General Motors den Namen Euclid und die damit verbundenen Produkte veräußert hatte, erfolgte die Herstellung von Raupen, Radladern und Scrapern über den Terex-Geschäftsbereich. 1981 sah sich der Konzern jedoch wegen wirtschaftlicher Schwierigkeiten gezwungen, Terex an die deutsche IBH-Holding zu verkaufen. IBH musste 1983 aber selbst Insolvenz anmelden, woraufhin Terex wieder ein Teil von General Motors wurde. Es folgten weitere Eigentümerwechsel, und 1991 ging Terex, das mittlerweile in eine Kapitalgesellschaft umgewandelt worden war, an die Börse.

In der Folgezeit übernahm die Terex Corporation mehrere Unternehmen der Baubranche. Darunter befanden sich Atlas, Fuchs in Bad Schönborn sowie Teile von Demag.

↓ Terex war lange Zeit für seine Muldenkipper berühmt, von denen man hier eine ganze Reihe beim Autobahnbau sieht. Im Dezember 2013 übernahm Volvo Construction Equipment (VCE) diese Muldenkipper-Sparte.

Der Radlader AR 52E war ein Produkt der F. Weyhausen GmbH in Wildeshausen. Der luftgekühlte Vierzylindermotor stammte auch in diesem Fall von Deutz und bot eine Leistung von 42 kW (58 PS).

Atlas im neuen Jahrtausend

Terex gelang es nicht, die Atlas-Terex GmbH wieder in die Gewinnzone zu führen. Nach erheblichen Verlusten verkaufte Terex die Atlas-Baumaschinenproduktion an den Investor Filip S. Filipov für einen Euro. Daraufhin bekam das Unternehmen den Namen Atlas Maschinen GmbH. Seit 2016 lautet die Firmenbezeichnung Atlas GmbH.

Die F. Weyhausen GmbH & Co. KG in Wildeshausen existierte weiterhin und übernahm im Zuge eines Rechtsformwechsels den Firmennamen Atlas Weyhausen GmbH, der durch die Übernahme der anderen Weyhausen-Firma freigeworden war. Die Produkte des Unternehmens, nämlich Radlader und Walzen, werden jedoch unter dem Markennamen Weycor verkauft.

2017 entstand mit der Atlas Kompakt GmbH ein weiteres Unternehmen, das den Namen Atlas trägt. Dabei handelt es sich um eine Tochtergesellschaft der Atlas GmbH mit Standort in Delmenhorst. Das Unternehmen vertreibt Mini- und Midibagger, die jedoch nicht aus eigener Produktion stammen, sondern von dem chinesischen Hersteller Sunward in Atlas-Farben geliefert werden.

Der Atlas 190W ist ein moderner Mobilbagger mit einem Einsatzgewicht von 20,3 bis 23,5 Tonnen. Der Motor stammt von Cummins und bietet eine Leistung von 129 kW (175 PS). Er ist mit dem AWE-5-Hydrauliksystem ausgestattet.

CASE: VON DRESCHMASCHINEN ZU BAGGERN

Case gehört zu den weltweit bekanntesten Marken in der Baumaschinenbranche und ist zugleich einer der historisch bedeutsamsten Namen der Technikgeschichte in diesem Bereich.

Case und die Dreschmaschine

↑ Jerome Increase Case lebte im 19. Jahrhundert. Sein Name ist aber auch heute ein Begriff, und zwar sowohl im Baumaschinen- als auch im Landwirtschaftssektor.

↓ Der Adler wurde 1865 als Markenzeichen der Firma Case übernommen, inspiriert von einem Weißkopfseeadler, der im amerikanischen Bürgerkrieg das Maskottchen einer Unionskompanie diente und nach Präsident Abraham Lincoln benannt war.

Als Jerome Increase Case (1819–1891) geboren wurde, waren die Vereinigten Staaten von Amerika noch landwirtschaftlich geprägt. Weder Texas noch die Gebiete in den Rocky Mountains, Kalifornien, Alaska und das Oregon-Territorium waren Teil der Republik. Der zweite Krieg mit dem einstigen Mutterland Großbritannien war erst 4 Jahre vorüber. In technischer Hinsicht war man noch von Einfuhren und Expertise aus der Alten Welt abhängig.

Die Kolonisten von Jamestown hatten zwar bereits 1620 Eisenerz gefunden und einen Bergbaubetrieb begonnen, das Unternehmen musste aber wegen der Anwesenheit amerikanischer Ureinwohner wieder abgebrochen werden. Trotz mehrerer kleiner Bergbauunternehmen, die im 17. und 18. Jahrhundert den Betrieb aufnahmen, erlangten die Suche nach Rohstoffen und deren Verarbeitung in den Vereinigten Staaten erst im 19. Jahrhundert größere Bedeutung. Die ersten Dampfmaschinen waren gegen Ende des 18. Jahrhunderts aufgetaucht. 1801 konstruierte Oliver Evans seine Hochdruckdampfmaschine. Die Industrialisierung der Vereinigten Staaten im großen Stil war noch ein halbes Jahrhundert entfernt.

Der größte Teil der amerikanischen Bevölkerung lebte von der Landwirtschaft, vom Handwerk oder von kleinen Gewerbebetrieben. Das Interesse der Farmer galt der Technik, die ihnen die Arbeit erleichterte. Dazu gehörten die Dreschmaschinen, die in der Neuen Welt auf eine große Nachfrage stießen und deren Technik immer ausgereifter und zuverlässiger wurde. Zu den Pionieren auf diesem Gebiet gehörte Jerome Increase Case, dessen Name heute noch Teil der Firma „Case Construction Equipment" ist. Jerome erblickte in dem kleinen Ort Williamstown im nördlichen Teil des Bundesstaates New York das Licht der Welt. Die Mechanisierung der Landwirtschaft steckte noch in den Kinderschuhen, aber Jerome interessierte sich schon als Kind für die neuen Geräte und Maschinen, die das Leben auf der Farm weniger anstrengend machte. 1830 überredete er seinen Vater, Caleb Case, eine Dreschmaschine anzuschaffen. Es handelte sich dabei noch um eine einfache Vorrichtung, die zwar das Dreschen übernahm, aber keine Reinigung durchführte. Sie erleichterte die Arbeit jedoch so weit, dass Caleb Case damit in der Gegend herumfahren und anderen Farmern seine Dienste anbieten konnte.

Jerome las mit großem Interesse die landwirtschaftlichen Zeitschriften. Als er von den fruchtbaren Getreidefeldern in Wisconsin erfuhr, entschloss er sich, sein Glück im Westen zu suchen. 1842 kaufte er sechs Dreschmaschinen und machte sich auf die Reise. Die meisten der Maschinen verkaufte er unterwegs. Nur mit einer kam er im Ort Rochester in Wisconsin an. Sein Ziel war es, sich zunächst als Lohndrescher zu verdingen, nebenbei aber die Maschine so zu verbessern, dass damit die Arbeit weiter vereinfacht werden konnte. Vor allem wollte er noch eine automatische Getreidereinigung hinzufügen. Andere Erfinder arbeiteten bereits an ihren Maschinen mit dem gleichen Ziel. Dazu gehörten Hiram und John Pitts, die 1837 ein Patent für ihre Dreschmaschine bekommen hatten. Ein weiterer Konstrukteur, der einen wichtigen Beitrag zur Weiterentwicklung der Dreschmaschine geleistet hatte, hieß Jacob V. A. Wemple. Case setzte die Ideen der anderen Erfinder teilweise in einer eigenen Konstruktion um und konnte im Mai 1844 den Farmern der Umgebung sein Meisterstück erfolgreich vorführen.

Die positive Resonanz von den Landwirten bestärkte Jeromes Entschluss, sich als Dreschmaschinenhersteller zu etablieren. Allerdings benötigte er für den Betrieb einer Fabrik Wasserkraft. Rochester liegt zwar an einem Fluss, aber die Wasserrechte befanden sich in den Händen einer kleinen Gruppe von Einwohnern, die ihm nicht gestatteten, einen Mühlkanal zum Betrieb einer Wassermühle anzulegen. Einer Anekdote gemäß soll er bereits am nächsten Tag seine Dreschmaschine und seinen gesamten Besitz auf einen Wagen geladen haben und in den etwa 35 Kilometer entfernten Ort Racine am Michigansee gefahren sein. In dem nur 2000 Einwohner zählenden Ort mietete er sich eine Werkstatt am Flussufer und begann mit der Dreschmaschinenproduktion. Innerhalb von drei Jahren konnte J. I. Case genügend Geld zur Seite legen, um ein eigenes dreistöckiges Fabrikgebäude errichten zu lassen. Da er mittlerweile auf eine Dampfmaschine als Kraftquelle zurückgreifen konnte, benötigte er für die Produktion keine Wasserkraft mehr.

Mit den Dreschmaschinen begann der Aufstieg des Unternehmens Case. Der Agrarsektor spielte zu dieser Zeit noch eine wichtige Rolle in der amerikanischen Wirtschaft, und es bestand ein großer Bedarf an Maschinen, die den Farmern die Arbeit erleichterten.

Die Dreschmaschinen aus der Case-Produktion wurden im Laufe der Zeit ständig weiterentwickelt. Zu diesem Zweck erwarb Case auch Lizenzen anderer Erfinder. Dadurch umging er die Patentstreitigkeiten, von denen zur gleichen Zeit andere Branchen so geplagt wurden. Zudem legte er einen großen Wert auf Qualität und Zuverlässigkeit. Als sich ein Farmer beschwerte, dass mit der gekauften Maschine nicht die angegebene Menge gedroschen werden könne, soll er selbst zum Kunden gefahren sein und dort einen Tag lang gearbeitet haben, um den erstaunten Zuschauern vorzuführen, wozu die Maschine in der Lage war. Eine andere Anekdote berichtet von einer verkauften Maschine, die nicht richtig funktionierte. Nachdem bereits der Reparaturversuch eines Firmenvertreters gescheitert war, fuhr Case selbst zum Kunden. Als es auch ihm nicht gelang, die Maschine wie gewünscht zum Laufen zu bringen, soll er sie mit Petroleum überschüttet und angezündet haben. Dem Kunden wurde am nächsten Tag ein neues Exemplar geliefert.

Einer Anekdote gemäß soll Jerome Increase Case eine von seiner Firma gefertigte Dreschmaschine in Brand gesteckt haben, weil weder der Kunde noch er selbst sie zum Laufen bringen konnte.

→ Die Dampfzugmaschinen von Case wurden nicht nur in der Landwirtschaft, sondern auch in anderen Bereichen eingesetzt, wie etwa in der Bauwirtschaft. Sie konnten mehrere Wagen gleichzeitig ziehen, wofür sonst eine große Anzahl von Pferden notwendig gewesen wäre.

Die Firma J. I. Case & Co. gehörte zu den bedeutendsten Dreschmaschinenherstellern. Aber diese Maschinen stellten nur den Anfang dar. Bald konnte die Firma Case die Landwirtschaft mit weiteren Produkten beliefern, darunter Pflüge, Wagen, Mäher, Dampfmaschinen und schließlich auch Traktoren.

Case und die Dampfkraft

Case entwickelte sich zu einem der weltweit wichtigsten Dampfmaschinenhersteller. Aber diese Maschinen waren zunächst nicht für die Industrie oder als Antrieb von Lokomotiven vorgesehen. Für das Unternehmen war der Einstieg in die Dampftechnik eine logische Ausweitung des Produktprogramms. Schließlich konnte damit ein Antrieb für die Dreschmaschinen geliefert werden.

Die Dampfkraft setzte sich in der amerikanischen Landwirtschaft jedoch nicht ohne Bedenken durch. Neben dem hohen Preis gab es zwei Gründe für das Zögern der Farmer: die Brandgefahr durch fliegende Funken und der Umstand, dass sich Nachrichten von explodierenden Kesseln auf Dampfschiffen und Lokomotiven schnell zu verbreiten pflegten. Manche Feuerschutzversicherungen drohten damit, den Vertrag zu kündigen oder die Gebühr zu erhöhen, falls eine dieser Maschinen eingesetzt würde. Aber ein Unternehmen leistete einen größeren Beitrag zur Einführung der Dampfkraft in der Landwirtschaft als alle anderen: J. I. Case & Co. in Racine. Case baute mehr Dampfmaschinen als jeder andere Betrieb. Das Unternehmen in Wisconsin war auf diesem Gebiet so erfolgreich, dass für manche Case als der Dampfmaschinenhersteller schlechthin galt. Case zählte zwar nicht zu den ursprünglichen Pionieren der Dampftechnik, aber die Dreschmaschinen, die aus dem Werk in Racine kamen, hatten dafür gesorgt, dass der Name für Qualität und Zuverlässigkeit stand – ein wichtiger Gesichtspunkt angesichts der Gefahrenquelle, die eine dieser Feuermaschinen darstellen konnte.

Die Firma Case hatte den Vorteil, dass sie mit ihren Lokomobilen die Antriebskraft für die Dreschmaschinen gleich mitliefern konnte. Die Kombination Dampf- und Dreschmaschine stellte eine enorme Erleichterung für die Erntearbeit dar.

Die erste Case-Dampfmaschine entstand 1869. Dabei handelte es sich um eine Lokomobile, die noch ohne eigenen Fahrantrieb war. Im Englischen nannte man solche Maschinen „portable steam engines“, also „transportable Dampfmaschinen“. Die Leistung der Maschine betrug ungefähr 8 Pferdestärken. Dies war zwar nicht viel, aber die mechanische Leistung konnte von morgens bis abends erbracht werden und stellte deshalb eine Alternative zu den Tretmühlen und Göpeln dar, an denen noch Pferde und andere Arbeitstiere hingen. Die Kunden übten sich zunächst in Zurückhaltung. Einen bedeutenden Beitrag zur Sicherheit leistete Case 1878 mit der Einführung eines Funkenfängers. Die Kunden wussten diese Maßnahme zur Reduzierung der Brandgefahr zu schätzen und bestellten in diesem Jahr 220 Maschinen aus Racine. 1877 oder 1878 brachte Case außerdem die erste selbstfahrende Dampfmaschine auf den Markt. Zum Lenken dieses Schwergewichts mussten allerdings immer noch Zugtiere angespannt werden. Aber der erste Schritt zur Zugmaschine war getan.

Als Brennstoff der Dampfmaschinen wurden zunächst Kohle und Holz verwendet. Ab 1885 bot Case jedoch auch Maschinen an, die Stroh verbrennen konnten. Dieser Brennstoff erforderte einige Anpassungen, die von Jesse Walrath, einem Angestellten der Firma, vorgenommen und patentiert wurden. Die Nachfrage nach Maschinen mit Strohverbrennung kam vor allem aus Kalifornien und dem Nordwesten der Vereinigten Staaten, wo bei der Ernte große Mengen dieses Materials anfielen, aber nicht anderweitig gebraucht wurden. Im gleichen Jahr befanden sich laut Unternehmensangaben bereits 200 Maschinen mit Strohverbrennung im Einsatz.

Bis 1886 war Case zum weltweit größten Hersteller von Dampfmaschinen aufgestiegen. Mit der steigenden Akzeptanz der Zugmaschinen stiegen auch die Anforderungen – nicht zuletzt hinsichtlich der Leistung. Die Zugmaschinen arbeiteten unter anderem mit Pflügen, deren Einsatz mit tierischer Kraft oder den stehenden Lokomobilen nicht möglich gewesen wären.

Straßenwalzen

1904 rollte aus dem Case-Werk in Racine eine Maschine, die als die „größte Zugmaschine der Welt“ bezeichnet wurde. Die 150 hp (152 PS) leistende „Straßenlokomotive“ war jedoch nicht für landwirtschaftliche Arbeiten vorgesehen, sondern zum Ziehen von mit Kupfererz beladenen Wagen.

Mit den Straßenlokomotiven und Lokomobilen verfügte Case über die nötige Technik, um auch Maschinen für den Straßenbau anbieten zu können. 1906 begann Case mit dem Bau großer, dampfbetriebener Straßenwalzen. Das erste Modell, der Ten-Ton Road

Die 10-Tonnen-Straßenwalze eignete sich auch als Zugmaschine. Sie zieht den Wasservorrat, den sie für die Dampfmaschine benötigte, sowie einen Grader mit sich.

Roller, hatte ein Gewicht von etwa 9 Tonnen. Die vordere Walze war flexibel aufgehängt, sodass sie sich unebenem Gelände anpassen konnte. Von der Maschine verließen bereits im ersten Jahr um die 40 Exemplare das Werk. Die folgenden Jahre sahen weitere Produktionssteigerungen bis Anfang der 1920er-Jahre. Bereits 1908 erfolgte die Einführung des Twelve-Ton Road Roller. Die Typenbezeichnung bezog sich auf das Gewicht von 12 amerikanischen Tonnen, die etwa 10,9 metrischen Tonnen entsprachen. Die leichtere Ausgabe erwies sich jedoch als der Verkaufsschlager.

Die Straßenwalzen waren standardmäßig mit einem Sonnendach ausgestattet. Auf Wunsch war verschiedenes Zubehör erhältlich. Dazu gehörte ein Rolldach, das aus schwerem Segeltuch bestand. Es konnte bei Bedarf vom Sonnendach heruntergerollt und anschließend vorne und hinten gesichert werden. Unter der sonstigen Wunschausrüstung für die Straßenwalzen befand sich eine Vorrichtung zur Regelung der Antriebskraft. Sie bestand aus einer recht einfachen Reibungskupplungsanordnung, die die Lenkwelle in Bewegung versetzte. An einem Handhebel konnte der Maschinenführer die gewünschte Einstellung vornehmen. Optionale Ausführungen waren außerdem mit Sporen versehene Hinterräder, die für eine verbesserte Traktion sorgen sollten.

Ein Vorteil der Case-Walzen war ihre Flexibilität. Falls sie nicht für die Bodenverfestigung gebraucht wurden, konnte die vordere Walze gegen zwei Räder ausgetauscht und die Maschine als Zugfahrzeug eingesetzt werden.

1923 endete der Bau dampfgetriebener Straßenwalzen. Der Verbrennungsmotor verdrängte zunehmend die Dampfmaschine. Auch bei Case versuchte man, die technologische Entwicklung mitzugehen. 1925 testeten die Case-Techniker eine Straßenwalze mit Benzinmotor. Letztendlich entschied sich aber das Unternehmen, die Ressourcen auf den Agrarsektor zu konzentrieren.

Der 18-32 war ein Traktor, den Case 1924 einführte. Die Leistung an der Zugstange betrug 18 hp (13,4 kW). An der Riemenscheibe lag die Leistung bei 32 hp (23,9 kW). Die Riemenscheibe diente damals zum Antrieb von Dreschmaschinen und anderen Geräten.

Baumaschinen und Übernahmen

1924 erschienen in Racine mit dem 25-45 und dem kleineren 18-32 zwei neue Traktormodelle. Beide waren mit Petroleummotoren ausgestattet. 1929 folgte die Baureihe C. Traktoren waren zwar hauptsächlich für landwirtschaftliche Aufgaben konzipiert, sie konnten jedoch auch als Zugmaschinen für andere Arbeiten eingesetzt werden, nicht zuletzt in der Baubranche. Dafür gab es spezielle Industrieversionen. Ihre Traktion konnte verbessert werden, indem man sie anstelle der Räder mit Raupenlaufwerken versah und so Raupenschlepper schuf. Das Modell C war zum Beispiel einer der Case-Schlepper, die ab und zu in Raupenausführung zu sehen waren.

Eine entscheidende Rückkehr in den Baumaschinensektor erfolgte für Case jedoch erst nach dem Zweiten Weltkrieg als Folge der Fusion mit der American Tractor Corporation (ATC). Dieses Unternehmen war zu Beginn der 1950er-Jahre von Marc Rojtman in Churubusco, im Bundesstaat Indiana, gegründet worden. Rojtman hatte bereits Erfahrung in diesem Bereich, da er zuvor einen anderen Raupenhersteller aufgekauft hatte. Er interessierte sich für die Technik von Gleiskettenfahrzeugen, wie Panzer und Raupenschlepper. ATC begann 1950 mit der Produktion von Raupenfahrzeugen, die unter dem Markennamen Terra Trac vertrieben wurden. Später erweiterte das Unternehmen die Produktpalette mit Baggern, Baggerladern und anderen Baumaschinen.

In der Zwischenzeit kam man bei Case zu der Überzeugung, dass es höchste Zeit war, das eigene Angebot an Maschinen auszuweiten. Der einfachste Weg zu diesem Ziel war die Übernahme oder Fusion mit einem anderen Hersteller. 1956 entschlossen sich Case und ATC, die beiden Unternehmen zu vereinen. 1960 erfolgte die Verlagerung der Produktion von Churubusco nach Burlington in Iowa. Aus ATC wurde der Kern der neuen Baumaschinen- und Industriesparte.

Es sollte jedoch nicht lange dauern, bis Case selbst zum Übernahmekandidaten wurde. 1967 erwarb der Mischkonzern Tenneco eine Mehrheit an den Case-Aktien, und 1970 wurde die Case Corporation, wie der Firmenname mittlerweile lautete, zur hundertprozentigen Konzerntochter.

Expansion und Fusion

Unter dem Konzerndach erfolgte eine weitere Expansion. Dazu gehörte 1968 der Zukauf der Drott Manufacturing Company, die vor allem für ihre Bagger-Löffel bekannt war. 1972 folgte der namhafte Traktorhersteller David Brown. Das britische Unternehmen wurde ebenfalls in die Case Corporation eingegliedert.

Eine Möglichkeit für die Expansion in den französischen Markt ergab sich 1977 durch die Übernahme von zunächst 40 Prozent der Anteile an dem Baggerhersteller Poclain. Bis 1987 war das Unternehmen eine fast hundertprozentige Tochtergesellschaft von Case geworden. 1980 begann die Produktion von Poclain-Maschinen in den USA, und Case übernahm den Vertrieb dieser Produkte in den USA und Kanada.

Die 1980er-Jahre waren eine schwierige Zeit für die amerikanische Landwirtschaft. Dies hatte auch Auswirkungen auf die Unternehmen der Landtechnikbranche, in der Case nach wie vor vertreten war. 1985 übernahm

Die Drott Manufacturing Company war für ihre Vier-in-Eins-Baggerlöffel berühmt. Case übernahm das Unternehmen 1968.

Die Steiger-Traktoren waren Schlepper im obersten Leistungsbereich. Wegen ihrer Traktion und Leistungsfähigkeit ließen sie sich, wie in diesem Fall mit einem Planierschild ausgestattet, auch außerhalb der Landwirtschaft in unterschiedlichen Bereichen einsetzen.

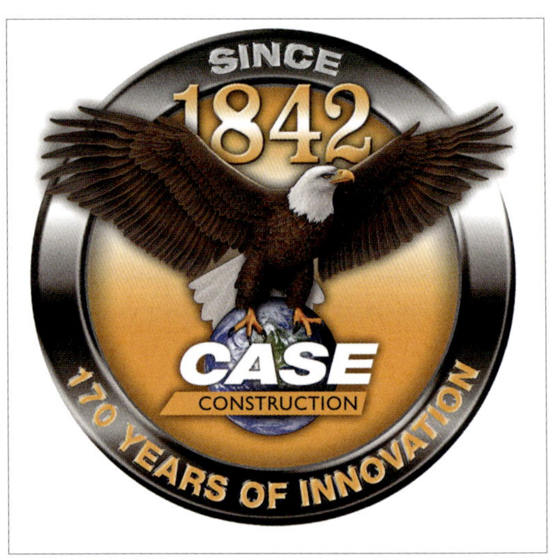

↑ Nach einem Zusammenschluss von Case und New Holland konnten die einzelnen Marken, die sich nun unter dem Dach von CNH befanden, Synergieeffekte durch die gemeinsame Nutzung von Produktionsstätten, wie hier im italienischen San Mauro, erzielen.

↗ Der Adler Old Abe ist immer noch das Case-Maskottchen, wenn auch jetzt unter dem Dach von CNH Industrial. Triumphierend ist er mit ausgebreiteten Flügeln abgebildet.

Tenneco die Landmaschinenaktivitäten der angeschlagenen International Harvester Company und vereinigte den einstigen Landtechnikriesen mit der Case Corporation. Aus der Fusion mit Case entstand eine neue Landtechnikmarke mit dem Namen „Case IH". Der Zusammenschluss der beiden Hersteller brachte erhebliche strategische Vorteile mit sich. Der Marktanteil für Traktoren in den USA erhöhte sich schlagartig auf 35 Prozent, das Händlernetz wurde ausgedehnter und dichter, und im Bereich der Landmaschinen konnten in der Produktpalette bestehende Lücken geschlossen werden. Weitere Expansionen im Traktorbereich stellten 1987 die Übernahme der Steiger-Großtraktoren aus North Dakota und der Steyr Landmaschinentechnik GmbH in Österreich im Jahr 1996 dar.

1995 erreichte Case einen Umsatz von fünf Milliarden Dollar. Vierzig Prozent davon entfielen auf die Landmaschinensparte und 35 Prozent konnten im Baumaschinenbereich erwirtschaftet werden. Nach und nach trennte sich Tenneco wieder von seinen Anteilen, und die Case Corporation wurde erneut eine selbstständige, an den Börsen gehandelte Aktiengesellschaft.

Trotz der Expansion und Kostenreduzierungsmaßnahmen schlitterte die Case Corporation Ende der 1990er-Jahre in die Verlustzone. In dieser schwierigen Situation erfolgte der Zusammenschluss mit einem anderen Branchenriesen, mit New Holland.

Case New Holland

1999 war für Case der Anbruch einer neuen Ära. Aus der Fusion mit New Holland N. V. entstand CNH Global, eines der führenden Unternehmen der Land- und Bautechnik. 2013 kam es zu einer weiteren Fusion, diesmal mit Fiat Industrial, einem Hersteller von Lastkraftwagen, Omnibussen und anderen Nutzfahrzeugen. Aus dem Zusammenschluss entstand der neue internationale Konzern CNH Industrial, zu dem auch der bekannte Produzent von Nutz- und Militärfahrzeugen Iveco gehört. Für die landwirtschaftliche Sparte sind innerhalb des Konzerns die Marken Case IH (in Europa gemeinsam mit Steyr) sowie New Holland Agriculture zuständig. Im Baumaschinensektor sind die

Marken New Holland Construction sowie Case Construction Equipment (Case CE) vertreten.

Bei Case konnte man unterdessen ein Jubiläum feiern, nämlich die Herstellung des fünfhunderttausendsten Baggerladers. 2008 wurde außerdem Jerome Increase Case, der 117 Jahre zuvor verstorbene Gründer des Unternehmens, in die Hall of Fame (Ruhmeshalle) der amerikanischen Association of Equipment Manufacturers (Verband der Hersteller von Ausrüstungen) aufgenommen. 2017 konnte das 175-jährige Bestehen der Marke Case gefeiert werden.

Von klein bis groß

Case CE bietet heute ein breites Spektrum von Baumaschinen an. Dazu gehören Bagger, Lader, Baggerlader, Motorgrader, Kompaktlader, Raupen-Kompaktlader und in einigen Märkten auch Maschinen für die Bodenverdichtung.

Unter dem Angebot an Baggern befinden sich mehrere Baureihen. Dazu gehören Raupenbagger der E-Serie mit einem Betriebsgewicht von 22,3 bis 25,5 Tonnen sowie die Bagger der D-Serie, die 13,4 bis 50,8 Tonnen wiegen. Der geringe Geräuschpegel der D-Bagger macht sie gemeinsam mit ihrer Wendigkeit ideal für den Einsatz auf engem Raum und damit für Baustellen im innerstädtischen Bereich. Zum Baggerprogramm von Case gehören außerdem Mini-Bagger mit einem Betriebsgewicht von 1700 bis 5980 Kilogramm sowie Midi-Bagger, die 7930 bis 8930 Kilogramm auf die Waage bringen.

Im Bereich der Radlader bietet Case gegenwärtig zwei Baureihen an. Die G-Serie besteht aus Modellen mit einer Motorleistung von 106 bis 190 Kilowatt (144 bis 258 PS) sowie einem Betriebsgewicht von 11.100 bis 20.430 Kilogramm. Die maximale Kipplast beträgt 8870 bis 17.490 Kilogramm.

Bei der F-Serie handelt es sich um leichtere und kompaktere Modelle. Sie können neben einer Schaufel auch mit einer Gabel ausgestattet werden und so die Funktion eines Gabelstaplers übernehmen. Die F-Modelle haben ein Betriebsgewicht von 4570 bis 6090 Kilogramm und eine Motorleistung von 43 bis 55 kW (58 bis 74 PS). Die Kipplast kann 2,3 bis 3,5 Tonnen betragen.

Der Case CX300C befand sich von 2010 bis 2015 in Produktion. Der Raupenbagger hatte ein Eigengewicht von 29,9 Tonnen und wurde von einem 154 kW (209 PS) starken Motor angetrieben. Die Grabtiefe konnte bis zu 7,1 Meter betragen.

Von einem Isuzu-Motor wurde der Case-Raupenbagger CX240B angetrieben. Die Höchstleistung des Motors lag bei 132 kW (179 PS). Das 24,5 Tonnen wiegende Kettenfahrzeug war bis zu 5,5 km/h schnell.

Alternative Antriebe

Case steht wie andere Hersteller von Baumaschinen vor der Herausforderung, hinsichtlich des Schadstoffausstoßes und des Kraftstoffverbrauchs neue Lösungen zu finden. Dazu gehört die Einhaltung immer schärfer werdender gesetzlicher Vorschriften. 2019 stellte Case mit dem Projekt „Tetra" einen Radlader vor, der von einem mit Methan arbeitenden Motor angetrieben wurde. Zukunftsweisend sollten nicht nur der geringe Schadstoffausstoß sein, sondern auch die Möglichkeit, aus Abfallstoffen und anderen regenerativen Quellen Kraftstoff zu produzieren. Dadurch könnte der Radlader, wenn er beispielsweise in Biokompostanlagen eingesetzt wird, mit zur Herstellung des Energieträgers für den eigenen Antrieb beitragen.

„Zeus" hieß das Projekt, mit dem Case einen weiteren Schritt in Richtung einer umweltschonenderen Zukunft vorstellte. Auf der Baumesse Conexpo-Con/Agg 2020 konnten die Besucher den ersten vollelektrischen Baggerlader der Bauindustrie in Augenschein nehmen. Der 580 EV (EV = Electric Vehicle) sollte gemäß den Angaben von Case die gleiche Leistung und Wendigkeit wie ein herkömmliches Modell mit Dieselmotor bieten, aber keine Emissionen verursachen. Darüber hinaus sollte der elektrische Baggerlader mit geringeren Betriebskosten auskommen. Der Grund dafür seien die reduzierten oder wegfallenden Ausgaben für Diesel, Motoröl, AdBlue sowie die entfallenden langfristigen Kosten für die Motorwartung. Ein weiterer Vorteil des 580 EV ist der verhältnismäßig leise Betrieb, der die Maschine ideal für den Einsatz in Wohngebieten macht.

2022 feierte Case das 180-jährige Bestehen. Das Unternehmen hat eine lange und abwechslungsreiche Geschichte, die von der ersten Dreschmaschine bis zum ersten Elektro-Baggerlader reicht.

„Project Zeus" hieß die Entwicklung des ersten elektrischen Heckbaggers. Das Ergebnis war der Case 580 EV. 2020 erhielt Case für das Modell eine Design-Auszeichnung, die vom Chicago Athenaeum, einem Museum für Architektur und Design, sowie von der Metropolitan Arts Press vergeben wird.

CATERPILLAR: VOM HOLZHANDEL ZUM WELTMARKTFÜHRER

Caterpillar ist heute der weltweit führende Hersteller von Baumaschinen. Die gelben, nach einer Schmetterlingslarve benannten Maschinen sind fast auf der ganzen Welt auf Baustellen zu sehen. Die Geschichte dieses Global Players begann jedoch vor eineinhalb Jahrhunderten unter sehr einfachen Verhältnissen.

Heute liegt die Zentrale von Caterpillar zwar im texanischen Irving. Der Ursprung des Weltkonzerns liegt aber an der Westküste der Vereinigten Staaten. Als Kalifornien Teil der USA wurde, vor allem aber mit dem Ausbruch des Goldrauschs von 1848, zog der „Goldene Staat", wie der Spitzname des einunddreißigsten Mitglieds der Union lautet, zahlreiche Einwanderer an. Auch aus den östlichen Bundesstaaten machten sich viele auf den Weg, dem Slogan „Go West, young man!" („Geh nach Westen, junger Mann!") folgend, auf der Suche nach den Chancen, die Kalifornien und die anderen neuen Territorien noch zu bieten versprachen.

Die Holt-Brüder

Zu denen, die sich der Westwärtsbewegung anschlossen, gehörte der einundzwanzigjährige Charles Holt, der 1863 das Zuhause in Concord, im neuenglischen Bundesstaat New Hampshire, verließ. Per Schiff gelangte er zum Isthmus von Panama (der Panamakanal existierte damals noch nicht), und von dort weiter nach San Francisco in Kalifornien. In seiner neuen Heimat nahm er zunächst verschiedene Jobs an, unter anderem in einem Holzlager, bevor er 1869 ein eigenes Geschäft eröffnete: „C. H. Holt & Company, Importeure von Laubschnittholz".

Die Baumaschinen im Caterpillar-Gelb sind in unterschiedlichen Größen und Varianten fast auf der ganzen Welt auf Baustellen vertreten.

Das Holz, das Charles Holt importierte, kam zum großen Teil aus dem Sägewerk seines Vaters, William Knox Holt, sowie von bekannten Wagenbauern. Vor allem die Achsen aus Concord hatten einen guten Ruf. Hersteller und Betreiber von Kutschen waren oft bereit, die höheren Kosten als Folge der langen Transportwege zu akzeptieren, um Achsbrüche auf den abgelegenen Gebirgsstraßen zu vermeiden.

In der Folgezeit stellte sich jedoch heraus, dass die Holzprodukte aus dem Osten nicht die anfänglichen Erwartungen erfüllten. Der Grund dafür war das trockene Klima. Die Räder verformten sich und brachen oder fielen auseinander. Dies war der Anlass für Charles Holt, selbst in die Herstellung von Wagen- und Kutschenteilen einzusteigen. Später

↑ Benjamin Holt war einer der Gründer der Holt Manufacturing Company, eines Vorläuferunternehmens von Caterpillar.

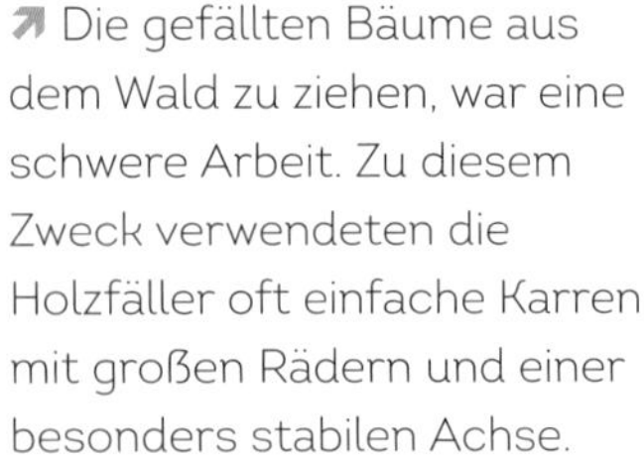

↗ Die gefällten Bäume aus dem Wald zu ziehen, war eine schwere Arbeit. Zu diesem Zweck verwendeten die Holzfäller oft einfache Karren mit großen Rädern und einer besonders stabilen Achse.

kamen auch eiserne Räder für Straßenbahnen dazu. Das Geschäft schien gut genug zu laufen, da 1871 auch noch seine beiden Brüder William Harrison und Ames Frank Holt in Kalifornien eintrafen. Ein weiterer Bruder, Benjamin Holt (1849–1920), blieb dagegen zunächst im Osten und half seinem Vater in der Sägemühle. Im Alter von 23 Jahren wurde er Teilhaber an dem elterlichen Geschäft und beaufsichtigte das Verschicken der Holzprodukte in den Westen. 1875 starb jedoch seine Mutter, und 8 Jahre später segnete auch sein Vater das Zeitliche. In Concord schien Benjamin Holt nichts mehr zu halten, weswegen auch er sich auf den Weg nach Kalifornien machte, wo er 1883 eintraf.

Mit vereinten Kräften schufen die Holt-Brüder die Firma „Stockton Wheel Company", die in der Stadt Stockton, im kalifornischen Längstal (Central Valley), seinen Sitz hatte. Der Standort hatte mehrere Vorteile: Die Gegend war warm und trocken, was zum Trocknen der Holzräder wichtig war, und die Stadt war auf dem Wasserweg erreichbar. Waren konnten mit einem Flussboot auf dem San Joaquin River in das 140 Kilometer entfernte San Francisco transportiert werden. Über den Hafen der schnell wachsenden Großstadt am Pazifik war es wiederum möglich, die Waren zu exportieren oder benötigte Güter und Maschinen zu importieren. Die Holt-Brüder investierten 65.000 Dollar, um ihre Fabrik mit den besten Maschinen auszustatten. 1883 befanden sich bereits 25 Personen auf der betrieblichen Gehaltsliste. Zum Unternehmen gehörten zu dieser Zeit ein dreistöckiges Backsteingebäude sowie ein einstöckiges Gebäude in Holzrahmenbauweise. Charles Holt war für das Kaufmännische im Unternehmen verantwortlich, und Benjamin übernahm die Leitung der Produktion. Bereits im ersten Jahr stellte die Stockton Wheel Company 6000 Wagenräder und 5000 Wagenkästen her. Einer ihrer beliebtesten Radtypen hatte einen Durchmesser von 10 Fuß (3,0 m). Es wurde hauptsächlich von Redwood-Holzfällern verwendet. Sie verbanden zwei dieser Räder mit einer starken, 10 Fuß (3,0 m) langen Achse und verwendeten diese Karren, um mit Hilfe eines Pferdegespanns Baumstämme aus dem Wald zu ziehen.

Daniel Best

Mit Holzverarbeitung begann auch die Geschichte des anderen Zweigs, aus dem die Firma Caterpillar entstand. 1839 zog John Best mit seiner Familie in den Bundesstaat Missouri, wo er eine Sägemühle errichtete, um die örtlichen Siedler mit Holz zu versorgen. Die Familie Best verbrachte 9 Jahre an diesem Ort, bevor sie in den nördlich an Missouri angrenzenden Bundesstaat Iowa weiterzog. Diesmal versuchten die Best ihr Glück mit der Landwirtschaft und der Viehzucht. Aber Daniel (1838–1923), einer der Söhne der Familie, sah für sich eine bessere Zukunft weiter im Westen. 1859, im Alter von 21 Jahren, schloss er sich einem Wagenzug von Siedlern an, die entlang des Oregon Trails nach Fort Walla Walla in dem nordwestlichen Bundesstaat Washington zogen. Er begleitete die Wagen als Ochsentreiber und Scharfschütze.

An seinem Ziel angekommen, arbeitete Daniel Best als Goldsucher, als Jäger und als Besitzer einer Sägemühle. Ein Unfall bereitete jedoch auch dieser Karriere ein jähes Ende: Bei der Arbeit im Sägewerk verlor er drei Finger seiner linken Hand. Später sagte er, dass ihn dieser Schicksalsschlag veranlasst habe, seinen Kopf zu benutzen. 1869 zog er zu seinem Bruder Henry, der bei Marysville in Kalifornien eine Ranch unterhielt. Zu dieser Zeit musste das geerntete Getreide in die Stadt gebracht werden, um es reinigen zu lassen. Daniel Best schlug vor, anstatt das Getreide mit erheblichen Kosten zum Reinigen zu transportieren, die Maschine stattdessen zum Getreide zu bringen. Im Winter 1869/70, als die übliche Arbeit auf der Ranch weniger wurde, machte er sich daran, eigene Getreidereiniger zu bauen. Das Ergebnis waren drei Maschinen, die so gut zu funktionieren schienen, dass die Best-Brüder anderen Landwirten die Reinigung als Dienstleistung anbieten konnten. Auf der kalifornischen State Fair, der Landwirtschaftsausstellung des Bundesstaates, bekam die Maschine 1871 den ersten Preis. Daniel hatte nun seine Berufung gefunden, nämlich als Erfinder und Unternehmer zu arbeiten.

Vom Getreidereiniger zum Mähdrescher

Daniel Best eröffnete bald eine örtliche Fabrik für die Produktion des Getreidereinigers. Am 25. April 1871 bekam er ein Patent auf seine erste Erfindung. Im Laufe von 43 Jahren erhielt er insgesamt 41 Patente.

Kurze Zeit nach der Gründung seiner eigenen Firma zog der junge Erfinder nach Albany, im nördlichen Bundesstaat Oregon. Er fügte seiner Produktlinie eine Saatgutbestäubungsmaschine sowie eine Fächermühle hinzu und experimentierte mit einer Vielzahl landwirtschaftlicher und allgemeiner Gebrauchsprodukte. 1877 ließ er sogar eine Waschmaschine patentieren. In den frühen 1880er-Jahren zog Best erneut um – dieses Mal nach Oakland in Kalifornien. Das Geschäft boomte weiterhin. Der Platzmangel im Unternehmen war so groß, dass die Produkte auf der Straße gelagert werden mussten. Als die Polizei von Oakland Einwände dagegen erhob, suchte er erneut nach einem anderen Standort und wählte das nur wenige Kilo-

Daniel Best führte nicht nur ein abwechslungsreiches Leben, er war auch für zahlreiche Erfindungen verantwortlich. In 43 Jahren bekam er 41 Patente.

Nachdem Daniel Best mehrere Male umgezogen war, fand er in San Leandro einen endgültigen Standort für sein Unternehmen.

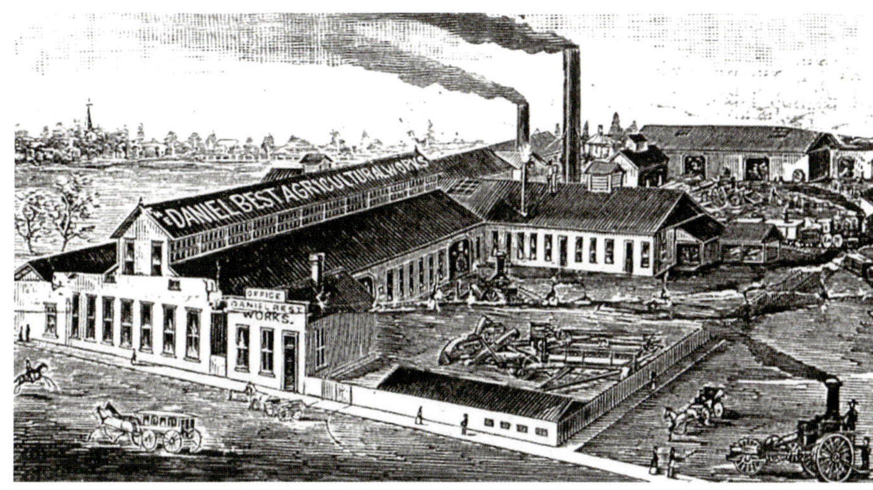

➔ Holt gelang es, Mähdrescher zu konstruieren, die sogar an Abhängen eingesetzt werden konnten. Dadurch konnte auch unebenes Land mit den Maschinen abgeerntet werden.

meter weiter südlich gelegene San Leandro, wo er die Firma „Daniel Best Agricultural Works“ errichtete. Auf dem gleichen Gelände des Unternehmens würde sich später ein Werk der Caterpillar Tractor Company befinden.

Während Daniel Best weiterhin Getreidereinigungsmaschinen herstellte, begann er an einer fahrbaren Maschine zu arbeiten, die das Getreide sowohl ernten als auch dreschen und reinigen konnte. Die Maschine sollte diese drei Arbeitsschritte auf dem Feld während der Fahrt durchführen können. Die Zug- und Antriebskraft würde von Pferden oder Maultieren kommen. 1885 verkaufte er die erste dieser Konstruktionen. Die Bezeichnung dafür lautete „kombinierte Erntemaschine“, auf Englisch „combined harvester“ oder kurz „combine“ – zu Deutsch „Mähdrescher“.

Schiffe der Ebenen

Andere Unternehmer hatten ebenfalls die Idee, fahrbare Maschinen für die Getreideernte zu bauen. Einer von ihnen war Benjamin Holt. Für den Einsatz der gigantischen Mähdrescher waren 30 bis 50 Zugtiere nötig. Mit einem so großen Gespann umzugehen, erforderte ein erhebliches Geschick des Lenkers. Zudem bestand immer die Gefahr, dass die Pferde oder Maultiere in Panik gerieten und zu laufen anfingen. Dies konnte das Ende der Erntemaschine bedeuten und war auch für die mitfahrenden Personen gefährlich.

Die Mähdrescher dieser Zeit kamen vor allem auf den großen Getreidefeldern der ebenen Gebiete im Westen der Vereinigten Staaten und Kanadas zum Einsatz. Die großen Maschinen, vor die eine Herde von Zugtieren gespannt war, sorgten für Aufsehen. Manche nannten sie „Schiffe der Ebenen“ („ships of the plains“).

In den 1880er-Jahren weiteten die Landwirte ihren Getreideanbau immer weiter aus. Sie pflügten nun auch Land um, das nicht mehr in den Ebenen lag, sondern sich in hügeligen Landstrichen und an den Ausläufern der Gebirge befand, und das vorher, wenn überhaupt, für die Rinderzucht genutzt worden war. Für die Mähdrescher war ein unebenes Gelände eine neue Herausforderung, da sich das Erntegut beim Einsatz an einem Abhang auf einer Seite zu sammeln pflegte.

1891 löste Benjamin Holt dieses Problem mit der Einführung eines Hang-Mähdreschers. Es handelte sich dabei wahrscheinlich um die erste Maschine dieser Art, der ein kommerzieller Erfolg beschieden war. Der Mähdrescher konnte dank des Hangausgleichs an allen Stellen eingesetzt werden, an

Mit 32 Pferden arbeitet dieser Mähdrescher. Der Umgang mit dieser Herde von Zugtieren erforderte viel Geschick. Auf der Maschine fahren fünf Personen mit.

denen auch das Gespann gehen konnte. Für die Landwirtschaft bedeutete dies, dass nun auf zahlreichen Hangflächen ein rentabler Getreideanbau möglich war.

Dampfantrieb

Eine problematische Seite der Mähdrescher war nach wie vor der Umstand, dass die Zug- und Antriebskraft von Zugtieren kam. Die Vierbeiner benötigten nicht nur einen erfahrenen Lenker, sie mussten auch gefüttert und getränkt werden. Zudem sanken die Hufe der Tiere bei weichem Untergrund ein und wühlten den Boden auf. Aber eine alternative Antriebskraft war bereits in greifbarer Nähe. Die letzten Jahrzehnte des 19. Jahrhunderts waren in Nordamerika die große Zeit der dampfgetriebenen Zugmaschinen. Durch die Kombination einer selbstfahrenden Lokomobile mit einer Erntemaschine konnte auf die tierische Arbeitskraft verzichtet werden.

Daniel Best erwarb zunächst die Rechte zum Bau einer Dampfzugmaschine von der Firma Remington in Woodburn, im Bundesstaat Oregon, bevor er Verbesserungen an der Konstruktion vornahm. Er lieferte seinen ersten Dampfmähdrescher im Februar 1889 für einen Preis von 4500 Dollar aus. Der Erntegigant bestand aus zwei Teilen, nämlich der Zugmaschine und dem eigentlichen Mähdrescher. Die beiden Antriebsräder der Zugmaschine waren acht Fuß (2,4 Meter) hoch und 26 Zoll (66 Zentimeter) breit. Die enorme Radgröße half der Maschine, Hindernisse zu überwinden, sich aus Löchern zu befreien sowie das Gewicht der 11 Tonnen schweren Maschine auf eine größere Fläche zu verteilen. Als Brennstoff dienten Stroh, Holz oder Kohle. Allerdings war die Bedienung nicht ganz einfach. Daniel Best musste beim ersten Käufer eine Woche für die Einweisung verbringen. Für die Bedienung der Erntemaschine waren 6 Mann nötig. Auf die Verwendung von Zugtieren konnte jedoch immer noch nicht ganz verzichtet werden, denn das Wasser und das Brennmaterial für die Dampfmaschine mussten nach wie vor mit von Tieren gezogenen Wagen herangeschafft werden.

Um 1891 begann Best mit Gasmotoren zu experimentieren, um die Dampfmaschinen seiner Traktoren zu ersetzen. Im Jahr 1896 entwickelte er seinen ersten gasbetriebenen Traktor. Um dessen Überlegenheit zu beweisen, veranstaltete er ein Tauziehen zwischen Zugmaschinen mit Dampfantrieb und seinem neuen gasbetriebenen Motor. Es stellte sich heraus, dass der gasbetriebene Schlepper die Dampfmaschine um den Block ziehen konnte. Best erhielt bald internationale Bestellungen für seine Zugmaschine.

Die Firma Holt begann 1890 mit der Einführung dampfgetriebener Zugmaschinen und Mähdrescher. In den folgenden 24 Jahren baute Holt 130 Dampftraktionsmaschinen. Im Jahr 1894 verschiffte die Firma Holt einen Mähdrescher nach Australien. Damit begann die Erschließung ausländischer Märkte. Sogar der König von Spanien wurde 1904 auf einen der Erntegiganten in der Nähe von Sevilla aufmerksam und wollte ein Exemplar für seinen Hof – allerdings in kleinerer Ausführung. Die Holt-Mechaniker

Diese Werbung von 1893 zeigt einen dampfgetriebenen Mähdrescher, der von Daniel Bests Unternehmen hergestellt wurde. Für die Bedienung waren zwar immer noch mehrere Personen nötig, aber der Umgang mit einer Dampfmaschine war bedeutend einfacher als mit einer ganzen Herde von Zugtieren.

Dieser Dampfmähdrescher von Best wurde von einer 112 PS leistenden Dampfmaschine angetrieben. Der Gigant konnte bis zu 45 Hektar pro Tag ernten.

machten sich an die Arbeit und lieferten Anfang des folgenden Jahres eine Miniatur-Zugmaschine sowie einen Mähdrescher aus. Die Zugmaschinen fanden nicht nur in der Landwirtschaft ein Einsatzfeld, sondern wurden auch zum Baumstammschleppen in der Forstwirtschaft und zum Ziehen schwerer Lasten im Bergbau eingesetzt.

Raupenlaufwerke

Um ein Einsinken auf dem weichen Boden zu vermeiden, verbreiterte Holt bei dieser 18 Tonnen schweren Dampfzugmaschine die Räder, die bis zu 4,5 Meter breit sein konnten und einen Durchmesser von 2,7 Metern hatten.

Die großen, schweren Zugmaschinen erbrachten nicht nur eine enorme Leistung, sie hatten auch ihre Probleme. Aufgrund ihres Gewichts drohten die Räder auf weichem Untergrund einzusinken. Sowohl Best als auch Holt reagierten auf das Problem durch eine Vergrößerung der Räder – und durch den Anbau von mehr Rädern –, um deren Auflagefläche auf der weichen Erde zu vergrößern. Die daraus resultierenden Maschinen waren teuer und unhandlich.

Benjamin Holt kam auf die Idee, die Maschine auf einer Art Kette aus einzelnen Stahlplatten, einer sogenannten Gleiskette, laufen zu lassen. Während der Fahrt würde das Laufwerk die Kettenglieder am Vorderrad nach und nach auf den Boden legen und mit dem hinteren Rad wieder aufnehmen. Das Gewicht der Maschine wäre dadurch nicht mehr auf die einzelnen Räder, sondern auf die unteren Kettenglieder verteilt.

Die Idee war an sich nicht neu. Bereits im 18. Jahrhundert hatte der Erfinder Richard Lovell Edgeworth (1744–1817) Überlegungen über einen „Karren, der seine eigene Straße trägt" angestellt, hatte sie aber nicht erfolgreich umgesetzt. Wie wir an anderer Stelle bereits gesehen haben, hatten zwar zahlreiche Erfinder bereits Patente mit ähnlichen Ideen eingereicht, aber der erste kommerzielle Durchbruch kam mit Alvin Orlando Lombard (1856–1937), der erfolgreich seine dampfgetriebenen Raupenschlepper in der Forstwirtschaft und im Straßenbau einsetzte.

Benjamin Holt erwarb 1903 für 60.000 Dollar eine Lizenz auf das Lombard-Patent. Drei Jahre später entstand ein experimentelles Holt-Raupenfahrzeug mit Benzinmotor. Das erste Serienmodell kam beim Bau des 375 Kilometer langen Los-Angeles-Aquädukts zum Einsatz. Die Stadt kaufte zunächst eines der Fahrzeuge, dann weitere zwei und im folgenden Jahr noch 25. Der Raupenschlepper erwies sich als voller Erfolg. 1910 waren bereits 100 der auf Raupen laufenden Baufahrzeuge im Einsatz.

Wie kam es aber zu der Bezeichnung „Raupe" für die Kettenlaufwerke oder die Fahrzeuge, die damit ausgestattet waren? Die Firma Hornsby im englischen Grantham,

Als diese Anzeige für den Caterpillar-Raupenschlepper erschien, sah die Firma Holt den Agrarsektor noch als wichtigen Abnehmer der Maschinen. Die Anzeige weist jedoch darauf hin, dass sich die Raupenschlepper bereits in anderen Bereichen, wie dem Bergbau, der Baubranche und der Forstwirtschaft, bewährt haben.

die bereits im Motorenbau ein bekannter Name war, hatte ebenfalls ein Kettenlaufwerk entwickelt und dafür 1905 ein Patent bekommen. Bei Hornsby hoffte man, einen Raupenschlepper, der mit einem Glühkopfmotor ausgestattet war, als Artilleriezugmaschine an die britische Armee verkaufen zu können. Bei Vorführungen erwies sich das Raupenfahrzeug einem konventionellen, auf Rädern fahrenden Schlepper als überlegen. Gemäß einer Anekdote soll bei einer dieser Vorführungen ein Vertreter des Militärs die Bemerkung geäußert haben, die Maschine bewege sich wie eine Raupe (englisch „caterpillar“). Eine andere Anekdote weiß zu berichten, dass die raupenartige Fortbewegung einem Fotografen der Firma Holt aufgefallen sei. Von wem der Spitzname auch stammen mochte, er blieb an den Fahrzeugen mit den Kettenlaufwerken, die man im Englischen auch als „crawler“ („Kriecher“) bezeichnet, hängen. Es war auf jeden Fall Benjamin Holt, der sich den Namen „Caterpillar“ 1910 als Marke sichern ließ.

Die Caterpillar-Raupenschlepper fanden ein breites Einsatzfeld. Die Gleiskettenlaufwerke waren jedoch wenig bodenschonend, weswegen sie sich in bestimmten Bereichen, wie der Landwirtschaft, nicht durchsetzten.

Kriegseinsatz

In Grantham zerschlug sich 1911 die Hoffnung, den Raupenschlepper an das britische Kriegsministerium verkaufen zu können. Aufträge für die zivile Nutzung blieben ebenfalls aus. Um die Entwicklungskosten,

Die Forstwirtschaft war ein wichtiger Kunde für die Raupenschlepper. Die schwere Schlepparbeit auf dem rutschigen und unebenen Gelände konnte dank der Gleisketten sicherer und effizienter als vorher durchgeführt werden.

Im Ersten Weltkrieg kamen Fahrzeuge zum Ziehen der Artillerie zum Einsatz. Dieses Bild zeigt ein Raupenfahrzeug der amerikanischen Armee, die viele Fahrzeuge von Holt übernahm.

Dieser Raupenschlepper von Holt kam 1916 bei einer militärischen Operation in Mexiko zum Einsatz. Das Fahrzeug war hinten mit Raupenlaufwerken ausgestattet und fuhr vorne auf einem einzelnen Rad.

die in den fünf Jahren der Tests und Vorführungen entstanden waren, zurückzugewinnen, verkaufte Hornsby das Patent an Holt. Als der Erste Weltkrieg ausbrach, war die britische Armee notwendigerweise bereit, Raupenschlepper von Holt zu kaufen, um die schweren Geschütze der Armee zu ziehen. Die Konstrukteure der britischen Panzer, die im „Großen Krieg" aufkamen, mussten wieder bei Null anfangen. Ihre Ideen basierten teilweise ebenfalls auf importierten amerikanischen Maschinen.

Zwei Jahre vor Kriegsausbruch hatte der Holt-Vertreter in Österreich-Ungarn dem Kriegsministerium bereits die Verwendung von Raupenschleppern vorgeschlagen. Bei einer Vorführung war er bei den versammelten Militärs auf Zustimmung gestoßen und hatte sogar den Vorschlag bekommen, die Zugmaschinen in der Donaumonarchie zu produzieren. Als er sich an das Kriegsministerium des Deutschen Reichs wandte, stieß er dagegen nur auf Ablehnung.

Doch am 28. Juni 1914 erfolgte ein Attentat auf den österreichischen Thronfolger Franz-Ferdinand und seine Ehefrau Sophie in der bosnischen Stadt Sarajewo, und die folgende Kette von Ereignissen stürzte Europa in eine kriegerische Auseinandersetzung, deren Ausmaß und Auswirkungen zu Beginn kaum jemand erwartete. Der Krieg brachte einen enormen Bedarf an Transportmitteln und Zugkraft mit sich. Soldaten, Kriegsmaterial und Nachschub mussten an die Front transportiert werden. Zwar wurden auf beiden Seiten Millionen von Pferden requiriert, aber die Verlagerung der großen, schweren Kanonen, die oft schnell geschehen musste, verlangte stärkere, maschinelle Zugfahrzeuge. Die Raupenschlepper, deren Entwicklung man vorher nicht weiter fördern wollte, erregten nun die Aufmerksamkeit des britischen Militärs, und man begann die Holt-Traktoren aus den Vereinigten Staaten zu importieren, um damit Pferde beim Transport von Artillerie und anderen Vorräten zu ersetzen. Das Royal Army Service Corps nutzte sie auch, um lange Züge von Güterwagen über die unbefestigten Feldwege hinter der Front zu befördern. 1916 verfügte die britische Seite bereits über etwa 1000 Holt-Raupenschlepper. Bis Kriegsende am 11. November 1918 waren ungefähr 10.000 Fahrzeuge von Holt auf Seiten der Alliierten zum Einsatz gekommen. Die Holt-Maschinen waren letztendlich auch die Inspiration für die Entwicklung der britischen und französischen Panzer.

Die Caterpillar-Fusion

Nach dem Krieg sah sich Holt neuen Herausforderungen gegenüber. Einerseits waren riesige Vorräte an Ersatzteilen, gekündigte Lieferverträge sowie eine hochgefahrene Produktion vorhanden, andererseits bestand nur ein Kern einer Vertriebsorganisation, die den Absatz für die zivile Nutzung hätte erweitern können. Die konkurrierende C. L. Best Tractor Company in San Leandro war dagegen in einer besseren Situation. Obwohl das Best-Werk nur ein Sechstel so groß wie die Holt-Produktionsstätte war und die Verkäufe nur etwa die Hälfte betrugen, war man sich in Stockton darüber im Klaren, dass der kleinere Rivale auf dem Markt sehr aktiv war und aufzuholen drohte.

In dieser Situation unternahmen die beiden Konkurrenten etwas, was nicht selten geschah, bevor die staatlichen Wettbewerbshüter damit begannen, eine zu große Marktkonzentration zu verhindern: Sie fusionierten. 1925 entstand aus dem Zusammenschluss die Caterpillar Tractor Company. Holt brachte zwei Fabriken, nämlich in Stockton und Peoria, im Bundesstaat Illinois, einen internationalen Ruf sowie eine Mähdrescher-Baureihe, die sich auf eine 40-jährige Erfahrung stützte, mit in die Ehe.

Das Best-Unternehmen war dagegen in einer besseren finanziellen Situation, besaß einen fortschrittlicheren Vertrieb und hatte drei moderne Raupenschleppermodelle anzubieten, von denen zwei mit übernommen und unter dem Markennamen Caterpillar angeboten wurden.

Die Fusion erwies sich als Erfolg. Die Umsätze stiegen von 21 Millionen Dollar im Jahr 1926 auf 52 Millionen Dollar drei Jahre später. Der Gewinn lag im Jahr nach der Fusion bei 4,3 Millionen Dollar und stieg auf 12,4 Millionen Dollar im Jahr 1929.

Caterpillar im Straßenbau

Die 1920er-Jahre waren in den Vereinigten Staaten eine Zeit der schnellen Verbreitung des Automobils. Henry Fords Idee, durch die Fließbandfertigung die Herstellungskosten eines Autos so niedrig zu halten, dass sich eine Durchschnittsfamilie ein solches Fahrzeug kaufen konnte, leistete zu dieser Entwicklung einen entscheidenden Beitrag. Als Folge des wachsenden Verkehrs begannen die amerikanische Regierung und die Regierun-

↖ Der Best Sixty wurde ab 1919 in San Leandro gebaut. Nach der Fusion mit Holt befand er sich noch bis 1931 unter dem Markennamen Caterpillar in Produktion.

↑ Mit den Raupenlaufwerken von Holt ließen sich auch Steigungen überwinden, an denen andere Schlepper gescheitert wären.

Best brachte mehrere Raupenschleppermodelle mit in die Firmenehe. Eines davon war der Best Thirty, der mit einem Vierzylinder-Benzinmotor ausgestattet war und eine Leistung von etwa 33 PS (24 kW) an der Zugstange vorweisen konnte.

gen der Bundesstaaten mit dem verstärkten Ausbau des Straßennetzes. 1921 hatte der amerikanische Präsident Harding ein Gesetz unterzeichnet, das den Straßenbau unterstützen sollte und mit dem der erste kohärente Plan für die zukünftigen Straßen des Landes geschaffen wurde. Für die Baubranche und die Baumaschinenhersteller wirkte dies wie ein Konjunkturprogramm.

Die Caterpillar-Traktoren wurden bereits für Arbeiten in unterschiedlichen Bereichen eingesetzt, von der Landwirtschaft bis zum Bergbau. Der direkte Einstieg von Caterpillar in den Straßenbau erfolgte jedoch 1928 über den Umweg der Akquise eines anderen Unternehmens, nämlich der Russell Grader Manufacturing Company in Minneapolis.

Die Russell Grader Manufacturing Company war 1903 von Richard Russell und C. K. Stockland gegründet worden. Beide hatten bereits Erfahrung mit Straßeninstandhaltungsgeräten und planten, Grader und andere Straßenbaumaschinen nach eigenen Entwürfen herzustellen. Das erste Produkt war ein Grader, der noch von Pferden gezogen wurde. Für den Antrieb eines Förderbands fand jedoch bereits ein Benzinmotor Verwendung. Im Jahr 1908 kamen neue Produkte hinzu, darunter ein verbesserter zweispänniger Grader mit einem gezogenen Schild. Mit der Zeit wurden immer mehr dampf- und benzingetriebene Zugmaschinen verfügbar, was der Firma Russell erlaubte, größere Gradermodelle mit einem stärkeren Stahlrahmen und einer robusteren Konstruktion zu entwickeln.

Als die Caterpillar Tractor Company durch die Fusion von Holt und Best entstand, war die Russell Grader Manufacturing Company zu einem der führenden Graderhersteller aufgestiegen. Zu diesem Zeitpunkt kamen bereits viele Caterpillar-Traktoren als Zugmaschinen der Russell-Grader zum Einsatz. Die Übernahme des Straßenbaumaschinenherstellers war aus Sicht von Caterpillar eine sinnvolle Ausweitung des eigenen Programms. 1928 kaufte Caterpillar die Russell Grader Manufacturing Company und war damit in der Lage, Grader als Ergänzung zu dem eigenen Raupentraktor-Sortiment anzubieten. Dies war der erste Vorstoß von Caterpillar in eine neue Produktlinie seit der Gründung des Unternehmens drei Jahre zuvor.

Drei Jahre später erkannte Caterpillar den Bedarf an einem vielseitigeren und leistungsstärkeren, selbstfahrenden Grader und stellte das Modell mit der Bezeichnung „Auto Patrol" vor – den Design-Vorgänger aller aktuellen Motorgrader. Der Name war eine Anspielung auf die Bezeichnung „Stra-

Die Caterpillar-Planierraupe in diesem Bild stammt aus den 1930er-Jahren. Der Planierschild wird noch nicht hydraulisch bewegt, sondern mit Seilen hochgezogen.

ßenpatrouille" („road patrol"), mit der man damals die Straßeninstandhaltungsmaschinen bedachte. Das Innovative am Auto Patrol bestand unter anderem darin, dass es sich um eine selbstfahrende Maschine mit eigenem Antrieb handelte, während die Antriebskomponente der herkömmlichen selbstfahrenden Grader lediglich aus einem Traktor mit einem Grader-Rahmen bestand.

Dieselmotoren

1929 fielen die Kurse an der New Yorker Börse, und die folgende Depression stürzte die Wirtschaft vieler Länder in eine tiefe, lange andauernde Krise. Zahllose Unternehmen gerieten in den Strudel der Depression und die Arbeitslosenzahlen schnellten in die Höhe. Trotz dieser schwierigen Jahre konnte Caterpillar einige zukunftsweisende Erfolge verzeichnen. Dazu gehörte 1931 die Einführung des ersten Diesel-Traktors. Der neue Motor kam bei den Kunden gut an. Bis Ende 1933 erhielt Caterpillar Bestellungen für über 2000 Raupenschlepper mit Dieselantrieb. Mitte der 1930er-Jahre war Caterpillar der weltweit größte Produzent von Dieselmotoren. In Peoria, wo die Maschinen hergestellt wurden, gab es trotz der Wirtschaftskrise Grund zur Freude, denn die Zahl der Beschäftigten stieg von 7500 im Jahr 1929 auf 11.500 in 1936.

CATERPILLAR-GELB

1931 brachte eine weitere für Caterpillar historische Innovation mit sich. Die Unternehmensführung hielt es für angebracht, eine einheitliche Farbe für alle Produkte einzuführen. Nach mehreren Tests grenzte man die Auswahl auf drei Farben ein: ein schattiges Gelb, ein grelles Rot und ein Weiß. Das Ziel war es, eine Farbe zu finden, die bei Tag und Nacht aus größtmöglicher Entfernung sichtbar und dennoch angenehm für das Auge war. Als die Tests abgeschlossen waren, entschied man sich für ein Gelb, das von Farbspezialisten entwickelt worden war und das zum unverwechselbaren Caterpillar-Gelb werden sollte. Ende 1931 ersetzte die Farbe mit der Bezeichnung „Hi-Way-Gelb" und ein schwarzer Rand die bisherige graue Farbe mit dem roten Rand. Heute wird die Farbe schlicht als „Caterpillar-Gelb" bezeichnet.

In den 1930er-Jahren begann der Aufstieg von Caterpillar zu einem wichtigen Hersteller von Dieselmotoren. Das Bild zeigt einen modernen CAT C-9-Motor mit einer Höchstleistung von 280 kW (381 PS).

Bei Caterpillar erkannte man, dass die Kunden nicht nur die Fahrzeuge zu schätzen wussten. Wenn ein Raupenschlepper am Ende seiner nützlichen Lebensdauer angekommen war, schraubten die Besitzer oft den Motor ab und verwendeten ihn für andere Zwecke, zum Beispiel als Antrieb von Wasserpumpen, zum Betrieb eines Sägewerks oder um Strom für eine kleine Fabrik zu erzeugen. Caterpillar entging dieses Nachfragepotenzial nicht. 1931 kam es deshalb zur Gründung einer speziellen Abteilung mit dem Ziel, den Markt für die stationären und mobilen Versionen der damals verfügbaren fünf Benzinmotoren des Unternehmens zu erschließen.

Das Motorengeschäft kam jedoch erst mit der Einführung der neuen Dieselaggregate in Schwung. Ein ausschlaggebendes Argument für den Kauf eines Dieselaggregats waren die

Der Caterpillar D7 befindet sich seit 1938 im Bau und wurde seitdem weiterentwickelt. Das Bild zeigt eine moderne Version des Modells. Während des Zweiten Weltkriegs wurden über 24.000 Exemplare dieses Typs produziert, viele davon für das Militär.

niedrigeren Treibstoffkosten im Vergleich zu einem Benzinmotor. Bei Fahrzeugen schlug der Kraftstoff weniger zu Buche als bei Motoren, die sieben Tage in der Woche rund um die Uhr im Einsatz waren, wie etwa beim Betrieb einer Wasserpumpe oder eines Stromaggregats.

Der erste Caterpillar-Dieselmotor wurde an einen Baggerhersteller geliefert. Produzenten von Baggern, Kompressoren, Bohrgeräten, Lokomotiven oder Betreiber von Kieswerken und Ähnlichem erkannten schnell die Vorteile für ihre Maschinen, wenn sie mit dem neuen Motor ausgestattet waren. Die Zahl solcher Kunden stieg von 9 im Jahr 1932 auf 17 im Jahr 1933, verdoppelte sich auf 34 im Jahr 1934 und überschritt 1938 die 100er-Marke. Die Kunden spielten nicht nur als Abnehmer eine wichtige Rolle beim Erfolg. Sie kommunizierten an den Hersteller auch richtungsweisende Empfehlungen hinsichtlich des Zubehörs und nötiger Anpassungen, was dazu beitrug, den Dieselmotor für die verschiedenen Einsatzzwecke zu verbessern.

Wieder im Krieg

Am 1. September 1939 fielen deutsche Truppen in das Nachbarland Polen ein. Dieses Ereignis gilt als der Ausbruch des Zweiten Weltkriegs. Zwei Jahre später griffen japanische Streitkräfte die amerikanische Flotte in Pearl Harbor an, und nur wenige Tage danach erklärte Hitler den Vereinigten Staaten den Krieg. Für Caterpillar und viele andere Industrieunternehmen hatten diese Ereignisse zur Folge, dass die Fabriken nun Güter für militärische Zwecke produzieren mussten. Aber bereits 1940 war der größte Teil des Exportanteils von 30 Prozent an der Produktion zu Verteidigungszwecken an die Alliierten gegangen.

Zu den Aufgaben, die Caterpillar vom amerikanischen Verteidigungsministerium zugewiesen bekam, gehörte unter anderem die Entwicklung eines luftgekühlten Dieselmotors für den Einbau in den M4-Panzer. Bereits im Januar 1942 konnte das erste Exemplar getestet werden, und schon einen Monat später begann die neu gegründete Tochtergesellschaft Caterpillar Military Engine Company mit dem Bau eines Werks zur Herstellung der Panzerdieselmotoren in Decatur, im Bundesstaat Illinois. Der Vorteil der Motoren bestand in der hohen Kraftstofftoleranz, das heißt, sie konnten auch mit Schweröl oder Benzin mit einer niedrigen Oktanzahl laufen. Letztendlich entschied sich die Armee aber für andere Motorenlieferanten, und das Werk in Decatur baute stattdessen den Raupenschlepper D7.

In Peoria fertigten Arbeiter Getriebe und Achsantriebsbaugruppen für Panzer. Darüber hinaus produzierte Caterpillar Haubitzenlafetten, Granaten, Bombenteile und Kettenmechanismen für Militärfahrzeuge. Aber auch die Standardprodukte von Caterpillar mit dem bekannten gelben Anstrich waren sehr gefragt, sowohl für die üblichen Arbeiten im Forst, in der Landwirtschaft und im Bergbau als auch für „Crash"-Projekte, die schnell und ohne lange Planung durchgeführt werden mussten, wie das Verlegen von Pipelines, das Errichten von militärischen Anlagen und Ausbildungszentren der Streitkräfte.

Die verstärkten Rüstungsanstrengungen hatten die Einführung der siebentägigen Arbeitswoche zur Folge. Gleichzeitig wurden wegen der vielen in den Militärdienst eingezogenen Männer auch Mitglieder einer Bevölkerungsgruppe eingestellt, denen es vorher schwergefallen wäre, in diesem Sektor einen Arbeitsplatz zu finden, nämlich Frauen. Angehörige des weiblichen Geschlechts arbeiteten in der Kriegszeit in der Verwaltung, in der Entwicklung, an den Fertigungsstraßen und sogar in der Gießerei. Auf diese Weise konnte Caterpillar rund 51.000 Raupenschlepper an die Streitkräfte ausliefern. Die Maschinen kamen überall dort zum Einsatz, wo sich Soldaten der Alliierten befanden.

Wiederaufbau

Nach dem Krieg wurden die Caterpillar-Maschinen weiterhin gebraucht. Es ging nun darum, die Kriegsschäden in Europa, Nordafrika, im Pazifik und anderen Teilen der Welt, in denen die Kampfhandlungen eine Verwüstung hinterlassen hatten, zu beseitigen. Neben neuen Maschinen lieferte Caterpillar auch Ersatzteile für die Wartung und Reparatur der Maschinen, die den Krieg überstanden hatten und weiterhin im Einsatz waren. Aus diesem Grund war Caterpillar nicht von dem Umsatzeinbruch vieler anderer Unternehmen betroffen.

In der Nachkriegszeit wandelte sich Caterpillar zunehmend zu einem Hersteller von Baumaschinen, während der landwirtschaftliche Sektor für das Unternehmen an Bedeutung verlor. Bezeichnend für die Entwicklung waren die Konstruktionen eigener Planierschilde und Schürfkübel. 1951 konnte Caterpillar den ersten selbstfahrenden Schürfzug auf Rädern vorstellen. 1952 erweiterte ein Kettenlader das Programm. Die robuste und flexible Maschine war für eine Vielzahl von Einsatzbereichen verwendbar, wie zum Beispiel Rodungen, Böschungsarbeiten, Graben und Planieren bis hin zum Beladen von Lkws. Zwei Jahre später folgte der Bulldozer D9. 1955 lieferte Caterpillar außerdem speziell konstruierte Maschinen an die amerikanische Regierung für die Operation „Deep Freeze“. Bei diesem Unternehmen handelte es sich um eine Reihe von Einsätzen der amerikanischen Marine in der Antarktis. Das Ziel war es, die Wissenschaftler zu unterstützen, die das Wissen über die Hydrografie und Wettersysteme, die Gletscherbewegungen und Meereslebewesen des bisher am wenigsten erforschten Erdteils zu erweitern suchten.

Der wirtschaftliche Aufschwung in den 1950er-Jahren äußerte sich auch durch eine Expansion des Unternehmens. In den neun Jahren nach dem Zweiten Weltkrieg entstanden in Peoria zwei große Fabriken. Andere wurden in Joliet, im Bundesstaat Illinois, sowie in York, in Pennsylvania, errichtet. Bis Ende 1955 investierte Caterpillar über 200 Millionen US-Dollar in den Ausbau der Kapazitäten. Das Werk in Juliet entstand auf einem 320 Hektar großen Gelände. Die Fabrik und das angrenzende Teilelager wurden für die Herstellung der neuen Erdbewegungsmaschinen des Unternehmens gebaut und bot Arbeitsplätze für 2700 Mitarbeiter.

1950 erfolgte die Gründung der ersten Niederlassung in Europa, der Caterpillar Tractor Co. Ltd. in England. Im gleichen Jahr übernahm Caterpillar die Trackson Company in Milwaukee. Das aufgekaufte Unternehmen hatte ursprünglich Anbaugeräte für Fordson-Traktoren hergestellt und war zur Produktion von Anbaugeräten für andere Hersteller übergegangen. Dazu gehörten Winden und Krane. Das erste Anbaugerät für eine Caterpillar-Maschine war 1936 eine Schaufel gewesen, die mittels Seilen gehoben werden konnte.

Expansion und Fortschritt

Die 1960er-Jahre waren für Caterpillar ebenfalls ein besonderes Jahrzehnt. 1962 ging der erste Muldenkipper an den Start, und 1967

Der Bulldozer D4C wurde bereits ab 1959 gebaut und befand sich im Laufe der Zeit in verschiedenen Ausführungen in Produktion. Das D in der Typenbezeichnung stand für den Dieselantrieb.

erfolgte in Peoria die Eröffnung der neuen Unternehmenszentrale. Ein besonderes Datum war 1969. In diesem Jahr startete eine Saturn-V-Rakete, um die Mondlandemission Apollo 11 zum Erdtrabanten zu tragen. Am 20. Juli dieses Jahres betraten zum ersten Mal Menschen die Oberfläche eines anderen Gestirns. Mit dabei waren auch Caterpillar-Aggregate, die für die Stromversorgung der Mission zuständig waren.

In den 1970er-Jahren setzte sich die Ära der Rekorde fort. Dies betraf nicht nur die Expansion des Unternehmens, sondern auch den Bau größerer und leistungsstärkerer Maschinen. Die großen, herausragenden Caterpillar-Maschinen erregten nicht nur das Interesse der Fachleute, sondern auch eines Publikums, das beruflich nichts mit Baumaschinen zu tun hatte. Das Gerücht, dass im Westen des Bundesstaates Montana der weltgrößte und leistungsstärkste Bulldozer getestet werden sollte, lockte zahlreiche Schaulustige an. Der Bulldozer ging noch im gleichen Jahr mit der Typenbezeichnung D10 in Serienproduktion. Die 520 Kilowatt (707 PS) starke Maschine konnte eine 50 Prozent höhere Produktivität gegenüber ihrem Vorgängermodell, dem D9, vorweisen. Bei der Ausstattung mit einem 5,8 Meter breiten U-Schild lag das Einsatzgewicht bei 82 Tonnen. Spätere Versionen brachten 86 Tonnen auf die Waage. Von 1978 bis 1986 verließen fast 1000 Exemplare des D10 das Caterpillar-Werk in East Peoria. Das Nachfolgemodell, der 1986 eingeführte D11, hatte sogar ein Einsatzgewicht von 112,7 Tonnen und eine Motorleistung von 630 kW (857 PS).

Eine Ausweitung der Produktpalette stellte 1981 die Übernahme der Firma Solar Turbines dar. Die heutige Caterpillar-Tochter war 1927 in San Diego als Solar Aircraft mit dem Ziel des Flugzeugbaus gegründet worden. Im Laufe der Zeit änderte sich die Produktpalette. Dazu gehörten Luftreiniger im Jahr 1937 und nach dem Zweiten Weltkrieg Tanks für Milchtransporter, Pasteurisiergeräte für Molkereiprodukte, Kaffeemaschinen, Küchenspülen und Mini-Rennwagen. Die erste Gasturbine führte Solar 1956 ein. Neben anderen innovativen Produkten kamen in der Folgezeit weitere Generatoren und Turbinen für die Energieerzeugung auf den Markt. In den frühen 1960er-Jahren übernahm International Harvester (später mit Case zu Case IH verschmolzen) das Unternehmen. In den 1970er-Jahren begann Solar, sich ausschließlich auf Industrieturbinen zu konzentrieren. Infolge des Niedergangs von International Harvester kam es zum Verkauf der Turbinensparte und zur Gründung der Caterpillar-Tochtergesellschaft Solar Turbines Incorporated. Heute ist Solar einer der wichtigsten Anbieter von industriellen Gasturbinen, Kompressoren und mechanischen Antriebsaggregaten.

1998 erwarb Caterpillar die in England ansässige Firma Varity Perkins, bei der es sich um einen wichtigen und technikgeschichtlich bedeutenden Motorenhersteller handelte. Perkins Engines, wie das Unternehmen seit der Übernahme durch Caterpillar heißt, ist auch heute einer der weltweit führenden Hersteller von Dieselmotoren mit Niederlassungen in Europa, Nord- und Südamerika sowie Asien.

EXKURS

Perkins

Die Gründer des Unternehmens, Frank Perkins (1889–1967) und Charles Chapman, waren zwei Ingenieure mit vielen Ideen und wenig Geld. Gemeinsam entwickelten sie einen leichten, schnellen Dieselmotor und gründeten 1932 im englischen Peterborough die Firma F. Perkins Limited. Die ersten Jahre waren nicht leicht. Das Unternehmen überlebte nur, weil das Werksgelände Franks Vater gehörte und ein Freund der Familie finanzielle Mittel bereitstellte. Der große Durchbruch erfolgte 1937, mit der Einführung der Motoren P4 und P6, mit denen Perkins der Konkurrenz vorauseilte. Zwischen 1937 und 1946 verließen 12.000 Motoren die Werkshallen in Peterborough. Die meisten wurden in der Schifffahrt eingesetzt, aber auch in der Industrie, in der Landwirtschaft und im Nutzfahrzeugbau fanden immer mehr Dieselaggregate Verwendung. Perkins-Motoren wurden bald von Asien bis Lateinamerika in den Fabriken verschiedener Lizenznehmer produziert.

Doch die Suezkrise und andere Entwicklungen ließen Mitte der 1950er-Jahre die Verkäufe einbrechen. Als Massey-Ferguson, damals eines der führenden Unternehmen der Landtechnikbranche, 1959 ein Übernahmeangebot machte, geschah dies deshalb mit Wohlwollen des Perkins-Managements. Selbst der Massey-Ferguson-Konkurrent Ford, der zu den wichtigsten Kunden von Perkins zählte, unternahm nichts gegen den Kauf.

Die Krise war bald überwunden, und 1964 begann die Produktion des Dieselmodells 4.236, das sich in der Folgezeit über 4,5 Millionen Mal verkaufte. Alleine im Jahr 1969 verließen 350.000 Perkins-Motoren die Werkshallen. Bis 1976 stieg diese Zahl auf weltweit mehr als 500.000. 1985 konnte die Fertigung des zehnmillionsten Perkins-Motors gefeiert werden.

Dieser Massey-Ferguson-Traktor lief mit einem Perkins 4.248. Bei diesem Motor handelte es sich im Wesentlichen um das gleiche Modell wie der sehr erfolgreiche 4.236, jedoch mit dem Unterschied, dass der 4.248 mit einer größeren Bohrung versehen war.

Ein wichtiges Ereignis in der Geschichte von Perkins, das eigentlich ein Zeichen der Stärke und Bedeutung des Unternehmens hätte sein können, war 1984 die Übernahme des Motorenherstellers Rolls-Royce Diesel International. Aber mittlerweile war die Muttergesellschaft Massey-Ferguson in eine Krise geraten. Der Konzern konnte Anfang der 1980er-Jahre die Insolvenz nur knapp vermeiden. Eine Refinanzierung und eine Kreditbürgschaft der kanadischen Regierung halfen die schwierige Zeit zu überstehen, aber zur Überlebensstrategie gehörten ein Gesundschrumpfen durch den Verkauf einzelner Tochtergesellschaften und die Stilllegung einst wichtiger Werke. Die Gründe für die katastrophale Situation lagen zum einen im Nachfrageeinbruch von Seiten der Landwirtschaft, zum anderen auch in der unbesonnenen Unternehmensexpansion in den vorangegangenen guten Jahren. Zur neuen Strategie gehörten auch ein Imagewechsel und eine neue Firmenbezeichnung. Aus Massey-Ferguson Limited mit Sitz in Toronto wurde die Varity Corporation, deren Sitz sich ab 1991 in Buffalo, im US-Bundesstaat New York, befand. Die Tochtergesellschaft Perkins wurde in Varity Perkins umbenannt.

Ein MWM-Gasmotor steht hier für den Versand bereit. Die Gasmotoren von MWM können mit verschiedenen Gasen, wie Erdgas, Schiefergas, Grubengas, Biogas, Deponiegas, Klärgas und Synthesegas, betrieben werden.

Ein neues Jahrtausend

Auch im neuen Jahrtausend setzte Caterpillar die Expansion fort. Dazu gehörte die Übernahme der Firma Progress Rail Services im Bundesstaat Alabama in Jahr 2006. Dabei handelt es sich um ein Unternehmen, das ursprünglich in der Recycling-Branche tätig war, im Laufe der Zeit aber die Anzahl seiner Produkt- und Serviceangebote erweiterte und zu einem der größten Anbieter von Produkten und Dienstleistungen für Eisenbahn- und Transitsysteme in Nordamerika aufgestiegen war. Progress Rail ist heute international tätig. Zu den Ländern, in denen das Unternehmen vertreten ist, gehören Kanada, Mexiko, Brasilien, das Vereinigte Königreich, Italien und Deutschland. 2010 konnte Progress Rail seine Position auf dem Markt durch die Übernahme von Electro-Motive Diesel, einem der führenden Hersteller von Lokomotiven mit dieselelektrischem Antrieb, ausbauen.

Einer der bedeutendsten Motorenhersteller in Deutschland wurde 2011 Teil von Caterpillar. Kennern der Branche war dieses Unternehmen als Motoren-Werke Mannheim (MWM) bekannt. Die Firma entstand 1922 aus der Abteilung Stationärmotorenbau der Benz-Werke Mannheim. Technischer Leiter war zeitweise Prosper L'Orange, der als Wegbereiter des Vorkammer-Dieselmotors gilt. Ab 1926 gehörte MWM zur Knorr-Bremse AG, einem Hersteller von Bremssystemen für Schienen- und Nutzfahrzeuge. Das Mannheimer Unternehmen war in den 1920er-Jahren selbst am Bau von Nutzfahrzeugen beteiligt, nämlich von Traktoren mit der Bezeichnung „Motorpferd“. Aber eine größere Bedeutung für den Nutzfahrzeugbau erlangte MWM nach dem Zweiten Weltkrieg durch die Motoren, die in den Fahrzeugen anderer Hersteller verbaut wurden, wie Bautz, Deuliewag, Fendt und Ritscher. Daneben stellte MWM auch weiterhin Stationärmotoren her. 1954 wurde die Produktion in Brasilien aufgenommen. Die Fertigung von MWM-Motoren auf Lizenz erfolgte in Japan, Pakistan, Argentinien und Spanien. Für Aufsehen sorgte das Unternehmen 1977 mit dem Bau eines 8000 PS leistenden Dieselmotors.

1985 verkaufte Knorr-Bremse die Motoren-Werke Mannheim an den Kölner Konzern Klöckner-Humboldt-Deutz (KHD), der durch Zusammenschlüsse und Übernahmen aus der von Otto und Langen gegründeten Gasmotoren-Fabrik Deutz entstanden war. KHD geriet in den 1980er-Jahren jedoch in eine existenzbedrohende Krise und war gezwungen, einzelne Tochtergesellschaften abzustoßen, um sich auf das Kerngeschäft, den Motorenbau, zu konzentrieren. Dies hatte 1997 die Umbenennung zu Deutz AG zur Folge. MWM erhielt 2005 ebenfalls einen neuen Firmennamen, nämlich „Deutz Power System“.

Nach der Übernahme des Mannheimer Motorenbauers durch Caterpillar im Jahr 2011 erfolgte die Umbenennung in „Caterpillar Energy Solutions“. Die Produkte, die von der Caterpillar-Tochtergesellschaft heute gebaut werden, lassen sich in drei Kategorien einteilen: Gasmotoren der Marken MWM und Cat, Gaskraftwerke sowie Anlagen für die dezentrale Energieversorgung. Zur dritten Kategorie zählen zum Beispiel Blockheizkraftwerke und mobile Gaskraftwerke.

Auch nach den Akquisitionen im Bereich des Motoren- und Kraftwerkbaus produziert Caterpillar Maschinen für die Bauwirtschaft und den Bergbau. Zu den Baumaschinen, die mit MWM-Motoren laufen, gehören Bagger, Radlader, Planierraupen, Motorgrader, Baggerlader und Muldenkipper.

EXKURS

Giganten auf Gummibändern

Die Unternehmen Best und Holt, aus denen Caterpillar entstand, hatten ihren Ursprung in der Land- und Forstwirtschaft. Für Raupenschlepper und andere Maschinen, die auf Gleisketten fuhren, bestand im Agrarsektor auch nach der umfangreichen Motorisierung und Mechanisierung, die in Nordamerika nach dem Ersten und in Europa nach dem Zweiten Weltkrieg stattfand, nur eine geringe Nachfrage. Zwar hatten Raupentraktoren in der Landwirtschaft im Bereich der Sonderkulturen immer noch einen festen Platz, aber bei den hauptsächlichen Einsatzarten in der Landwirtschaft hatten die Standardtraktoren fast alle Konkurrenten durch ihre Flexibilität und steigende Motorleistung hinter sich gelassen. Mit der wachsenden Verbreitung des Allradantriebs konnte die ständig zunehmende Motorleistung in eine entsprechende Zugleistung umgewandelt werden. Für die Verwendung von Gleisketten sah man im Agrarsektor, abgesehen von einigen Randgebieten, keinen Grund mehr.

1987 überraschten aber Caterpillar und das Landtechnikunternehmen Claas die Öffentlichkeit mit Großtraktoren, die ein neu entwickeltes, gefedertes Bandlaufwerk namens „Mobil Trac System" (MTS) zur Fortbewegung benutzten. Anstelle der stählernen Ketten kam bei diesem System ein Gummi-Laufband, das ähnlich wie Reifengummi aus mehreren Lagen Gewebe und Stahl bestand, zum Einsatz. Die Vorteile gegenüber den herkömmlichen Gleisketten waren die höhere Geschwindigkeit, die damit gefahren werden konnte, und die größere Laufruhe. Das Fahren auf asphaltierten Straßen stellte kein Problem dar, und außerdem sollte das neue Laufwerk wartungsärmer und kostengünstiger sein. Das Mobil-Trac-System konnte vor allem im obersten Leistungsbereich seine Vorteile ausspielen. Die große Auflagefläche der Bänder gestattete einen bodenschonenden Einsatz und ermöglichte es, die hohe Leistung der Motoren in eine entsprechende Traktion umzusetzen.

Caterpillar hatte sich lange aus der Landtechnikbranche herausgehalten. Nun erfolgte der Wiedereinstieg mit den Raupentraktoren, die auf dem europäischen Markt als Baureihe Challenger von der Firma Claas in den Farben Weiß und Grün vertrieben wurden. Das Laufwerk erhielt bei Claas die Bezeichnung „Terra Trac" und kam nicht nur bei Traktoren, sondern auch bei Mähdreschern zum Einsatz.

Caterpillar und Claas hatten mit dem Mobil Trac System nicht nur für Aufsehen gesorgt, sondern waren damit durchaus erfolgreich. Aber der Wettbewerbsvorteil gegenüber den anderen großen Landmaschinenherstellern hielt nicht lange an. In den 1990er-Jahren kamen auch John Deere und Case IH mit Bandlaufwerken auf den Markt. Die Folge waren Rechtsstreitigkeiten.

Den Konkurrenten gelang die erfolgreiche Einführung von Großtraktoren mit eigenen Bandlaufwerken, wobei Case IH auf das Quadtrac-System setzte, bei dem anstelle der vier Räder vier Laufwerke vorhanden sind. Was auch immer die Gründe gewesen sein mögen, Caterpillar entschied sich schon 2001, wieder aus der Landtechnikbranche auszusteigen und die Challenger-Schlepper an AGCO zu verkaufen. Der aufstrebende Landtechnikkonzern mit Sitz in Duluth, Georgia, erweiterte das Programm mit Vierradtraktoren und anderen Produkten. 2005 überraschte AGCO auf der Agritechnica in Hannover die Öffentlichkeit mit dem Challenger MT875B, dem bis dahin stärksten in Serie gefertigten Traktor der Welt.

Das Terra-Trac-Laufwerk entstand aus dem Mobil-Trac-System von Caterpillar und wurde von Claas weiterentwickelt. Es ist für verschiedene Maschinen einsetzbar und zeichnet sich durch Bodenschonung und hohe mögliche Fahrgeschwindigkeiten aus.

Ein niedriger Schadstoffausstoß gewinnt selbst im Bereich des Tagebaus immer mehr an Bedeutung. Um dieser Herausforderung entgegenzukommen, erprobte Caterpillar einen batterieelektrischen Lkw-Giganten für den Bergbau mit einem vielversprechenden Ergebnis.

Moderne Motoren

Caterpillar steht wie andere Motorenhersteller wachsenden Anforderungen hinsichtlich des Energieverbrauchs und der Emissionen gegenüber. Um diesen vorgegebenen Standards Genüge zu leisten, investierte das Unternehmen im neuen Jahrtausend Hunderte von Millionen Dollar zur Verbesserung der Motorentechnik in Bezug auf den Schadstoffausstoß. Das Ergebnis war die „Advanced Combustion Emissions Reduction Technology“ (zu Deutsch etwa: „Fortgeschrittene Verbrennungstechnologie zur Reduzierung der Abgaswerte“), abgekürzt ACERT. Die hervorragenden Abgaswerte erreicht das ACERT-System unter anderem durch eine Mehrfacheinspritzung, ein optimiertes Luftansaugsystem sowie eine Steuerungselektronik, die eine interaktive Kommunikation des Motors mit anderen Teilen des Antriebssystems ermöglicht. Die einheitliche Steuerung der Kraftstoffzufuhr, der Kühlung, des Motormanagements und der Motorelektronik soll zukunftsweisend sein. Laut Caterpillar ist mit ACERT die Reduzierung des Partikelausstoßes von bis zu 90 Prozent und der Stickstoffoxide um bis zu 50 Prozent möglich.

Eine weitere Strategie, den Herausforderungen hinsichtlich des Schadstoffausstoßes zu begegnen, ist bei Caterpillar ebenso wie bei anderen Herstellern die Verwendung eines elektrischen Antriebs. 2008 stellte das Unternehmen den D7E vor. Die Planierraupe war mit einem 175 kW (238 PS) leistenden ACERT-Dieselmotor ausgestattet. Das Dieselaggregat trieb einen Generator an, der wiederum die Energie für den Elektromotor lieferte. Zu den Vorteilen gehörten der geringere Kraftstoffverbrauch, eine Erhöhung der Produktivität und der Kraftstoffausbeute sowie niedrigere Betriebskosten im Vergleich zu einem herkömmlichen Antrieb.

Mit dem D6 XE führte Caterpillar 2018 eine weitere Planierraupe mit Elektroantrieb ein. Auch bei diesem Modell war ein Dieselmotor mit einer Leistung von 161 kW (219 PS) für den Antrieb des Stromgenerators zuständig. Zu den Vorteilen zählten eine bis zu 20 Prozent geringere CO2-Emission, ein bis zu 35 Prozent geringerer Kraftstoffverbrauch, niedrigere Wartungskosten sowie insgesamt eine Produktivitätssteigerung von bis zu 50 Prozent.

Die Elektrifizierung des Antriebs hielt auch bei den großen Bergbau-Lkw Einzug. Im November 2022 schloss Caterpillar die Entwicklung eines Prototyps des 793, eines Lkw-Giganten für den Bergbau, ab. Bei der Vorführung erreichte das Fahrzeug der Superlative eine Höchstgeschwindigkeit von 60 Stundenkilometern und bewältigte ein Gefälle mit einer Länge von einem Kilometer sowie eine Steigung von 10 Prozent mit einer Geschwindigkeit von 12 km/h. Am Ende der Tests waren noch Energiereserven übrig.

Im Jahr zuvor hatte Caterpillar ein Early-Learner-Programm ins Leben gerufen, um gemeinsam mit Kunden aus der Bergbau-

Der D6K2 LGP nimmt im Leistungsspektrum der Caterpillar-Planierraupen mit seinen 116 kW (158 PS) eine Mittelposition ein. Das LGP in der Typenbezeichnung steht für „Low Ground Pressure", also für einen niedrigen Bodendruck.

branche und anderen Industriesparten die Entwicklung und den Einsatz der batterieelektrischen Lkw von Caterpillar zu beschleunigen und Kunden beim Erreichen ihrer Emissionsziele zu unterstützen.

Caterpillar und Zeppelin

Caterpillar hat keine eigene Vertriebsorganisation, sondern wird in verschiedenen Ländern von unabhängigen Vertriebsgesellschaften vertreten. In Deutschland und Österreich erfüllt die Zeppelin Baumaschinen GmbH, die wiederum zur Holding Zeppelin GmbH gehört, diese Rolle.

Zeppelin ist in der Luftfahrtgeschichte ein bekannter Name. Ferdinand von Zeppelin (1838–1917) bekam 1898 ein Patent auf einen „Luftfahrzug", der aus mehreren hintereinander angeordneten Tragkörpern bestehen sollte. 1899 begann er in Friedrichshafen am Bodensee mit dem Bau eines Flugkörpers, dessen Hauptteil aus einem starren Gerippe aus Aluminium bestand und der durch den Wasserstoff im Gasraum den Auftrieb erhielt. Man nannte diese fliegenden Giganten „Luftschiffe" und später nach dem Erfinder „Zeppeline". Die Luftschiffe wurden im Ersten Weltkrieg für militärische Zwecke eingesetzt, spielten in Friedenszeiten aber auch für den zivilen Luftverkehr eine Rolle und überquerten sogar den Atlantik – bis das Unglück auf dem Landeplatz von Lakehurst, bei dem 1937 das Luftschiff Hindenburg in Flammen aufging, ihrer Verwendung als Luftverkehrsmittel ein Ende setzte.

Während des Zweiten Weltkriegs fielen die Zeppelin-Werke in Friedrichshafen der Bombardierung zum Opfer. 1951 entstand als Nachfolgeunternehmen die Metallwerke Friedrichshafen GmbH, die spätere Zeppelin-Metallwerke GmbH. Die Zusammenarbeit mit Caterpillar begann Anfang der 1950er-Jahre mit dem Bestreben des amerikanischen Unternehmens, das Baumaschinengeschäft in anderen Ländern auszubauen. Da zu diesem Zweck ein Angebot an Vertriebs- und Serviceleistungen in den verschiedenen Ländern nötig war, suchte Caterpillar nach Partnern in den neuen Märkten. In Deutschland fiel

Graf Zeppelin schrieb als Entwickler der Starrluftschiffe und als Gründer der Zeppelin-Werke Luftfahrtgeschichte.

➔ Ein Zeppelin tritt seine Reise vom Bodensee aus an. Die Luftschiffe, die leichter als Luft waren, verursachten nicht viel Lärm, waren zwar langsam, konnten aber sogar den Atlantik überqueren.

➘ Über eine transatlantische Kooperation werden die Caterpillar-Maschinen in Deutschland und Österreich vertrieben. Aus diesem Grund sind sowohl der Zeppelin-Schriftzug als auch das Caterpillar-Logo auf vielen Baumaschinen zu sehen.

die Wahl auf die Metallwerke Friedrichshafen GmbH, die unter anderem Erfahrung mit der Instandsetzung von Kettenlaufwerken vorweisen konnte. Die Vertragsunterzeichnung erfolgte 1954. Zeppelin verkaufte zeitweise auch Baumaschinen unter dem eigenen Markennamen, die jedoch zum Teil von anderen Unternehmen hergestellt wurden. 1994 wurde aus der Handelssparte des Unternehmens die Zeppelin Baumaschinen GmbH mit Sitz in Garching bei München, die als Vertriebs- und Servicepartner von Caterpillar fungiert.

Zeppelin vertrieb zeitweise Baumaschinen unter dem eigenen Markennamen, wie den Zeppelin ZL 8 B. Der Motor dieses Radladers stammte von der späteren Caterpillar-Tochter Perkins.

Ganz vorne

Als sich Benjamin Best und die Holt-Brüder selbstständig machten, hätten sie wahrscheinlich nicht zu träumen gewagt, dass aus ihren bescheidenen Anfängen das umsatzstärkste Unternehmen der Baumaschinenbranche entstehen würde. Mit einem weltweiten Umsatz von über 37 Milliarden Dollar im Jahr 2022 führt Caterpillar die Liste der größten Unternehmen unter den Baumaschinenherstellern an. Das Produktangebot in diesem Bereich umfasst Sattelschlepper, Baggerlader, Planierraupen, Motoren, Bagger, Generatoren, Motorgrader, Kompaktlader und Radlader.

Caterpillar-Bagger lassen sich in verschiedenen Größen fast auf der ganzen Welt finden. Die gelbe Caterpillar-Farbe steht für eine innovative und technische Erfolgsgeschichte.

Zu den vielen Jubiläen, die man bei Caterpillar im Laufe der Unternehmensgeschichte feiern konnte, gehörte die Übergabe des fünfzigtausendsten Mobilbaggers an einen Kunden. Die Feierlichkeit fand am 22. Juni 2023 in der Caterpillar-Niederlassung in Grenoble statt. Die Caterpillar-Radbagger waren 1984 in Kooperation mit der deutschen Firma Eder eingeführt und weltweit von Caterpillar verkauft worden. Die Baureihe bestand aus vier Modellen, die mit wassergekühlten Perkins-Motoren arbeiteten. Auf diese Weise konnte Caterpillar erstmals auch Mobilbagger anbieten. In Deutschland wurden die Maschinen unter dem Namen Cat Eder im gelben Caterpillar-Lack vertrieben. Acht Jahre später ging die gesamte Mobilbaggerproduktion an Caterpillar über.

Die europäischen und südkoreanischen Bauunternehmen gehörten zu den ersten Anwendern der neuen Baggerreihe. Die Kombination aus Geschwindigkeit, Leistung, Vielseitigkeit und der Fähigkeit, ein breites Spektrum hydraulischer Werkzeuge einzusetzen, waren Teil des Erfolgsrezepts. Die Cat-Radbagger-Reihe wurde jedoch bald auch in China, Südostasien, dem Nahen Osten, Nordamerika und anderen Weltmärkten immer beliebter. 2012 konnte die Produktion des fünfundzwanzigtausendsten Baggers der Reihe gefeiert werden. Ausgehend von den ursprünglichen vier Modellen erfuhr die Reihe eine Erweiterung auf inzwischen sieben Modelle. Spezielle Ausführungen gibt es für den chinesischen Markt sowie für den Einsatz als Zweiwegebagger (M323F). Zu den Radbaggern zählen außerdem fünf Umschlagmaschinen, die für Anwendungen in der Industrie, im Recycling und in Sägewerken entwickelt wurden.

Der M318 gehörte bereits zu den Modellen der ersten Caterpillar-Mobilbaggerreihe. Die Generation C wurde ab 2003 hergestellt. Diese Ausgabe wiegt 18,3 Tonnen und hat eine Motorleistung von 113 kW (154 PS).

JCB: BAUMASCHINEN UND GESCHWINDIGKEITSREKORDE

Aus einer Garagenwerkstatt wurde einer der größten Produzenten von Maschinen der Bau- und Agrarbranche. Die JCB-Teleskoplader lassen sich in verschiedenen Bereichen einsetzen.

JCB ist heute eines der bedeutendsten Unternehmen der Bautechnikbranche. Dabei ist das Unternehmen vergleichsweise jung. Die Firmengeschichte begann unspektakulär und unter sehr bescheidenen Umständen, nämlich in einer kleinen Werkstatt in der Ortschaft Uttoxeter in der englischen Grafschaft Staffordshire. Das Gründungsdatum war der 23. Oktober 1945. Der Zweite Weltkrieg in Europa hatte erst fünf Monate zuvor ein Ende gefunden, und zahlreiche Menschen standen vor der Aufgabe, ein neues Leben aufzubauen. Dies galt auch für Joseph Cyril Bamford (1916–2001).

Der Gründer

Mr JCB – wie man ihn später nennen sollte – hatte vor dem Krieg eine technische Ausbildung genossen. Er hatte für mehrere Unternehmen der Maschinenbaubranche gearbeitet, darunter befand sich die Firma Alfred Herbert in Coventry, einem der damals größten Maschinenbauwerke Englands. Auslandserfahrung hatte er als Techniker für Dieselmotoren in Ghana gesammelt. 1938 kehrte er nach England zurück, wo er im elterlichen Betrieb zu arbeiten begann. Nach Kriegsausbruch wurde er zum Dienst beim Ministerium für Flugzeugproduktion (Ministry of Aircraft Production) einberufen und reiste erneut als Logistiker nach Ghana. Außerdem arbeitete er für die Firma English Electric, wo er wertvolle Lektionen über Schweißtechniken lernte.

Nach dem Krieg kehrte Bamford in das Familienunternehmen zurück. Sein Onkel Henry fand die Qualifikationen seines Neffen jedoch nicht überzeugend und meinte, Joe habe „wenig Zukunft vor sich". Dies scheint für Bamford ein Ansporn gewesen zu sein, einen eigenen Weg einzuschlagen. Noch dazu kam an dem Tag seiner Firmengründung sein Sohn Anthony, der spätere Lord Bamford, zur Welt. Später kommentierte er seine damalige Situation: „Mit einem Sohn beschenkt zu werden, hat dazu geführt, den Geist zu konzentrieren, und wenn man dabei war, ganz unten anzufangen, gab es nur einen Weg: nach oben."[1]

Es begann in einer Garage

Seine Schweißerfahrungen kamen Bamford in seinem neuen Lebensabschnitt zugute. Er mietete sich eine abschließbare Garage, erwarb für ein Pfund ein gebrauchtes Schweißgerät von English Electric und begann damit, aus Militärschrott einen Kippanhänger zu

1 Vgl. Equipment Journal, 23. Oktober 2020 (Online: https://www.equipmentjournal.com/construction-news/the-jcb-journey-from-a-garage-to-global-force/)

montieren. Mit verbaut wurden die Räder und Reifen eines Kampfflugzeugs sowie die Naben einer Haubitze. Auf dem Markt in der Stadt fand sich sogar ein Interessent, der den fertigen Anhänger für 45 Pfund kaufte. Bamford nahm den alten Wagen des Käufers im Tausch, renovierte ihn und verkaufte ihn ebenfalls für 45 Pfund. Der erste JCB-Anhänger steht heute stolz im Ausstellungsraum in der Unternehmenszentrale.

Bamfords Kundschaft wusste die Anhänger zu schätzen. Als Folge davon konnte sich der Jungunternehmer einer wachsenden Nachfrage erfreuen, was jedoch dazu führte, dass er auch sonntags in seiner Werkstatt arbeitete. Die Verletzung der Sonntagsruhe erregte aber das Missfallen der Garagenvermieterin, weswegen sich Bamford veranlasst sah, seine Werkstatt in ein anderes Gebäude zu verlegen. In dieser Zeit bekam die Firma ihren ersten Vollzeitmitarbeiter, der später die Rolle eines Vorarbeiters übernahm. 1950 erfolgte ein weiterer Umzug, diesmal in eine ehemalige Käsefabrik in dem etwas über sieben Kilometer entfernten Rocester, wo sich heute noch die Unternehmenszentrale befindet.

Ein wichtiger Schritt nach vorne war die Einführung des „Major Loader", des ersten europäischen hydraulischen Frontladers, im Jahr 1949. Das mit doppeltwirkenden Zylindern ausgestattete Anbaugerät für Traktoren erwies sich nicht zuletzt wegen der Verfügbarkeit einer Vielzahl von Schaufeln, Gabeln und anderen Werkzeugen, die damit verwendet werden konnten, als Erfolgsprodukt in der sich rasch mechanisierenden Landwirtschaft der Nachkriegszeit.

Hecklader und Bagger

Für erneutes Aufsehen sorgte JCB 1953 mit der Vorstellung des MK 1, des Prototyps eines der ersten Baggerlader der Welt. Bei dieser Konstruktion waren der Vorderteil eines Traktors mit einem Frontlader und das Heck mit einem Bagger mit Hydraulikzylindern, einem Hecklader, versehen. Ohne seine landwirtschaftlichen Wurzeln zu vergessen, war es Bamford damit gelungen, in die schnell wachsende Bauindustrie vorzudringen.

Der Bagger erwies sich als großer Erfolg und festigte die Position des Unternehmens in der Baubranche. 1962 eröffnete JCB die erste ausländische Tochtergesellschaft, und zwar in den Niederlanden. Ein Jahr später erfolgte die Einführung des 3C-Baggerladers, dessen neues, integrales Design zukunftsweisend war. 1964 konnte die Firma bereits einen Umsatz von 8 Millionen Pfund verzeichnen. Bamford bedankte sich bei seinen Mitarbeitern dafür mit der Auszahlung eines Bonus im Wert von 250.000 Pfund. Im gleichen Jahr erfolgten der Export des ersten Baggerladers in die Vereinigten Staaten, eines JCB 4C, sowie die Einführung des ersten Raupenbaggers, des JCB 7. Die Produktion des Raupenbaggers erfolgte in lizenzieller Zusammenarbeit mit dem amerikanischen Unternehmen Warner & Swasey. JCB stellte den Unterwagen und die Baggerbauteile der Maschine her. Der Motor wurde von Ford geliefert.

Mitten in London: ein JCB 540-170. Für den Teleskoplader der Superlative gibt es auch in der englischen Metropole etwas zu tun. Ein Dieselpartikelfilter trägt zu einem geringen Schadstoffausstoß bei.

Der 516-40 macht keinen bescheidenen Eindruck, ist aber der kleinste unter den Teleskopladern von JCB. Die kompakte Maschine ist für Einsätze in engen Verhältnissen konzipiert. Als Antrieb besitzt der Teleskoplader einen 36 kW (49 PS) leistenden Motor von Kubota.

Am Ende des Jahrzehnts konnte man bei JCB in Rocester eine stolze Zahl von 4500 hergestellten Maschinen verzeichnen. Mehr als die Hälfte der Produktion wurde mittlerweile in andere Länder verschifft. Als Anerkennung für diesen Exporterfolg erhielt das Unternehmen seinen ersten „Queen's Award“ – eine königliche Auszeichnung. Außerdem bekam Joseph Bamford in Anerkennung der Exportleistungen des Unternehmens den Ehrentitel „Commander of the British Empire“ (CBE).

Eine neue Zeit

Die 1970er-Jahre waren von einer weiteren Expansion geprägt. 1970 eröffnete JCB einen Ableger im US-amerikanischen Baltimore, um die enormen Wachstumschancen des nordamerikanischen Markts zu nutzen. In den folgenden drei Jahren verdoppelte sich der Umsatz auf 40 Millionen Pfund. Als einer der erfolgreichsten Unternehmer der Nachkriegszeit in Großbritannien trat Joseph Bamford 1975 in den Ruhestand und übergab die Firmenleitung seinem Sohn Anthony, der so alt wie das Unternehmen selbst war und der für die anspruchsvolle Aufgabe bereits Erfahrung gesammelt hatte.

Joseph Bamford hatte sein Unternehmen nach strengen Leitprinzipien geführt: kein Geld zu leihen, Gewinne wieder in Forschung und Produktion zu stecken, ein gesundes Arbeitsumfeld zu schaffen und hart zu arbeiten. „Das Problem der Konkurrenz besteht darin“, meinte er, „dass sie spät aufsteht und früh zu Bett geht.“ Als „jamais content“ (nie zufrieden) soll er bezeichnet worden sein. Dies wurde auch sein Leitsatz. Als erster und einziger Brite wurde Joseph Bamford in die Ruhmeshalle (Hall of Fame) der nordamerikanischen Association of Equipment Manufacturers (AEM), einer Handelsvereinigung, aufgenommen. Die Bedeutung des nordamerikanischen Marktes für JCB zeigte sich auch im Jahr 2000 durch die Eröffnung einer neuen Produktionsstraße in der nordamerikanischen Firmenzentrale in Savannah im Bundesstaat Georgia.

Mit zum Erfolg trug die Erweiterung der Produktpalette bei. Dazu gehörten die Einführung von Radladern und Laderaupen Anfang der 1970er-Jahre und eines Teleskopladers im Jahr 1977. Die Baggerlader nahmen nach wie vor eine herausragende Stelle im Produktspektrum des Unternehmens ein. 1985 brachte JCB den 3CX Sitemaster auf den Markt. Dieses Modell entwickelte sich zum meistverkauften Baggerlader aus Rocester. Im gleichen Jahr konnte man im Unternehmen die Produktion des einhunderttausendsten Baggerladers feiern.

Baumaschinen waren bisher nicht durch hohe Fahrgeschwindigkeiten aufgefallen. Dass auch Arbeitsmaschinen dieser Art im höheren Stundenkilometerbereich fahren konnten, demonstrierten die Konstrukteure der Firma mit dem Baggerlader JCB GT, der mit einem Chevrolet-V8-Motor ausgestattet war und sich mit einer Höchstgeschwindigkeit von 116,82 km/h als schnellster Bagger der Welt 1988 einen Eintrag im Guinness-Buch der Rekorde sicherte.

Die Fastrac-Traktoren von JCB werden für viele Zwecke eingesetzt. Dieses Exemplar wird für Aufgaben im kommunalen Bereich verwendet. Ein Vorteil der Fastracs besteht darin, dass hinter der Kabine noch Geräte aufgebaut werden können.

Fastracs

Anfang der 1990er-Jahre tauchten auf den Straßen gelbe, erstaunlich schnell fahrende Traktoren mit der Aufschrift „Fastrac" auf. Dies war eine Zeit, in der traditionsreiche Unternehmen der Landtechnikbranche ihre Werkstore schlossen, sich aus der Landmaschinenproduktion zurückzogen oder mit einstigen Konkurrenten fusionierten. JCB wagte es jedoch, gegen den Strom zu schwimmen und mit der Konstruktion eigener Traktoren zu beginnen. Bei JCB hatte man bereits in den 1980er-Jahren erkannt, dass eine Marktlücke für schnell fahrende Traktoren bestand. Eine Studie hatte gezeigt, dass Traktoren 70 Prozent ihrer Einsatzzeit mit Straßenfahrten verbrachten. Nur in etwa 30 Prozent ihrer Laufzeit waren die Schlepper tatsächlich im produktiven Einsatz. Falls es gelänge, die Fahrzeit zu verkürzen, würde dies ein erheblicher Vorteil für die Landwirte sein. In Rocester begann man nun unter Geheimhaltung schnell fahrende Traktoren, Fastracs genannt, zu entwickeln und zu testen. 1990 wurden sie offiziell vorgestellt, und es ist keine Übertreibung, die bis zu 75 km/h schnellen Fahrzeuge als durchschlagenden Erfolg zu bewerten. Dem Fahrer standen bis zu 54 Vorwärts- und 18 Rückwärtsgänge und eine Motorleistung von bis zu 220 PS zur Verfügung. Nicht nur Landwirte, auch Unternehmen anderer Branchen wussten die Vorteile dieser schnellen Zugmaschinen zu schätzen. Man konnte sogar Schlepper dieser neuen Bauart auf der Autobahn sehen.

2019 erwarb JCB mit einem dieser Fahrzeuge einen weiteren Eintrag im Guinness Buch der Rekorde. Mit dem Rennfahrer Guy Martin am Steuer erzielte der Fastrac Two mit 247,5 km/h einen Geschwindigkeitsrekord für Traktoren.

Das neue Jahrtausend

Das 21. Jahrhundert brachte neue Herausforderungen, aber auch neue Möglichkeiten mit sich. Dazu gehörte die wachsende Rolle Asiens als Markt und Produktionsstandort. In Indien ist JCB bereits seit 1979 mit einem Werk vertreten. In der Folgezeit unternahm das Unternehmen weitere Investitionen. Heute gibt es JCB-Werke in Neu-Delhi, Pune und Jaipur. Indien ist gegenwärtig der wichtigste Markt für JCB außerhalb des Vereinigten Königreichs. 2005 eröffnete JCB eine Fabrik in Pudong, einem Stadtbezirk der chinesischen Metropole Schanghai. Das amerikanische Militär war ebenfalls an den JCB-Maschinen interessiert und bestellte Baggerlader für militärtechnische Aufgaben im Wert von 140 Millionen Dollar – der bis dahin größte Auftrag dieser Art. Im folgenden Jahr erzielte das Unternehmen mit 72.000 verkauften Einheiten einen neuen Rekord.

Südamerika war eine weitere Weltregion, die für den Baumaschinenmarkt immer wichtiger wurde. Bereits 2001 entstand im brasilianischen Bundesstaat São Paulo eine Produktionsstätte. 2012 erfolgte die Eröffnung einer neuen Fabrik durch den damaligen Premierminister des Vereinigten Königreichs, David Cameron. JCB expandierte die Produktionskapazitäten für den südamerikanischen Markt erneut 2019 mit einer Investition von 25 Millionen britischen Pfund. Die in São Paulo produzierten Baumaschinen sind sowohl für Brasilien als auch für die Kunden aus benachbarten Ländern gedacht.

Joseph Losenhausen gründete ein Unternehmen von Weltgeltung, das in neuerer Zeit vor allem durch seine Bodenverdichtungsmaschinen bekannt war.

EXKURS

Vibromax

2005 bot sich für JCB die Gelegenheit, mit der Übernahme der in Gatersleben, im Bundesland Sachsen-Anhalt, ansässigen Firma Vibromax Bodenverdichtungsmaschinen GmbH das Produktprogramm zu erweitern. Der Betrieb stellte Straßenwalzen und andere Verdichtungsgeräte her. Die Geschichte des Unternehmens reichte bis in das 19. Jahrhundert zurück.

1880 gründete Joseph Losenhausen (1852–1919) in Düsseldorf einen Handwerksbetrieb mit dem Ziel des Eisen- und Maschinenhandels sowie der Produktion von Apparaturen, Armaturen, Ventilen und Ähnlichem. Das kleine Unternehmen erfreute sich einer guten Nachfrage und eines stetigen Wachstums. Die Belegschaft wuchs innerhalb von 10 Jahren von 7 auf 70 Mitarbeiter.

Aus der Werkstatt wurde eine Fabrik, und die Produktion wurde um Waagen, Hebevorrichtungen, Flaschenzüge, Laufkatzen und Kabelwinden erweitert. Als Folge des Wachstums nahm Losenhausen 1889 eine neue Fabrik in Betrieb. Ab 1897 lautete der Firmenname „Düsseldorfer Maschinenbau-Actien-Gesellschaft". Als Unternehmensziel wurde die Fabrikation, der An- und Verkauf von Maschinen und Apparaten jeder Art und der Betrieb der damit zusammenhängenden Geschäfte angegeben. 1914 lag die Anzahl der Beschäftigten bereits bei 500.

Um Verwechslungen mit anderen Firmen zu vermeiden, erfolgte 1926 eine weitere Umbenennung, nämlich in „Losenhausenwerk, Düsseldorfer Maschinenbau-Aktiengesellschaft". Das Unternehmen machte sich unter anderem mit der Entwicklung von Prüfmaschinen einen Namen. Dazu gehörten Schwingungsmaschinen, die mittels Vibrationen bei der Untersuchung von Gebäuden oder Böden auf bestimmte Eigenschaften behilflich sein sollten. Die Prüftechnik führte wiederum zum Bau anderer Maschinen, nämlich zu Bodenverfestigern, da das Schütteln zur Verdichtung des Untergrunds beitragen konnte.

1929 lieferte das Losenhausenwerk einen Plattenrüttler zur Untersuchung der dynamischen Eigenschaften verschiedener Böden aus. Daraus wurde ein 25 Tonnen schweres Raupenfahrzeug, das von einem 100 PS leistenden Motor angetrieben wurde. Durch das Eigengewicht und die Vibrationen einer Rüttelplatte erzielte die Maschine eine erhebliche Verdichtung. Als Folge des erfolgreichen Einsatzes des Rüttlers kam es zur Entwicklung weiterer Maschinen in verschiedenen Größen und Ausführungen durch das Losenhausenwerk. Andere Hersteller waren ebenfalls auf die Technik aufmerksam geworden und boten nun eigene Geräte an.

Nach dem Zweiten Weltkrieg verkaufte das Unternehmen den Prüfgerätebereich und konzentrierte die Produktion zunehmend auf Bodenverdichtungsmaschinen, die den Markennamen Vibromax erhielten.

Der Vibromax 1103 wurde 1995 eingeführt und war mit einem 85 kW (116 PS) starken Motor von Cummins ausgestattet. Die Eintrommelwalze wog 11,1 Tonnen und konnte eine Geschwindigkeit von 11 km/h erreichen.

Nach einer Reorganisation des Unternehmens übernahm der texanische Konzern Tenneco Anfang der 1970er-Jahre das Unternehmen. Zu Tenneco gehörte bereits die Case Corporation, die ebenfalls im Baumaschinenbereich tätig war. Für das Losenhausenwerk, das ab 1973 Case Vibromax hieß, öffnete sich mit der Übernahme ein Zugang zu ausländischen Märkten, vor allem zum amerikanischen.

Das Geschäft scheint zunächst gut gelaufen zu sein. 1975 kam eine hydrostatische Duplexwalze zum Programm hinzu. Ein Jahr später erfolgte die Erweiterung der Montagefläche um 4000 Quadratmeter für die Großwalzenproduktion. 1977 stellte Vibromax eine neue Generation von Walzenzügen vor, und im folgenden Jahr erfolgte die Markteinführung einer neuen Tandemwalze. Ende der 1970er-Jahre waren in dem Unternehmen 732 Mitarbeiter tätig.

Die Situation von Case Vibromax änderte sich plötzlich mit einem Besuch einer Delegation von Tenneco. Die Vibromax-Geschäftsführung wurde daraufhin vom Mutterkonzern entlassen, und der Betrieb wurde zum Verkauf angeboten. Nach dem Eigentümerwechsel verschiedener Unternehmensteile kam es 1995 zur Gründung der Vibromax Bodenverdichtungsmaschinen GmbH mit Standort Gatersleben. Im August 2005 erfolgte ein erneuter Besitzerwechsel. Diesmal ging das Werk in Gatersleben in den Besitz von JCB über.

JCB Vibromax in Gatersleben konnte einen sprunghaften Anstieg der Produktions- und Absatzzahlen verzeichnen. Durch die Optimierung von Betriebsabläufen und neue Fertigungsanlagen konnte allein die Produktion der selbstfahrenden Verdichtungsgeräte von rund 800 Einheiten bei der Übernahme auf 2000 Stück drei Jahre später gesteigert werden. Das JCB-Vibromax-Programm umfasste Tandemvibrationswalzen, Walzenzüge, Grabenwalzen und Anhängewalzen. Dazu gab es die Kompaktlinie mit Vibrationsstampfern, Plattenverdichtern sowie Doppelvibrationswalzen. Ab 2012 waren die Maschinen aus Gatersleben nur noch unter dem Markennamen JCB erhältlich.

Trotz aller Erfolge und Investitionen schlug auch dem Werk in Gatersleben die Stunde. 2014 verlagerte JCB die Produktion der kleineren Verdichtungsprodukte nach Uttoxeter in England und der größeren Maschinen nach Pune in Indien.

Mit der Übernahme der Firma Vibromax konnte JCB eine Reihe von Walzen in die Produktpalette aufnehmen. Der Markenname Vibromax wird bei den neuesten Modellen nicht mehr verwendet.

Eine Walze vom Typ VM 75 und ein Raupenbagger vom Typ 330 F sind hier gemeinsam auf einer Baustelle im Einsatz. Die Vibromax-Walzen ergänzen das Produktprogramm von JCB.

JCB stattet einen Großteil der eigenen Produkte mit Motoren aus, die aus dem Werk in Foston kommen. Einige Maschinen, wie dieser 310 PS starke Fastrac, laufen jedoch nach wie vor mit Motoren anderer Hersteller.

Motoren

JCB baut seit 2004 eigene Motoren. Zu diesem Zweck entstand in Foston, in der Grafschaft Derbyshire, ein eigenes Werk, in dem JCB Power Systems für die Entwicklung und Produktion von Motoren zuständig ist. Von den 750.000 Motoren, die von JCB gefertigt wurden, entstand ungefähr die Hälfte in Foston. Der Leistungsbereich der Motoren reicht von 55 bis 212 kW (75 bis 288 PS). Ein weiterer wichtiger Produktionsstandort ist im indischen Delhi, wo in dem JCB-Werk ungefähr 48 Motorenmodelle für den indischen Markt und den Export hergestellt werden. Die JCB-Motoren kommen nicht nur in eigenen Produkten zum Einsatz, sondern dienen auch zum Antrieb von Maschinen anderer Hersteller.

Um die Leistungsfähigkeit der eigenen Motoren zu demonstrieren, stellte JCB 2006 erneut einen Rekord auf: Ein mit zwei JCB 444 Dieselmax-Motoren ausgestattetes, stromlinienförmiges Fahrzeug erreichte eine Spitzengeschwindigkeit von 560 km/h, was der Rekord für Fahrzeuge mit Dieselantrieb ist.

Das neue Jahrtausend brachte jedoch Herausforderungen mit sich, die in eine andere Richtung gingen. Der Umweltschutz gewann zunehmend an Bedeutung. Gesetzliche Vorschriften und Kundenwünsche erforderten immer kraftstoffsparendere und schadstoffärmere Motoren. Wichtige Ereignisse auf dem Weg zu einer umweltfreundlicheren Baumaschinenindustrie waren 2010 die Einführung des kraftstoffsparenden ECO-Baggerladers sowie 2018 die Vorstellung des JCB 19C-1E, des ersten elektrisch angetriebenen Minibaggers. Durch den emissionsfreien Betrieb kann die Maschine in Gebäuden und unter der Erde in unmittelbarer Umgebung von Personen eingesetzt werden. Mit vollständig aufgeladenen Batterien kann der 19C-1E einen normalen Betriebstag auf einer Baustelle absolvieren, ohne Probleme mit der Energiezufuhr zu bekommen.

Ein bedeutender technologischer Meilenstein auf dem Weg zu einer CO2-freien Zukunft war 2020 die Vorstellung des 220X. Bei dem 20 Tonnen schweren Bagger handelte es sich um den weltweit ersten Bagger, der mit einer Wasserstoff-Brennstoffzelle angetrieben wurde. Bevor der 220X der Öffentlichkeit präsentiert wurde, musste sich die Maschine in einem zwölfmonatigen Härtetest im firmeneigenen Steinbruch bewähren.

Laut Hersteller kostet das Brennstoffzellensystem in der Anschaffung wahrscheinlich mehr als ein Dieselantrieb, aber der Betrieb ist deutlich günstiger, und es wird davon ausgegangen, dass sich der Wasserstoffantrieb innerhalb von ein oder zwei Jahren amortisiert, sofern der Kraftstoff leicht verfügbar ist.

Maschinen in Gelb

Seit der Gründung des Unternehmens hat JCB das Produktprogramm erheblich erweitert. Das Spektrum an Maschinen umfasst die Sparten Bauwirtschaft, Landwirtschaft,

Der 15 Tonnen wiegende Radbagger JS 145 W ist mit einem 97 kW (132 PS) starken Dieselmax-Motor aus eigener Produktion ausgestattet. Auf der Straße kann der mobile Bagger eine Geschwindigkeit von 30 km/h erreichen.

Der JS 260 LC zählte mit einem Gewicht von etwa 26 Tonnen zu den schwereren Raupenbaggern von JCB. Die Motorleistung lag bei 140 kW (190 PS).

Industrie, Logistik sowie Abfall und Recycling. Zu den Produkten für die Bauwirtschaft gehören unter anderem Baggerlader, Kettenbagger, Minibagger, wendige und vielseitige Mobilbagger, Teleskoplader, Radlader, Kompaktlader, Walzen zur Erdverdichtung sowie Raddumper (Vorderkipper) und kleine, auf Bandlaufwerken fahrende Dumpster. Die JCB-Beststeller, die Baggerlader, werden mit einer Motorleistung von 55 kW (75 PS) bis 81 kW (110 PS) und einer maximalen Grabtiefe von 4,33 bis 6,51 Metern angeboten. Die Kettenbagger gibt es im Leistungsbereich von 81 bis 129 kW (110 bis 175 PS) sowie mit einem Betriebsgewicht von 15.100 bis 18.000 Kilogramm. Die Fastracs befinden sich im landwirtschaftlichen und kommunalen Bereich. Man kann sie jedoch im praktischen Einsatz auch bei Transportaufgaben in anderen Wirtschaftszweigen antreffen. Die maximale Motorleistung liegt im Bereich von

133 bis 260 kW (178 bis 348 PS). Die Modelle der Baureihe 4000 können eine Höchstgeschwindigkeit von 60 Stundenkilometern erreichen. Bis zu 70 km/h sind die Modelle der Serie 8000 schnell.

LIEBHERR: VON SCHWABEN IN DIE WELT

↑ Die Gemeinde Kirchdorf an der Iller zählt zu den wichtigsten Industriestandorten in Europa. Der Grund dafür ist die Firma Liebherr, die Baumaschinen in die ganze Welt verschickt.

Kirchdorf an der Iller ist eine Gemeinde im Bundesland Baden-Württemberg mit knapp 4000 Einwohnern. Dieser kleine Ort ist der Stammsitz eines der weltweit führenden Hersteller von Baumaschinen. Hans Liebherr (1915–1993), der Unternehmensgründer, wurde in der etwa 53 Kilometer entfernten, in Bayerisch-Schwaben liegenden Stadt Kaufbeuren als Sohn eines Müllers geboren. 1916 fiel Hans Liebherrs Vater im Ersten Weltkrieg, weshalb seine Mutter 1922 mit dem Baumeister Johannes Sailer aus Kirchdorf eine zweite Ehe einging. Dies hatte zur Folge, dass auch der kleine Hans in der Ortschaft an der Iller aufwuchs. Dort besuchte er sieben Jahre lang die örtliche Volksschule und begann anschließend eine Lehre. Eigentlich wollte Hans Konditor werden, aber auf Wunsch des Stiefvaters übernahm er das elterliche Baugeschäft, weshalb er eine entsprechende Lehre absolvierte. 1938 legte er die Prüfung als Baumeister ab und übernahm die Leitung der Firma.

← Ein Denkmal in Kirchdorf erinnert an den berühmtesten Bürger der Gemeinde. Nur wenige Menschen waren auf so vielen Gebieten innovativ und erfinderisch wie Hans Liebherr.

Mit der Machtübernahme der Nationalsozialisten änderte sich das Leben Hans Liebherrs. Aufgrund der Wiedereinführung des Militärdienstes musste er von 1934 bis 1936 in der Reichswehr dienen. Wegen des 1939 ausgebrochenen Kriegs musste er erneut die Uniform anziehen. Diesmal kam er in einem Pionier-Bataillon an der Ostfront zum Einsatz und wurde zweimal verwundet. Gegen Ende des Kriegs befand er sich in einem Lazarett bei Dresden und machte sich nach dem Ende der Kriegshandlung auf den Weg zurück in seine Heimat.

Wiederaufbau und der erste Kran

Sobald sich die Situation in Deutschland stabilisiert hatte, die ersten Versorgungsprobleme beseitigt waren und es nach der Gründung der Bundesrepublik Deutschland wieder eine vertrauenswürdige Währung gab, begann die Zeit des Wiederaufbaus. Eine schwierige Aufgabe wurde der Liebherr-Firma 1948 von dem Elektrizitätsunternehmen Energie-Versorgung Schwaben übertragen: Sie sollte beim Illerkraftwerk Aitrach-Ferthofen die durch einen Bombenangriff zerstörte

↖ Auf einer Fläche von 435.000 Quadratmetern produzieren etwa 1770 Beschäftigte pro Jahr ungefähr 3900 Maschinen. Mittlerweile ist Kirchdorf nur noch einer von mehreren Produktionsstandorten.

↑ Ein LH 80 steht auf einem Tieflader zum Abtransport bereit. Das Einsatzgewicht des Umschlagbaggers kann bis zu 76,5 Tonnen betragen. Der Motor hat eine Leistung von 230 kW (313 PS).

Brücke entfernen. Dies gelang Hans Liebherr und seinen Mitarbeitern durch die Verwendung von Sprengstoff, den sie alten Bomben entnommen hatten.

Der wirtschaftliche Aufschwung, der Westdeutschland erfasste, wird oft als „Wirtschaftswunder“ bezeichnet. Es ging wieder aufwärts, und es war nicht nur ein Gefühl. Die Menschen räumten die Trümmer weg, bauten die zerstörten Häuser wieder auf und brachten in den Betrieben die Maschinen wieder zum Laufen. Nicht nur den damaligen Menschen erschien der Aufschwung wie ein Wunder, auch später schaute man auf den Zeitraum, der Ende der 1940er-Jahre begann und sich bis in die 1960er-Jahre erstreckte, als wäre der Westen Deutschlands ein Wirtschaftswunderland gewesen. Tatsächlich lag das Wirtschaftswachstum von 1950 bis 1954 bei 8,8 Prozent. Von 1955 bis 1958 lag das Wachstum bei 7,2 Prozent, und von 1959 bis 1963 konnten immer noch 5,7 Prozent verzeichnet werden. Dies sind Werte, die heute unvorstellbar sind.

Die ersten Jahre des Wiederaufbaus waren für einen großen Teil der Bevölkerung aber auch eine Zeit der Not. Viele Wohnungen in den Städten waren zerstört. Der ländliche Raum war zwar während des Kriegs von Bombenangriffen verschont geblieben, aber Millionen von Vertriebenen und Flüchtlingen kamen in den Westen, um sich eine neue Existenz aufzubauen. Es herrschte ein großer Bedarf an Wohnraum.

Von dem Wiederaufbau, dem Wachstum und dem damit verbundenen Ausbau der Infrastruktur profitierte auch die Baubranche. Hans Liebherr kannte als Leiter des Baugeschäfts in Kirchdorf aus eigener Erfahrung den Bedarf an Werkzeugen und Maschinen für das Baugewerbe und den Wohnungsbau. Gemeinsam mit Technikern und Handwerkern machte er sich 1949 an die Konstruktion eines eigenen mobilen Krans. Das Ergebnis, der Turmdrehkran mit der Bezeichnung TK 10, hatte den Vorteil, dass er sich durch das Anschrauben von Rädern leicht transportieren und ohne großen Aufwand innerhalb von drei Stunden auf der Baustelle montieren ließ. Die maximale Tragfähigkeit des Krans lag bei zwei Tonnen. Die Nachfrage blieb zwar bei der Vorstellung auf der Frankfurter Herbstmesse zunächst zurückhaltend, bald erkannten aber immer mehr Bauunternehmen den Nutzen des flexiblen Krans und bestellten sich ein Exemplar bei Liebherr. Eine Reaktion auf die steigende Nachfrage war die Gründung der Hans Liebherr Maschinenfabrik. Nach dem Aufbau einer Produktionsanlage begann 1950 der Verkauf. Die schnelle

Auf Hans Liebherr geht eine enorme Bandbreite von Produkten zurück. Dazu gehören auch Kühlschränke, die in den 1950er-Jahren in den deutschen Haushalten eine zunehmende Verbreitung fanden.

Ausweitung des Betriebs zeigt, wie groß der Bedarf an Baumaschinen wie dem TK 10 zu dieser Zeit war. Ende des folgenden Jahres waren in dem Betrieb bereits 400 Personen beschäftigt, und der Umsatz lag bei 8 Millionen DM.

Die 1950er: Im Zeichen des Wirtschaftswunders

„Not macht erfinderisch", lautet ein Sprichwort. In den 1950er-Jahren war das Wirtschaftswunder in vollem Gang, aber in manchen Bereichen herrschte noch Knappheit. Als Hans Liebherr Zahnräder für die Getriebefertigung benötigte, musste er feststellen, dass er sie nicht in der ausreichenden Menge bekommen konnte. Seine Lösung bestand darin, selbst Wälzfräsmaschinen zur Zahnradherstellung zu fertigen.

Gleichzeitig arbeitete Hans Liebherr an der Weiterentwicklung des Krans. Bereits 1951 konnte er den ZVL 8 vorstellen. Als Baufachmann wusste er über die Anforderungen und den Maschinenbedarf auf Baustellen Bescheid. Neben der Hebetechnik waren auch Erdbewegungsmaschinen gefragt. So entstanden 1952 die ersten Liebherr-Radlader mit der Typenbezeichnung Elefant, die aber im Stadium von Prototypen blieben und nie in Serienfertigung gingen.

1953 wollte Hans Liebherr einen Seilbagger mieten. Zwischen dem Gewicht und der Leistung der Maschine schien ihm aber ein Missverhältnis zu bestehen. Er machte sich also an die Arbeit und konstruierte einen eigenen Bagger. Acht Monate später konnte er den L 300 vorstellen, einen der ersten Hydraulikbagger Europas. Der erste Liebherr-Bagger wog nur ein Viertel so viel wie der angemietete Seilbagger. 1954 ging der L 300 in Serie. Die Maschine fuhr auf einem Fahrwerk mit sechs Rädern. Das Heck war mit einer Doppelbereifung ausgestattet. Am schmalen Vorderteil rollte der Bagger auf zwei eng beieinander liegenden Rädern, wie man sie zu dieser Zeit von amerikanischen Reihenfruchttraktoren kannte. Als Antrieb diente ein 25 PS starker Dieselmotor. Zwei Jahre nach dem Stapellauf des Radbaggers war auch eine Ausführung mit einem Raupenlaufwerk verfügbar. Diese Version wog 9 Tonnen und bekam die Typenbezeichnung MR 300.

Ein Kran war das erste Produkt der Hans Liebherr Maschinenfabrik. Heute ist die Firma Liebherr einer der weltweit wichtigsten Kranbauer. Hergestellt werden verschiedene Kranmodelle für unterschiedliche Einsatzzwecke.

Aufgrund seines Erfolgs erfuhr auch der Radbagger eine Weiterentwicklung. Er wurde zunächst in A 300 umbenannt und hieß ab 1957 A 350. Im Zuge seines Umbaus erhielt er eine achtfache Bereifung.

Da Kirchdorf eine kleine Ortschaft ist, war es unvermeidlich, dass es angesichts des steigenden Umsatzes bald zu einem Arbeitskräftemangel kommen würde. 1954 entstand deswegen ein weiteres Werk in Biberach. Heute ist dieses Werk Sitz der Liebherr-Werk Biberach GmbH und ist für die Produktion von Turmdrehkranen zuständig. Etwa 1650 Beschäftigte produzieren auf einer Gesamtfläche von 200.000 Quadratmetern die passende Hebetechnik für die verschiedensten Baustellen.

Ebenfalls 1954 gründete Liebherr in Schussenried (ab 1966 Bad Schussenried) ein Werk für die Produktion von Maschinen zur Herstellung von Beton. Die Bandbreite der Mischanlagen reicht heute von kompakten mobilen Maschinen bis zu Anlagen für Höchstleistungen bei der Betonproduktion. Um eine möglichst hohe Qualität zu gewährleisten, hat Liebherr außerdem eine Versuchsabteilung mit einem Betonlabor eingerichtet. Das Testzentrum nimmt auch Kundenaufträge entgegen, um Mischversuche zu testen. Seit 1967 werden in Bad Schussenried Fahrmischer für den Betontransport hergestellt. Die hochmoderne Fertigung ermöglicht die Produktion von bis zu 4500 Fahrmischern pro Jahr.

Mit der Aufnahme von Betonpumpen in das Produktionsprogramm rundete das Werk 2019 das Angebot an Betontechnik ab. Die Liebherr Mischtechnik GmbH in Bad Schussenried gilt somit als Komplettanbieter in diesem Bereich.

Der wirtschaftliche Aufschwung der 1950er-Jahre veränderte nicht nur das Land, sondern auch das Privatleben. Mit der Wirtschaft wuchsen auch die Einkommen, und mit den dicker werdenden Portemonnaies statteten die Menschen ihre Wohnzimmer, Küchen, Bäder und Keller mit immer mehr Geräten aus, die ihnen das Leben erleichterten. Von besonderer Nützlichkeit erwies sich der Kühlschrank. Er half, Nahrungsmittel, aber auch Medizin, länger als es sonst möglich gewesen wäre, aufzubewahren. Bis 1950 hatte sich aber nur ein sehr kleiner Prozentsatz der Bevölkerung ein solches Kühlgerät leisten können. Dies änderte sich in einem kurzen Zeitraum. Bis 1962 stieg der Anteil der Haushalte, in denen ein Kühlschrank stand, auf etwa 50 Prozent an. Dies hing nicht nur mit den steigenden Löhnen, sondern auch mit den fallenden Preisen durch die effizientere Massenfertigung zusammen.

Obwohl Hans Liebherr bereits ein Baumaschinenhersteller war, stieg er auch noch in die Fertigung von Kühlschränken ein. Dieser Schritt war jedoch eher die Folge eines Zufalls. 1953 wurde er vom Filialdirektor seiner Hausbank gefragt, ob er Interesse an der Übernahme einer in Konkurs gegangenen Kühlschrankfabrik habe. Er besichtigte das Werk und erkundigte sich über die Produktionsverfahren und -zeiten sowie über die Preise. Und er gewann Interesse – allerdings nicht an der Übernahme des Werks, sondern am eigenen Einstieg in die Produktion von Kühl- und Gefrierschränken. Um

Mobilbagger gehörten ebenfalls zu den frühesten Produkten von Liebherr. Die Bagger entwickelten sich zu einem der wichtigsten Produkte von Liebherr und wurden schon früh in Lizenz auch von anderen Herstellern gefertigt.

Aus dem Werk der Tochtergesellschaft Liebherr-France SAS in Colmar kommt dieser Baggergigant, der mit einer Klappschaufel ausgestattet ist. Der R 980 SME hat ein Einsatzgewicht von etwa 100 Tonnen und kann bis zu 800.000 Tonnen Gestein befördern.

diese Haushaltsgeräte herzustellen, ließ er in Ochsenhausen, einer etwa 15 Kilometer von Kirchdorf entfernten Kleinstadt, ein eigenes Werk errichten.

Heute stellt die Sparte Kühlen und Gefrieren neben Kühlschränken, Gefrierschränken, Gefriertruhen, Weinschränken und Laborgeräten auch Kühl- und Gefriergeräte für die gewerbliche Verwendung her. Die Produktion erfolgt außer in Ochsenhausen an vier weiteren Standorten: Lienz in Österreich, Marica in Bulgarien, Kluang in Malaysia sowie Aurangabad in Indien.

Eine erste Expansion ins Ausland erfolgte 1958 mit der Eröffnung eines Werks im irischen Killarney. In der im Südwesten der grünen Insel gelegenen Stadt wurden zunächst Turmdrehkrane hergestellt. Das irische Werk sollte dem Unternehmen einen Einstieg in den englischsprachigen Markt, vor allem dem des Vereinigten Königreichs und der Vereinigten Staaten, ermöglichen. Die Unterzeichnung der Römischen Verträge, das heißt die Gründung der Europäischen Wirtschaftsgemeinschaft, war erst ein Jahr zuvor geschehen, und bis sich Irland und Großbritannien dem europäischen Wirtschaftsraum anschlossen, sollte noch einige Zeit vergehen.

Heute ist Killarney Sitz der Firma Liebherr Container Cranes Ltd und stellt Hafenausrüstung und Containerkrane aller Größen her. Zu der Produktpalette des Killarney-Werks gehören Container-Verladebrücken, bereifte und schienengebundene Container-Stapelkrane sowie Portalhubwagen.

Die 1960er: Kühlschränke, Luftfahrt und Krane

Als ob Baumaschinen und Kühlschränke noch nicht genug gewesen wären, begann Hans Liebherr Ende der 1950er-Jahre sich auch mit der Flugzeugtechnologie zu befassen. 1960 gründete er die Liebherr-Aero-Technik GmbH in der kleinen Stadt Lindenberg im Allgäu. Am Anfang beschäftigte sich das Unternehmen zunächst mit Reparaturen und der Lizenzfertigung von Ersatzteilen. Die Konzerntochter schaffte es, von diesen bescheidenen Anfängen durch die Produktion eigener Komponenten und Systeme zu einer festen Größe in der Luftfahrtindustrie aufzusteigen.

1996 erfolgte die Umbenennung der Firma in Liebherr-Aerospace Lindenberg GmbH. Zu den Produkten gehören Flugsteuerungs- und Betätigungssysteme sowie Getriebe und Elektronik für Flugzeuge und Hubschrauber. Zu den Auftraggebern zählen so bedeutende Unternehmen der Luftfahrtindustrie wie Airbus, Boeing und Bombardier. Das Werk in Lindenberg hat eine Gesamtfläche von 160.000 Quadratmetern. Die Zahl der Beschäftigten in dem Betrieb liegt bei ungefähr 2770 Personen.

Ein weiterer Standort im Ausland entstand 1961 mit der Errichtung eines Werks im französischen Colmar. In der elsässischen Stadt wurden zunächst Hydraulikbagger hergestellt. Dazu kamen auch Minibagger. Die wirklich aufsehenerregenden Produkte,

die in Colmar gefertigt werden, sind jedoch die Großbagger, die für den Bergbau, für Abbrucharbeiten, Erdbewegung und die Gewinnung seltener Metalle eingesetzt werden und bis zu 800 Tonnen wiegen können. Dazu kommen auch Nassbagger für den maritimen Einsatz. Seit 2011 ist die französische Tochtergesellschaft Liebherr-Mining Equipment Colmar SAS für den Bau der Großhydraulikbagger verantwortlich. Das Werk umfasst eine Fläche von 170.000 Quadratmetern und beschäftigt ungefähr 660 Mitarbeiter. Die Liebherr-France SAS konzentriert sich seitdem auf ein Typenprogramm von Raupenbaggern und Sondergeräten für Spezialaufgaben. 1460 Personen sind in diesem Werk mit einer Gesamtfläche von 364.000 Quadratmetern beschäftigt.

Eine weitere Werksgründung erfolgte 1969 in Ehingen, einer etwa 25 Kilometer von Ulm entfernten Stadt. Das Unternehmensziel der Liebherr-Werk Ehingen GmbH war zunächst die Produktion von Auto- und Schiffskranen. Bereits im Folgejahr erhielt das Werk einen Großauftrag über die Lieferung von 50 Teleskopkranen, und zwar von der sowjetischen Staatshandelsgesellschaft. Die Kunden scheinen zufrieden gewesen zu sein, denn 1981 kam aus der Sowjetunion ein weiterer Großauftrag, diesmal über 333 Teleskop-Mobilkrane mit Zusatzausrüstung für den Einsatz bei extrem niedrigen Temperaturen.

Die Auslastungsgrenze des Ehinger Werks war bereits 1976 erreicht, weswegen die Produktion der maritimen Krane an das Werk im österreichischen Nenzing abgegeben wurde. Einen weiteren Großauftrag für Mobilkrane erteilte 1990 das Bundesamt für Wehrtechnik und Beschaffung. Angesichts der positiven Auftragslage waren weitere Investitionen in die Produktion und eine Erweiterung des Werks nötig. Das Liebherr-Werk in Ehingen umfasst heute ein Areal von 850.000 Quadratmetern und beschäftigt über 3000 Personen. 2012 schrieb das Werk mit dem Bau des bis dahin größten Raupenkrans konventioneller Bauart Geschichte. Der LR 13000 ist ein Gigant, der unter anderem im Kraftwerksbau eingesetzt wird. Er hat eine Hubhöhe von 236 Metern und kann bis zu 3000 Tonnen heben.

In den 1960er-Jahren gewannen die Hydraulikbagger auf den Baustellen zunehmend an Verbreitung. Dies führte dazu, dass immer

↖ Aus dem Werk Ehingen stammen Raupenkrane wie der LR12500-1.0. Der Riesenkran hat eine Tragkraft von 1350 Tonnen und ein Eigengewicht von 2500 Tonnen. Sein Einsatzfeld befindet sich bei einem Kran- und Schwerlastunternehmen.

↑ Der Liebherr R 922 ist ein Raupenbagger mit einem Eigengewicht von 21,7 Tonnen und einer Motorleistung von 110 kW (150 PS). Hydraulikbagger werden von Liebherr bereits seit 1961 hergestellt.

Mobilkrane, wie der LTM 1650-8.1, werden im Liebherr-Werk Ehingen hergestellt. Dieses Exemplar ist gerade bei der Reparatur einer 80 Meter hohen Windkraftanlage in der italienischen Region Molise im Einsatz.

mehr Anbieter auf den Markt drängten. Liebherr reagierte 1961 auf die wachsende Herausforderung durch die Konkurrenz mit der Einführung des neuen Baggers vom Typ 500. Das Modell war als Raupen- und Mobilversion mit Rädern erhältlich. Zu den Vorteilen des Neulings gehörten das relativ geringe Gewicht von 10,5 Tonnen sowie die Leistungssteigerung. Außerdem konnten die Werkzeuge der Vorgängermodelle auch mit dem Typ 500 verwendet werden. Das Modell befand sich bis 1966 in Produktion. In einer weiterentwickelten Ausführung war es bis 1969 erhältlich.

Weitere Bagger-Modelle, die in den 1960er-Jahren auf den Markt kamen, waren der Typ 600, der mit seinen 14 Tonnen Gewicht und 65 PS Motorleistung zu den Großen unter den Baggern zählte. In einer überarbeiteten Version wurde er als Typ 700 bis 1966 und als Typ 750 noch länger produziert.

Liebherr-Maschinen waren sowohl in Kiesgruben als auch auf Baustellen zu finden. Die Bagger, Raupen, Krane und Radlader besetzten bereits in den 1970-Jahren eine zentrale Stelle auf dem Markt für Baumaschinen.

Die 1970er: Transatlantische Beziehungen

In den 1970er-Jahren wagte Liebherr den Sprung über den großen Teich. In den Vereinigten Staaten fasste das schwäbische Unternehmen Fuß durch die Gründung der Firma Liebherr-America Inc. mit Sitz in Newport News, etwas über 200 Kilometer südlich von Washington. Das Ziel war es, den nordamerikanischen Markt mit Baumaschinen, Werkzeugmaschinen, Materialflusstechnik und Luftfahrtausrüstung zu versorgen. Eine Verstärkung bekam die nordamerikanische Liebherr-Vertretung durch die Gründung der Firma Liebherr-Canada Ltd. mit Sitz in der Stadt Burlington in der Provinz Ontario. Das Unternehmensziel des Liebherr-Ablegers war der Vertrieb von Hydraulikbaggern.

Im gleichen Jahr verstärkte Liebherr auch seine Präsenz im südlichen Teil des amerikanischen Kontinents mit der Gründung der Liebherr Brasil Ltda. in der brasilianischen Stadt Guaratinguetá. Das Werk beschäftigt sich mit dem Bau von Schiffs-, Werft- und Hafenkranen.

Auch in technischer Hinsicht brachte das Jahrzehnt Innovationen mit sich. 1977 stellte Liebherr mit dem LTM 1025 den weltweit ersten All-Terrain-Mobilkran vor. Der Kran war sowohl für den Straßen- als auch für den Geländeeinsatz konzipiert. Der Teleskoparm des Krans konnte eine Länge von 24 Metern erreichen. Die maximale Tragkraft lag bei 25 Tonnen.

ENERGIEKRISEN
Die Zeit des Wirtschaftswunders war mit der kurzen Rezession von 1967 endgültig vorbei. Erste dunkle Wolken zogen bereits Anfang der 1970er-Jahre auf. Aber die Ölkrise, die im Oktober 1973 begann, führte nicht nur zu einer erhöhten Inflationsrate, sondern auch zu einer Rezession, die eine steigende Arbeitslosigkeit zur Folge hatte. Die Regierung der Bundesrepublik Deutschland sah sich angesichts der steigenden Kraftstoffpreise zu bisher unbekannten Maßnahmen gezwungen. Dazu gehörten Fahrverbote an vier Sonntagen sowie eine vorübergehende Geschwindigkeitsbegrenzung von 100 km/h auf Autobahnen und von 80 km/h auf Landstraßen. Zu den wirtschaftlichen Problemen kamen Sorgen neuer Art hinzu. Eine Gruppe von Experten aus verschiedenen Fachgebieten und Ländern, die sich „Club of Rome" nannte, warnte vor dem Versiegen der Rohstoffquellen und dem Kollaps der Umwelt. Themen wie Energiesparen und Nachhaltigkeit begannen unter dem Motto „Weg vom Öl" nicht nur die Politik zu beschäftigen, sondern auch in der Öffentlichkeit Gehör zu finden.
Als ob es noch einer Erinnerung an den Ernst der Lage bedurft hätte, folgte 1979 die zweite Ölkrise. Die Ursachen waren diesmal der Sturz des iranischen Schahs und anschließend der Ausbruch des Ersten Golfkriegs. Die Folgen waren auch diesmal wieder Inflation, Rezession und eine steigende Arbeitslosigkeit.
Angesichts dieser Entwicklung begann der Energieverbrauch bei Fahrzeugen und Maschinen aller Art eine immer wichtigere Rolle zu spielen.

Der Ausklang des Jahrhunderts

In den 1980er-Jahren fuhr die Firma Liebherr fort, die Produktvielfalt zu erhöhen. Dies betraf sowohl die Breite der Produktpalette als auch die Fertigungstiefe. Zur Ausweitung des Produktprogramms gehörte die Übernahme eines Seilbaggers des insolventen Baumaschinenherstellers Menck & Hambrock im schleswig-holsteinischen Ellerau. Nach dem Kauf der Konstruktionszeichnung begann Liebherr im Werk Nenzing in Österreich mit dem Bau einer weiterentwickelten Version des Baggers.

Bei Liebherr wird gebaut. Das Unternehmen expandiert nicht nur hinsichtlich der Gebäude und Niederlassungen, sondern auch bezüglich der Produktvielfalt und der Fertigungstiefe.

Hinsichtlich der Fertigungstiefe unternahm Liebherr 1984 einen entscheidenden Schritt mit dem Bau eigener Dieselmotoren, die nun nicht mehr von anderen Herstellern hinzugekauft werden mussten. Der Leistungsbereich der Motoren, die heute von Liebherr gefertigt werden, reicht von 130 kW (177 PS) bis 4500 kW (6118 PS). Die Dieselaggregate arbeiten mit 4 bis 20 Zylindern und sind für schwerste Einsatzbedingungen konzipiert.

Zu den technischen Innovationen gehörte die Litronic-Steuerung, die 1989 auf der Fachmesse Bauma vorgestellt wurde. Dieses System ermöglichte eine wirtschaftlichere Arbeitsweise und eine Optimierung der Leistung. Im Laufe der Jahre wurden mehr und mehr Maschinen mit der Litronic-Steuerung ausgestattet.

Liebherr setzte auch in geografischer Hinsicht die Expansion fort. In China war das Unternehmen bereits seit 1978 mit einer Vertretung in Peking präsent. Der wirtschaftliche Aufstieg des Reichs der Mitte konnte

➔ Liebherr ist nach wie vor auch in der Ursprungsregion auf Expansion bedacht. Deswegen war es nötig, weitere Stellplätze für die produzierten Maschinen bereitzustellen sowie ein neues Logistikzentrum zu errichten.

angesichts der Wachstumsraten, die durch die Reformen ermöglicht wurden, von keinem international tätigen Unternehmen mehr ignoriert werden. Mitte der 1990er-Jahre nahm das erste Joint-Venture von Liebherr in der Stadt Xuzhou, in der Provinz Jiangsu, den Betrieb auf. Die Unternehmensziele beinhalteten die Entwicklung, Produktion und den Vertrieb von Fahrmischern und Mischanlagen.

Ein Generationswechsel in der Führung des Unternehmens hatte sich schon abgezeichnet, als Hans Liebherr aus dem operativen Geschäft ausgeschieden war, um sich auf die strategische Unternehmensführung zu konzentrieren. Am 7. Oktober 1993 verstarb der Firmengründer im Alter von 78 Jahren. Seine Kinder übernahmen die Leitung des Unternehmens, zu dem 46 Tochtergesellschaften gehörten, das 15.000 Personen beschäftigte und einen Jahresumsatz von über vier Milliarden DM erzielte.

Krane haben für Liebherr eine besondere Bedeutung: Mit ihnen begann die Maschinenproduktion, sie sind nach wie vor eines der wichtigsten Produkte des Unternehmens, und Liebherr ist auch im neuen Jahrtausend einer der weltweit wichtigsten Hersteller von Kranen.

Das neue Jahrtausend

Trotz der sogenannten „Asienkrise", mit der die 1990er-Jahre endeten, setzte sich im neuen Jahrtausend der wirtschaftliche Aufstieg vor allem ost- und südasiatischer Länder fort. Allen voran galt China als neue Wirtschaftsmacht, und auch Indien begann seinen Aufstieg zu einer der wichtigsten Industrienationen. Bei Liebherr reagierte man auf die wachsende Bedeutung dieser Länder mit weiteren Investitionen. Im indischen Bangalore wurde 2004 ein Standort für die Endmontage und Inbetriebnahme von Verzahnmaschinen sowie für Vertriebs- und Serviceleistungen eröffnet. Im gleichen Jahr erfolgte die Eröffnung einer neuen Produktionsstätte für Raupenbagger und Radlader im chinesischen Dalian. Aber auch andere Standorte wurden nicht vergessen. 2005 begann die Fertigung von maritimen Kranen im mecklenburgischen Rostock. Im gleichen Jahr bekam die Luftfahrtsparte von Liebherr einen Ableger in Brasilien. In dem Werk in Guaratinguetá werden Hightech-Teile für Flugzeugkomponenten bearbeitet, oberflächenbehandelt und montiert. Zwei Jahre später entstand in Malaysia ein Werk für die Produktion von Kühl- und Gefriergeräten für den gewerblichen Einsatz. In Colmar, wo bereits seit 1961 Hydraulikbagger hergestellt werden, bekamen die Mining-Bagger ein neues Produktions- und Entwicklungszentrum. 2015 nahm außerdem ein neues Logistikzentrum in Oberopfingen, in der Nähe des Stammwerks in Kirchdorf, den Betrieb auf.

Neben der wirtschaftlichen Seite brachte das neue Jahrtausend auch im technischen Bereich Fortschritte mit sich. Das „Internet der Dinge" ist bereits seit 1999 ein Begriff, mit dem die Vernetzung verschiedener Geräte – darunter sogar Haushaltsgeräte – über das Internet bezeichnet wird. Unter dem Motto „Making your life smarter" stellte die Hausgeräte-Sparte von Liebherr auf der Internationalen Funkausstellung (IFA) 2016 einen „intelligenten" Kühlschrank vor. „SmartDevice" heißt die Technologie, die Liebherr in Zusammenarbeit mit Microsoft für Kühlschränke entwickelte. Mit Hilfe der SmartDevice-App ist es möglich, den klugen

Kühlschrank über ein Smartphone oder ein Tablet zu steuern, und zwar überall, wo ein Zugang zum Internet besteht. Auch Statusmeldungen, wie zum Beispiel über offen gelassene Türen, können als Push-Nachricht auf das Smartphone gelangen. Durch die Objekterkennung einer Kamera werden eingelagerte Lebensmittel erkannt und auf Wunsch Vorrats- beziehungsweise Einkaufslisten erstellt. Darüber hinaus kann der Kühlschrank über ein Smart-Home-Netzwerk mit anderen Geräten im Haus kommunizieren.

Der 3D-Druck gehört ebenfalls zu den neuen Technologien, die in den letzten Jahrzehnten zunehmend im Gespräch waren und immer mehr Verbreitung fanden. Liebherr-Aerospace begann 2017 mit dem 3D-Druck zur Fertigung von Hydraulikkomponenten zur Flugsteuerung. Die Komponente, bei der es sich um einen Ventilblock handelte, kam in einem Airbus A380 zum Einsatz. Der Ventilblock hatte den Vorteil, dass er leichter als herkömmliche Ventilblöcke war und aus weniger Einzelteilen bestand.

In eine ganz andere Größenklasse gehört der Heavy-Lift-Offshore-Kran HCL, der zur Installation von Windparks, im Öl- und Gas-Sektor sowie für den Rückbau von Offshore-Anlagen eingesetzt wird. Bei dem Schwerlastkran handelt es sich um den bis dahin größten von Liebherr gebauten Kran. Er kann bei einer Ausladung von 50 Metern bis zu 3000 Tonnen in eine Höhe von 170 Metern heben.

Weitere Themen, die mit Beginn des neuen Jahrtausends zunehmend an Bedeutung gewannen, waren der Umweltschutz, erneuerbare Energien und Nachhaltigkeit. 2016 erfolgte der Spatenstich für den Naturstromspeicher Gaildorf in der Nähe von Schwäbisch Hall. In 246,5 Metern Höhe entstand in den folgenden Jahren die höchste Onshore-Windkraftanlage der Welt mit einem Pumpspeicherkraftwerk. Bei der Durchführung des Projekts spielten Baumaschinen von Liebherr eine bedeutende Rolle.

„Eco-Clim“ heißt ein Klimasystem, das aus der Luftfahrtindustrie kommt und von Liebherr-Transportation Systems 2018 in einem Regionalzug der Eisenbahngesellschaft SNCF eingebaut wurde. Das Klimasystem funktioniert völlig ohne chemische Kältemittel, die sich schädlich auf die Ozonschicht auswirken könnten, und ist deswegen besonders umweltfreundlich. Es ist damit ein weiterer Schritt in eine nachhaltige Zukunft.

Der Liebherr R 926 ist mittlerweile in der achten Generation erhältlich. Mit jeder Generation erfuhr der 27,5 Tonnen wiegende Bagger Verbesserungen. Die neueste Version ist mit einem 150 kW (204 PS) starken Motor aus eigener Produktion ausgestattet.

NEW HOLLAND: VON DER SCHEUNE ZUM GLOBAL PLAYER

New Holland wurde durch die Bau- und Landmaschinen, die unter dieser Marke vertrieben werden, ein weltweit bekannter Name. Nur wenige bringen ihn aber mit der kleinen Ortschaft in Pennsylvania, in der alles begann, in Verbindung.

Aus der von Abe Zimmerman gegründeten Werkstatt entstand die New Holland Machine Company, die wiederum die Keimzelle eines der bedeutendsten Unternehmen der Landtechnikbranche wurde.

In Europa sieht man den Namen New Holland auf Baumaschinen nicht oft, dafür umso häufiger auf Traktoren, Mähdreschern und anderen Landmaschinen. Die zu CNH Industrial gehörende Marke ist aber weltweit nicht nur einer der bedeutendsten Anbieter von Maschinen im Agrarsektor, sondern spielt auch eine wichtige Rolle im Bautechnikbereich.

Angesichts der Größe und Bedeutung des Unternehmens hätten die Anfänge nicht unscheinbarer sein können. Im Oktober 1895 eröffnete Abraham Zimmerman (1869–1944, auch Abe oder Abram genannt) am Rande der Ortschaft New Holland in einer ehemaligen Scheune eine kleine Reparaturwerkstatt für Landmaschinen. New Holland ist eine Kleinstadt im landwirtschaftlich geprägten Lancaster County im amerikanischen Bundesstaat Pennsylvania. Die Einwohnerzahl liegt heute bei fast 6000. Zu der Zeit, als Abe seine Werkstatt eröffnete, lebten etwa 1000 Personen in dem Ort. Die Region, in der New Holland liegt, ist von der einfachen Lebensweise seiner zum Teil aus Mennoniten und Amischen bestehenden Einwohnerschaft geprägt. Auf technische Errungenschaften wird in diesen traditionellen Gemeinschaften oft verzichtet, weswegen manche sogar heute noch die Landwirtschaft mit Pferden statt mit Traktoren betreiben.

Abe Zimmerman stand der Technik dagegen nicht ablehnend gegenüber. Er begnügte sich auch nicht mit dem Reparieren von Maschinen, sondern baute selbst welche. Zu seinen Erfindungen gehörten eine tragbare Schrotmühle, ein Steinbrecher und ein frostsicherer Motor. Darüber hinaus vertrieb er Ottomotoren, die zu dieser Zeit in der nahe gelegenen Großstadt Philadelphia produziert wurden. Zimmerman gelang es sogar, einen eigenen Motor zu konstruieren. 1903 kam es mit der Beteiligung von Geschäftsleuten und Farmern zur Gründung einer Firma mit dem Ziel der Motorenproduktion.

Die New Holland Machine Company florierte in den ersten Jahrzehnten des zwanzigsten Jahrhunderts. 1910 bestand die Belegschaft aus ungefähr 250 Personen. Doch dann kamen die schwierigen Jahre der Weltwirtschaftskrise, und das Unternehmen stand knapp vor dem Untergang. 1938 kam es sogar zu einem völligen Stillstand der Produktion. Es war eine Innovation, die das Unternehmen rettete. 1940 brachte New Holland eine neuartige Ballenpresse auf den Markt, mit der die Rückkehr in die Riege der bedeutenden Landmaschinenhersteller gelang. Die besondere Stärke lag im Bereich der Maschinen für die Heu- und Grünfutterernte.

Von Sperry zu Ford New Holland

In den 1970er-Jahren stieg New Holland zu einem der weltweit größten Hersteller von Landmaschinen auf. Der Schwerpunkt lag auf der Erntetechnik, aber auch andere Maschinen, wie Gabelstapler, waren in den gelb-roten Farben erhältlich.

1947 wurde New Holland von dem Technologieunternehmen Sperry Corporation (ab 1955 Sperry Rand) übernommen, um zur neuen Landmaschinensparte des Konzerns namens „Sperry New Holland" ausgebaut zu werden. In den 1950er-Jahren eröffnete Sperry New Holland die erste Fabrik in Großbritannien, und in den 1960er-Jahren erfolgte die Übernahme des belgischen Mähdrescherherstellers Claeys, des ersten europäischen Herstellers selbstfahrender Mähdrescher. Zu den herausragenden innovativen Entwicklungen von New Holland gehörte zu dieser Zeit ein Ladewagen, der bei der Heu- oder Strohernte die gepressten Quaderballen automatisch aufnahm und sie stapelte. Mitte der 1970er-Jahre stand der Erntespezialist an fünfter Stelle auf dem Landmaschinenmarkt, hinter John Deere, International Harvester, Ford und Case.

1986 war ein weiteres herausragendes Datum in der Geschichte von New Holland. In diesem Jahr erfolgte ein Übernahmeangebot durch die Burroughs Corporation, dem sich Sperry Rand nicht entziehen konnte. Das Ergebnis war eine Fusion der beiden Konzerne, aus der die Unisys Corporation entstand. Verschiedene Unternehmenssparten passten jedoch nicht in das neue Geschäftsmodell und wurden zum Verkauf angeboten. Diese Gelegenheit nutzte die Ford Motor Company und übernahm die Agrartechniksparte der einstigen Sperry Rand Corporation. Aus diesem Besitzerwechsel ging die neue Ford-Tochter Ford New Holland hervor.

Ford hatte eine lange Erfahrung im Traktorenbau. Der Unternehmensgründer, Henry Ford, hatte schon früh die Absicht gehabt, nicht nur Automobile für die Durchschnittsfamilie zu bauen, sondern auch den Landwirten die Umstellung des Betriebs von Pferden auf Traktoren zu ermöglichen. Dies war ihm mit der Einführung der Fordson-Traktoren gelungen. Auch nach dem Tod des Firmengründers gehörte Ford zu den wichtigsten Herstellern im Landtechnikbereich. Eine Erweiterung des Produktportfolios gelang dem Unternehmen 1987 noch durch den Zukauf des kanadischen Traktorherstellers Versatile. Die Traktorgiganten aus Winnipeg waren von nun an in dem typischen Ford-Blau unter dem Namen des neuen Eigentümers erhältlich.

Vier Jahre nach der Gründung von Ford New Holland entschloss sich das Management in Dearborn für den Rückzug aus dem Landtechnikbereich und die Bündelung der Kräfte auf einem anderen Gebiet. Dies rief einen weiteren bedeutenden Akteur der Automobil- und Landtechniksparten auf den Plan: den italienischen Konzern Fiat, der mit Fiatagri ebenfalls im Landtechnikbereich tätig war. Fiat übernahm New Holland, einschließlich der Ford- und Versatile-Schlepper, und im Gegenzug erhielt Ford die europäische Lkw-Reihe von Fiat. Das nun zum Fiat-Konzern gehörende New Holland war Mitte der 1990er-Jahre einer der größten Traktoren- und Mähdrescherhersteller. Die Mitarbeiterzahl betrug weltweit etwa 20.000, und die Produkte wurden in 100 Ländern von ungefähr 6000 Händlern verkauft. Zukäufe kleinerer Unternehmen rundeten das Angebot ab und verstärkten die Marktpräsenz.

Fiat auf der Baustelle

Fiat hatte ebenfalls eine lange Erfahrung im Land- und Bautechnikbereich. Die ersten Traktoren des Turiner Unternehmens waren kurz nach dem Ersten Weltkrieg auf den Markt gekommen. Manche Modelle waren mit Raupenlaufwerken ausgestattet und sowohl in der Landwirtschaft als auch in der Baubranche einsetzbar. In den 1930er-Jahren war die Mechanisierung der Landwirtschaft in Italien auf den großen Gütern weit fortgeschritten, während die Mechanisierung im Bauwesen und bei der Erdbewegung noch hinterherhinkte. Viele landwirtschaftliche Maschinen wurden deswegen in Raupenschlepper und Planierraupen umgebaut. Bei Fiat blieb die Nachfrage nicht unbemerkt, und man entschloss sich, für die Bereiche Erdbewegung und öffentliche Arbeiten eine eigene Abteilung zu schaffen, nämlich Fiat TMM (Fiat Macchine Movimento Terra / Fiat Erdbewegungsmaschinen). In der Anfangszeit beschränkte man sich noch darauf, aus einigen großen Schleppermodellen Schaufelbagger und Planierraupen zu machen.

Im Laufe der 1950er- und 1960er-Jahre reichten mechanische Schaufelbagger und Planierraupen allein nicht mehr aus, um die wachsende Nachfrage auf dem Baumaschinenmarkt zu decken. Aus diesem Grund schloss sich Fiat 1974 mit dem amerikanischen Unternehmen Allis-Chalmers zusammen und gründete die Tochtergesellschaft Fiat-Allis, um eine Reihe von Produkten für den Bau- und Erdbewegungsbereich herzustellen. Raupenschlepper entstanden in Brasilien, den Vereinigten Staaten und Italien, Radbaggerlader in den USA und England, Bagger in Italien und Brasilien sowie Grader und Raupenschlepper in den USA.

In den 1970er- und 1980er-Jahren revolutionierten die mit einem hydraulischen Arm ausgestatteten Bagger die Welt des Bauwesens. Um in diesem Bereich stärker vertreten zu sein, erwarb Fiat die Firma Simit und später die Benati-Gruppe. In Italien stellte Fiat Bagger mittlerer Größe und Leistung her. Fiat-Allis entwickelte sich weltweit hinter dem Marktführer Caterpillar zu einem der bedeutendsten Hersteller von Baumaschinen. Mit der Gründung von Fiat Geotech mit Sitz in Modena wurde Fiat-Allis Teil dieser Holding, zu der auch Fiatagri, die Landtechniksparte, gehörte.

Die Hydraulikbagger der Brüder Carlo und Mario Bruneri aus Turin schrieben Geschichte. Sie wurden von mehreren anderen Herstellern auf Lizenz gefertigt. Fiat übernahm 1969 die Firma Simit, die in Turin die Maschinen fertigte.

SIMIT

Die Brüder Carlo und Mario Bruneri schrieben 1947 Technikgeschichte durch die Erfindung des hydraulischen Schaufelbaggers. Das erste internationale Patent meldeten sie 1951 in Turin an. Der Name ihrer Firma lautete schlicht „Carlo & Mario Bruneri" und ihr Bagger bekam den Namen „Yumbo". 1954 erhielt die französische Firma Sicam eine Lizenz zur Herstellung des Baggers. Es handelte sich dabei um den ersten in Frankreich hergestellten hydraulischen Bagger. Die Maschine wurde zum Graben von Straßen- und Eisenbahntunnels auf der ganzen Welt eingesetzt. Die Bruneri-Brüder vergaben auch Produktionslizenzen an große Hersteller, wie Drott in den USA, Mitsubishi in Japan, Priestman in Großbritannien und Tusa in Spanien. 1963 konnten die Gebrüder Bruneri und ihre Mitarbeiter die Fertigstellung des eintausendsten Yumbo feiern.

Die Nachfolger der beiden Unternehmensgründer beschlossen 1965, ihre Aktivitäten zu trennen. So entstanden die Firmen Simit S.p.A. und Hydromac S.p.A. Beide Unternehmen entwickelten und fertigten Hydraulikbagger. 1969 wurde Simit Teil von Fiat TMM. Hydromac blieb eigenständig, musste jedoch angesichts der wachsenden Konkurrenz aus Asien 1996 den Betrieb einstellen.

New Holland und Case

1993 änderte die Holding ihren Namen von Fiat Geotech zu NH Geotech, die Maschinen wurden jedoch weiterhin mit ihren eigenen Marken und Lackierungen verkauft. Der Übernahmevertrag erlaubte es Fiat, den Markennamen Ford bis zum Jahr 2000 bei den Traktoren weiterhin zu benutzen. Sowohl Fiat als auch Ford – zwei geschichtsträchtige Namen – verschwanden aber in den 1990er-Jahren von den Motorhauben der Schlepper und machten der neuen Traktormarke New Holland Platz.

1998 erweiterte Fiat das Baumaschinenangebot durch die Übernahme des in Deutschland beheimateten Unternehmens Orenstein & Koppel, das vor allem im Bereich der Planiermaschinen und Radbagger einen wichtigen Beitrag zur Produktpalette leisten konnte. Aber der richtige Coup gelang Fiat 1999 mit der Übernahme der Case Corporation, die die Turiner 4,3 Milliarden Dollar kostete. Damit befanden sich zwei der größten Land- und Baumaschinenhersteller unter einem Dach. CNH Global war geboren. 2005 fusionierten die verschiedenen zu Fiat gehörenden Baumaschinenmarken, wie Orenstein & Koppel und Fiat-Allis, zu New Holland Construction. 2011 wurde NH Construction Teil von Fiat Industrial. Ende 2013 kam es zu einer weiteren Fusion, nämlich von Fiat Industrial mit CNH Global zu CNH Industrial.

Zu den Produkten, die New Holland Construction anbietet, gehören Radlader, Kompaktradlader, Baggerlader, Kompaktlader, Baggerlader, Gabelstapler und Mini-Raupenbagger. Die Konzernzentrale von CNH Industrial befindet sich in Amsterdam. Die Produktion findet in 37 Werken in Europa, Lateinamerika, Nordamerika und Asien statt. Ein Netzwerk von Händlern und Distributoren in rund 170 Ländern weltweit ist für den Vertrieb der Produkte zuständig.

Biogas und Elektromotoren

Die wachsenden Anforderungen an die Umweltverträglichkeit der Maschinen spielen auch bei New Holland eine zunehmend wichtige Rolle. Dazu gehört die Entwicklung von Motoren, mit denen die neuesten Abgasvorschriften eingehalten werden und die zugleich durch einen niedrigen Kraftstoff-

↙ Durch die Kooperation von Fiat mit Allis-Chalmers entstand Fiat-Allis, ein bedeutender Anbieter von Produkten für die Bau- und Erdbewegungsbranche, die weltweit unter dem neuen Markennamen vertrieben wurden.

↓ Fiat übernahm 1998 den bedeutenden Baumaschinenhersteller Orenstein & Koppel. Damit konnte der Baumaschinensektor von Fiat vor allem im Bereich der Planiermaschinen und Radbagger eine breitere Produktpalette anbieten.

New Holland Agriculture und FPT Industrial entwickelten den Motor, der mit Biogas betrieben werden kann. Die Technologie hat möglicherweise auch eine Zukunft im Bausektor.

verbrauch einen kostensparenden Betrieb ermöglichen.

Eine besondere technologische Innovation im Bereich der grünen Energie präsentierte die Landtechniksparte des Unternehmens. 2022 war New Holland Agriculture offizieller Sponsor des Giro d'Italia. Bei dieser Gelegenheit bekam das Publikum den Traktor T6.180 Methane Power entlang der Strecke des Radrennens zu sehen. Das Besondere an dem Schlepper ist der Motor, der gemeinsam mit FTP (Fiat Powertrain Technologies) entwickelt worden war und mit Biomethan betrieben werden kann. Das Gas kann aus Gülle, Stroh oder sogenannten Energiepflanzen durch den landwirtschaftlichen Betrieb selbst erzeugt werden. Auf diese Weise ist es sogar möglich, dass das Fahrzeug oder der Betrieb einen negativen CO2-Fußabdruck aufweisen.

Gülle zum Erzeugen von Biomethan steht den Unternehmen im Bausektor in der Regel zwar nicht zur Verfügung. Die Technologie könnte eines Tages aber auch beim Betrieb von Baumaschinen nützlich sein, zumal auch die Kommunen auf alternative Antriebstechniken setzen. Gemeinden und Städte wollen Emissionen von CO2 und Lärm reduzieren. In diesen Fällen bietet sich deshalb eine Umstellung des Fuhrparks auf den Betrieb mit Biomethan an.

Eine weitere Strategie der Abgasreduzierung oder -vermeidung ist der Einsatz von Elektromotoren. 2023 stieg New Holland Construction mit seinem Elektro-Minibagger E15X, dem ersten vollelektrischen und batteriebetriebenen Modell im Minibagger-Portfolio, in den Elektrofahrzeugmarkt ein. Der 21,5-PS-Motor bekommt seine Energie von einer kobaltfreien Lithium-Ionen-Batterie. Er ist genauso leistungsstark wie sein Dieseläquivalent, der E14D. Mit einer voll aufgeladenen Batterie kann dieser Bagger bis zu acht Stunden lang betrieben werden. Die Aufladung kann mit der Schnellladefunktion in 10 Stunden an einer Standard-110-Volt-Steckdose erfolgen. Die Ladeflexibilität ermöglicht es dem Bediener, den Bagger während der Mittagspause schnell oder über Nacht langsam aufzuladen. Der E15X ist nicht nur emissionsfrei, mit dem Bagger wird außerdem umweltfreundliches Biohydrauliköl verwendet, um die Wartungsintervalle zu verlängern. Darüber hinaus ist der Betrieb wegen des Elektroantriebs bedeutend leiser als bei einer Maschine mit Dieselmotor. Beim E15X handelt es sich zwar um einen Mini-Bagger, aber es kann damit gerechnet werden, dass dessen umweltschonende Technik in Zukunft auch bei größeren Modellen eine Rolle spielen wird.

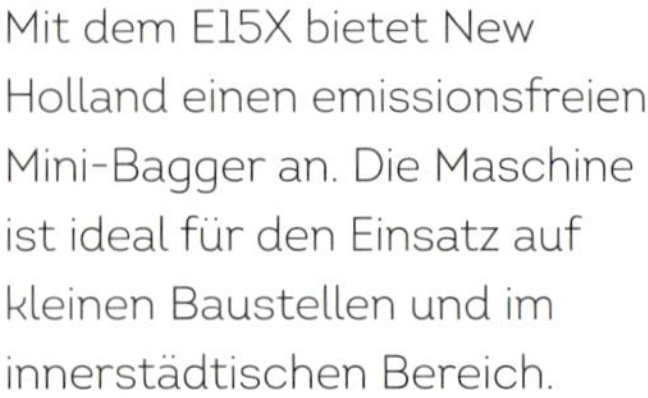

Mit dem E15X bietet New Holland einen emissionsfreien Mini-Bagger an. Die Maschine ist ideal für den Einsatz auf kleinen Baustellen und im innerstädtischen Bereich.

ORENSTEIN & KOPPEL: VON KIPPLOREN ZU BAUMASCHINEN

Als das Mutterland der Industriellen Revolution gilt Großbritannien. Kontinentaleuropa hinkte dagegen hinterher. Dies betraf nicht zuletzt Deutschland, das von den Grenzen der vielen Einzelstaaten durchzogen war und in dem oft sogar mit unterschiedlichen Maßen und Währungen gehandelt werden musste. Dazu kam in einigen Gebieten das Misstrauen gegenüber den lärmenden Maschinen und allgemein dem Fortschritt. Die Eröffnung der ersten Eisenbahnlinie zwischen Nürnberg und Fürth stieß noch von manchen Seiten her auf Ablehnung. Das bayrische Medizinalkollegium äußerte zum Beispiel den Einwand, dass die hohe Geschwindigkeit der Wagen bei den Passagieren Kopfschmerzen und ein Schwindelgefühl verursachen könne.

Der Beginn der Industrialisierung in Deutschland wird gewöhnlich in dem Zeitraum von 1830 bis 1850 verortet. Einen bedeutenden Schub erfuhren die Industrie und der Handel in Deutschland jedoch 1871 mit der Gründung des Deutschen Reichs. Nun fielen nicht nur die Grenzen, die Wirtschaft konnte sich auch auf einheitliche Gesetze und Normen verlassen. Auch die Infrastruktur erfuhr einen schnellen Ausbau. 1873 waren im Deutschen Reich 21.200 Kilometer Eisenbahnstrecken vorhanden. Bis 1913 verdreifachte sich das Schienennetz auf 63.700 Kilometer.

Eisenbahnbedarf

Der zunehmende Eisenbahnverkehr hatte eine wachsende Nachfrage nach Wagen, Loren, Schienen, Weichen und anderen Bau- und Ersatzteilen zur Folge. 1876 gründeten Benno Orenstein (1851–1926) und Arthur Koppel (1851–1908) in Schlachtensee, das heute zu Berlin gehört, die Orenstein & Koppel OHG. Das Ziel des Unternehmens war zunächst der Handel mit Bedarf von Feld- und Industriebahnen. Dazu gehörten Kipploren, die zum Transport von Schüttgut, Erde, Kies, Abraum und ähnlichem Material verwendet wurden. Die Unternehmer bezogen außerdem von Walzwerken Grubenschienen und Schwellen, die bedeutend leichter als die herkömmlichen Schienen und Schwellen waren. Sie wurden anschließend auf dem Lagerplatz der Firma zu transportablen Schienen verbunden. Diese für schmalspu-

↑ Im Werk Spandau wurden Eisenbahnwaggons und Baumaschinen hergestellt. Darunter befanden sich auch Bagger. Nach der Übernahme durch New Holland erfolgte die Produktion von Gradern. 2015 schloss das Werk.

↓ Kipploren für die Eisenbahn gehörten zu den frühesten Produkten, die von Orenstein & Koppel hergestellt wurden. Das Bild zeigt das Angebot an diesen Fahrzeugen in einem französischen Katalog von vermutlich 1919.

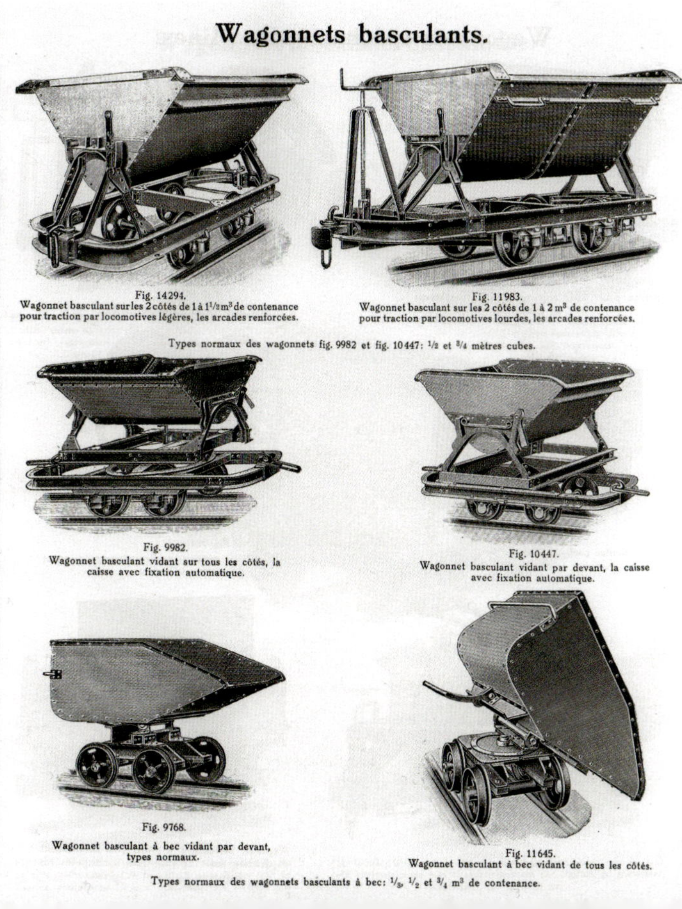

Wagonnets basculants.

Fig. 14294.
Wagonnet basculant sur les 2 côtés de 1 à $1^1/_2$ m³ de contenance pour traction par locomotives légères, les arcades renforcées.

Fig. 11983.
Wagonnet basculant sur les 2 côtés de 1 à 2 m³ de contenance pour traction par locomotives lourdes, les arcades renforcées.

Types normaux des wagonnets fig. 9982 et fig. 10447: $^1/_2$ et $^3/_4$ mètres cubes.

Fig. 9982.
Wagonnet basculant vidant sur tous les côtés, la caisse avec fixation automatique.

Fig. 10447.
Wagonnet basculant vidant par devant, la caisse avec fixation automatique.

Fig. 9768.
Wagonnet basculant à bec vidant par devant, types normaux.

Fig. 11645.
Wagonnet basculant à bec vidant de tous les côtés.

Types normaux des wagonnets basculants à bec: $^1/_3$, $^1/_2$ et $^3/_4$ m³ de contenance.

rige Feldbahnen gedachten Schienen ließen sich im Vergleich zu normalspurigen Gleisen ohne großen Aufwand verlegen und wieder aufnehmen.

Trotz aller Erfolge trennten sich 1885 die beiden Partner. Arthur Koppel übernahm das Auslandsgeschäft und gründete dafür eine eigene Firma. Orenstein nahm neue Partner auf, zu denen auch sein Bruder gehörte.

In der Folgezeit fand eine schnelle Erweiterung des Unternehmens mit dem Aufbau zusätzlicher Standorte statt. Dazu gehörten eine neue Niederlassung in Berlin und eine Zweigstelle in Dorstfeld bei Dortmund, wo später Eisenbahnwagen und Baumaschinen hergestellt wurden. Zu den Baumaschinen, die in neuerer Zeit aus dem Werk Dortmund-Dorstfeld kamen, gehörte 1997 der RH 400, der ab 2012 Caterpillar 6090 hieß und mit seinen 980 Tonnen Gewicht sowie einer Leistung von 4570 PS seinerzeit als der größte Hydraulikbagger für Aufsehen sorgte.

Die Firma Orenstein & Koppel erweiterte den Vertrieb ins Ausland durch die Eröffnung von Niederlassungen in Prag, Budapest, Buenos Aires, Durban und Johannesburg in Südafrika, Java in Niederländisch-Indien (dem heutigen Indonesien) sowie im indischen Kalkutta. 1897 erfolgte die Umwandlung der Firma in eine Aktiengesellschaft mit dem Namen „Aktiengesellschaft für Feld- und Kleinbahnen-Bedarf, vormals Orenstein & Koppel“. Ab 1900 stellte das Unternehmen auch Eisenbahnfahrzeuge für die Normalspur her.

Eine Zeit der Herausforderungen

1905 kam es zu einer erneuten Kooperation der ursprünglichen Partner, die 1909 in eine Fusion der Aktiengesellschaft mit der Arthur Koppel AG zur „Orenstein & Koppel – Arthur Koppel AG“ mündete. Weitere Fabriken entstanden bei Potsdam, in Spandau sowie in Warschau.

1913 konnte das Unternehmen die Fertigstellung der fünftausendsten Lokomotive feiern. Zu diesem Zeitpunkt waren ungefähr 13.000 Mitarbeiter in dem Unternehmen beschäftigt. Aber der Ausbruch des Ersten Weltkriegs im folgenden Jahr brachte eine dramatische Änderung der Situation mit sich. Während des Kriegs baute O&K für die Regierung Lokomotiven und Eisenbahnwagen aller Größen. Mit der Niederlage des Deutschen Reichs im November 1918 schränkten die siegreichen Alliierten die deutschen Produktions- und Militärkapazitäten ein und beschlagnahmten gemäß den Bestimmungen des Versailler Vertrags alle Feldbahnlokomotiven der Armee. Die restriktiven Bestimmungen hatten außerdem einen Verlust von Exportmärkten zur Folge. Die 1920er-Jahre brachten die Hyperinflation, einen kurzen wirtschaftlichen Aufschwung und am Ende des Jahrzehnts die Weltwirtschaftskrise mit sich. Für Orenstein & Koppel war dies ebenfalls eine bewegende Zeit. 1922 brachte das Unternehmen einen Dampfbagger auf den Markt. Allerdings ging die Zeit der Dampfmaschinen auch bei Orenstein & Koppel zu Ende, weshalb 1926 Dieselmotoren den Dampfantrieb ersetzten. Nach Bedarf nahm die O&K-Werkstatt auch bei älteren Ma-

Mit einem Gewicht von 3 Tonnen gehörte der Orenstein & Koppel RH 1.30, der sich in den 1990er-Jahren in Produktion befand, zur Klasse der leichteren Bagger. Als Antrieb besaß er den 23 kW (31 PS) leistenden Deutz-Motor BF4M1008.

schinen den Umbau von Dampf- auf Dieselantrieb vor. Die schwierige Wirtschaftslage führte jedoch Ende 1925 dazu, dass der Betrieb in dem Werk Nordhausen wegen fehlender Nachfrage für drei Monate eingestellt werden musste. Die wirtschaftliche Situation des Unternehmens stabilisierte sich in den folgenden Jahren wieder. Anfang der 1930er-Jahre beschäftigte das Unternehmen ungefähr 20.000 Menschen in 35 Filialen.

In den 1930er Jahren stellte O&K in Spandau neben Feldbahnen auch normalspurige Lokomotiven für die Deutsche Reichsbahn her. Das Werk baute außerdem Seilbagger und Schaufelradbagger. Die Wirtschaftskrise wurde in diesem Jahrzehnt zwar in Deutschland überwunden, aber die Machtergreifung der Nationalsozialisten wirkte sich auch auf das Unternehmen aus. Wegen der jüdischen Herkunft der Gründer wurde die Firma „arisiert". In diesem Fall bedeutete dies, dass die Aktien der Familie Orenstein enteignet und einem Günstling Hermann Görings übergeben wurden. Das Unternehmen gelangte schließlich in den Besitz der Hoesch AG, einem bedeutenden Konzern der Stahl- und Montanindustrie. Der Vorstandsvorsitzende Alfred Orenstein musste nach Südafrika fliehen. 1940 erfolgte die Umbenennung der Firma in „Maschinenbau und Bahnbedarf Aktiengesellschaft, vormals Orenstein & Koppel". Kurz vor Ausbruch des Zweiten Weltkriegs nahm das Unternehmen die Herstellung von Traktoren auf. Nach Kriegsende wurde die Produktion landwirtschaftlicher Zugmaschinen in Dortmund wieder aufgenommen.

Nachkriegsaufschwung und Ende

1949 kehrte man wieder zur alten Bezeichnung Orenstein & Koppel AG zurück. Die Zentrale des Unternehmens befand sich zunächst in West-Berlin. Aber als Folge der endgültigen Teilung der Stadt durch den Mauerbau wurde der Sitz nach Dortmund verlegt. Im Osten Deutschlands wurden die Werke dagegen enteignet und in „Volkseigene Betriebe" umgewandelt. Ihre Aufgabe war zum großen Teil die Fertigung von Lokomotiven für die Reichsbahn der DDR.

In der Bundesrepublik Deutschland erfolgte die Produktion in fünf Werken, nämlich in West-Berlin, Lübeck (Krane, Radlader, Schiffe), Hagen (Gabelstapler), Hattingen (Fahrtreppen und Getriebe) sowie in Dortmund (Lokomotiven, Eisenbahnwaggons und Baumaschinen).

1986 erwarb O&K die FAUN-Frisch-Baumaschinen GmbH. Dazu gehörte das Werk Kissing bei Augsburg, das 1936 eröffnet worden und vor allem nach dem Zweiten Weltkrieg immer weiter ausgebaut worden war. Der neue Eigentümer fertigte in der Fabrik Radlader und Grader.

In den 1970er-Jahren war Orenstein & Koppel auf allen fünf bewohnten Kontinenten vertreten. Der Exportanteil betrug fast ein Drittel des Umsatzes. Ende des Jahrzehnts zeigte es sich jedoch, dass das Unternehmen

Ab 1938 wurden bei O&K Traktoren gefertigt. Nach der Enteignung und Umbenennung der Firma erhielten die Traktoren den Markennamen MBA (Maschinenbau und Bahnbedarf AG). Nach Kriegsende erfolgte wieder die Umbenennung in O&K. Die Schlepperproduktion bei O&K endete 1954.

→ Der Universal-Mobilbagger LS 041 kam in den 1960er-Jahren aus dem O&K-Werk in West-Berlin. Seine maximale Tragkraft lag bei 3,5 Tonnen. Als Arbeitswerkzeuge konnten mit dem Bagger Lasthaken, Greifer, Schleppschaufeln, Tieflöffel, Hochlöffel, Drainagelöffel und ein Universal-Hoch- und Tieflöffel eingesetzt werden.

↗ Der Radlader L 6, Serie B, wurde von Orenstein & Koppel von 1997 bis 1999 gebaut. Die 41 kW (56 PS) starke Maschine hatte ein Gewicht von 4,7 Tonnen und konnte mit ihrer Schaufel 0,8 Kubikmeter Material aufnehmen.

→ Zu den Schwergewichten gehörte der RH 20, der 50,6 Tonnen auf die Waage brachte. Der Raupenbagger war mit einem 228 kW (310 PS) starken Sechszylinder-Motor vom Typ Deutz BF6M1015 ausgestattet.

↘ Der Radlader L 35 B gehörte zu den letzten Maschinen seiner Art, die unter dem Namen Orenstein & Koppel erschienen. Diese Version wurde von 1988–1999 gebaut. Das 18,2 Tonnen wiegende Modell war mit einem 154,3 kW (218 PS) starken Motor von Deutz ausgerüstet.

der wachsenden Konkurrenz, nicht zuletzt durch die aufsteigenden japanischen Hersteller, nicht gewachsen war. Wie bei vielen anderen großen Konzernen, die in verschiedenen Industriesparten tätig waren, versuchte auch in diesem Fall der Hauptanteilseigner, die Hoesch AG, einzelne Unternehmensteile zu verkaufen. Der Bereich Anlagen und Systeme, zu dem auch die im Werk Lübeck hergestellten Tagebaubagger gehörten, ging 1992 an Krupp Industrietechnik. 1998 übernahm Terex die Produktion der schweren Hydraulikbagger für den Tagebergbau („O&K Mining Dortmund"). Die Baumaschinenfertigung wurde Teil der damaligen Fiat-Tochter New Holland. Dazu gehörte das Werk in Kissing, das als Folge des Besitzerwechsels 1999 die Tore schloss. Unter dem Dach von CNH Global entstanden zunächst weiterhin Raupenschlepper, Mobilbagger, Radlader und Grader unter dem Namen O&K. Seit 2011 wird dieser Markenname jedoch nicht mehr benutzt.

WACKER NEUSON: VON DER SCHMIEDE ZUM KONZERN

Als Johann Christian Wacker 1848 in Dresden seine Schmiede eröffnete, hätte er sich wahrscheinlich nicht träumen lassen, dass aus der Wacker-Werkstatt eines Tages ein international bedeutendes Unternehmen der Baumaschinenbranche werden würde.

Die Firma Wacker expandierte schnell. Bereits 30 Jahre nach der Gründung erfolgte der Übergang von einem Handwerksbetrieb zur industriellen Produktion. Eine der bedeutendsten frühen Innovationen des Unternehmens war ein Elektrostampfer, der zur Bodenverdichtung eingesetzt wurde und die Grundlage für den zukünftigen Erfolg des Unternehmens in diesem Bereich der Baubranche bildete. Ein weiterer Meilenstein in der Unternehmensgeschichte war die Einführung eines Innenrüttlers zur Betonverdichtung. Die Maschine ermöglichte die Verbesserung der Betonqualität und galt als technisch weltweiter Vorreiter. Der Innenrüttler eroberte ab 1934 den Markt und schuf damit ebenfalls ein neues Geschäftsfeld.

Bereits in den 1930er-Jahren erweiterte das Unternehmen sein Geschäftsfeld und begann mit dem Aufbau einer internationalen Vertriebsorganisation. Der Ausbruch des Zweiten Weltkriegs setzte aber auch in diesem Fall der Erfolgsgeschichte zunächst ein Ende. Kurz vor Kriegsende fiel das Werk einem Bombenangriff zum Opfer. Nach der Niederlage des Deutschen Reichs befand sich Dresden in der sowjetischen Besatzungszone, was einen Wiederaufbau praktisch unmöglich machte.

1945 nahm Wacker den Geschäftsbetrieb im oberfränkischen Kulmbach wieder auf. Sechs Jahre später erfolgte die Verlegung des Hauptsitzes nach München.

Eine weitere wichtige Produktneuerung war die Einführung eines Stampfers mit Verbrennungsmotor im Jahr 1952. Zu den Vorteilen der neuen Verdichtungsmaschine gehörten die erhöhte Reichweite und Flexibilität. Die Stampfer waren nun auch auf Baustellen einsetzbar, auf denen keine Stromversorgung vorhanden war.

Die Firma Wacker baute nicht nur das Produktprogramm aus, sondern auch die internationale Präsenz. Ein wichtiger Schritt war dabei die Gründung der ersten Auslandsniederlassung 1957 in Hartford, im amerikanischen Bundesstaat Wisconsin. Seit 1986 hat die amerikanische Tochtergesellschaft Wacker Neuson Corporation ihren Sitz in dem etwa 30 Kilometer von Hartford entfernten kleinen Ort Menomonee Falls. In dem Werk werden Walzen, Pumpen, Lichtmasten, Generatoren, Heizer und Kompaktlader hergestellt. Auf dem über 66 Hektar großen Gelände befinden sich außerdem ein Logistikzentrum,

↑ Zur Boden-, Asphalt- und Pflasterverdichtung dient diese Vibrationsplatte vom Typ DPU 6555. Das Betriebsgewicht beträgt 520 Kilogramm. Als Antrieb dient ein Dieselmotor mit einer Leistung von 9,6 kW (13 PS).

← Diese Grabenwalze vom Typ RT-SC2 gehört zu den modernen Maschinen im Bereich der Technik für Bodenverdichtung. Sie wird vor allem zum Verdichten von Ausschachtungen und Tragschichten für Fundamente eingesetzt. Die Walze kann mittels einer Infrarot-Fernbedienung gesteuert werden.

↑ Der DV 60 ist ein Dual View Dumper von Wacker Neuson. Der Fahrersitz kann gedreht werden, sodass der Fahrzeuglenker in beide Fahrtrichtungen einen ungehinderten Blick hat. Das Steuern erfolgt über eine Knicklenkung.

↗ Kramer führte bereits 1973 einen Systemschlepper mit Allradlenkung ein. Gelenkt wurde sowohl mit den Vorder- als auch mit den Hinterrädern. Dieser Kramer 1014 F mit Allradantrieb war für Forstarbeiten konzipiert und konnte mit verschiedenen Anbaugeräten, darunter einem Ladekran, ausgerüstet werden.

die Bereiche Forschung und Entwicklung sowie Vertrieb und Support.

Die wachsende Nachfrage nach den Produkten von Wacker führte dazu, dass 1964 auch in Deutschland ein neues Werk entstand, nämlich in dem nahe bei Ingolstadt gelegenen Ort Reichertshofen. Das Werksgelände hat eine Größe von 102.000 Quadratmetern und dient heute der Produktion von Innen- und Außenrüttlern, Frequenzumformern, Vibrationsstampfern, Vibrationsplatten, Abbruchhämmern, Zweitaktmotoren und Ersatzteilen. Außerdem befinden sich an dem Standort ein Forschungs- und Entwicklungszentrum, eine Versuchshalle sowie ein Schulungszentrum für Mitarbeiter und Vertriebspartner.

Neuson-Kramer

Ein weiteres wichtiges Datum in der Geschichte von Wacker Neuson ist das Jahr 1981, in dem im österreichischen Linz die Gründung der Neuson Hydraulik GmbH erfolgte. Etwas später wurde die Neuson Baumaschinen GmbH gegründet. Eines der Ziele war zunächst die Entwicklung hydraulischer Minibagger, von denen drei Jahre später das erste Modell auf den Markt kam. Eine Ausweitung des Produktprogramms erfolgte zur Jahrtausendwende mit der Übernahme der Firma Ebbs & Radinger, die Erfahrung im Bau von Dumpern (Vorderkippern) hatte, sowie der Akquise des britischen Kipperherstellers Lifton. Die Dumper wurden anfangs in Wien und Wales produziert. 2008 erfolgte jedoch die Konzentration der Produktion auf das österreichische Werk.

Eine weitere Fusion fand 2001 statt. Diesmal schlossen sich die Neuson Baumaschinen GmbH und die Kramer-Werke GmbH zur Neuson Kramer Baumaschinen AG zusammen. Die 1925 im badischen Gutmadingen gegründete Firma Kramer hatte eine lange Geschichte im Maschinenbau und spielte eine bedeutende Rolle in der Mechanisierung und Motorisierung der Landwirtschaft. Ab 1952 befand sich der Firmensitz in Überlingen am Bodensee. Mit der Gründung eines Geschäftsbereichs für Industrie- und Baumaschinen im Jahr 1957 begann Kramer auf dem wachsenden Markt verstärkt präsent zu sein. 1968 sorgte das Unternehmen mit der Einführung eines Radladers mit Allradantrieb und gleich großen Reifen für Aufsehen.

Der Traktorenbau spielte dagegen angesichts des gesättigten, sich konsolidierenden Markts eine immer geringere Rolle. Als Reaktion darauf entschloss man sich bei Kramer, den Geschäftsbereich Traktoren aufzugeben und sich auf Baumaschinen zu konzentrieren. Eine bedeutende Innovation in diesem Bereich erfolgte mit der Einführung des Kramer 312 SL, eines Radladers mit Allradlenkung, der sich als Verkaufsschlager erwies. Mehr als 10.000 Exemplare dieses Modells fanden einen Abnehmer.

Auch nach der Gründung der Neuson Kramer Baumaschinen GmbH, deren Sitz sich in Linz befindet, spielte Kramer eine wichtige Rolle im Baumaschinensektor. Dazu gehörte die Kooperation mit Claas zum Bau eines Teleskopladers, der 2005 auf den Markt kam. 2006 gab Kramer den Umzug nach Pfullendorf bekannt. In dem neuen Werk sollte eine Produktionssteigerung von bisher jährlich 1000 auf 6000 Maschinen möglich sein.

Wacker und Neuson-Kramer

2007 war das Jahr, in dem die Wacker Neuson AG aus dem Zusammenschluss der Neuson Kramer Baumaschinen AG mit der Wacker Construction Equipment AG, wie der offizielle Name der Firma Wacker mittlerweile lautete, entstand. Die beiden Fusionspartner ergänzten sich sowohl bezüglich des Produktangebots als auch der Absatzregionen.

Das Unternehmen vertreibt heute Produkte unter verschiedenen Marken. Stampfer, Vibrationsplatten, Hämmer, Schneidwerkzeuge, Innen- und Außenrüttler sowie Kompaktbaugeräte wie Kompaktbagger, Radlader, Dumper und Kompaktlader sind unter der Marke Wacker Neuson erhältlich. Auf allradgetriebenen Radladern, Teleskopladern und Teleskopradladern ist der traditionsreiche Name Kramer zu finden. Schließlich gibt es noch die Marke Weidemann, die hauptsächlich für landwirtschaftliche Radlader, Teleskopradlader und Teleskoplader steht.

Der Wacker Neuson ET90 ist ein Kettenbagger, der mit einem 55,4 kW (75 PS) leistenden Motor von Perkins ausgestattet ist. Laut Herstellerangaben zeichnet sich das Modell durch seinen sparsamen Betrieb aus. Es verbraucht etwa 20 Prozent weniger Kraftstoff als vergleichbare Bagger.

In Europa findet die Produktion in Reichertshofen, in Linz, in Diemelsee-Flechtdorf (Weidemann), in Pfullendorf (Kramer) sowie im serbischen Kragujevac statt. Außerhalb Europas bestehen neben der nordamerikanischen Vertretung in Menomonee Falls noch Werke auf den Philippinen, in China sowie in Brasilien.

Der WL 30 ist ein Radlader von Wacker Neuson mit Knicklenkung. Der Motor des 3,11 Tonnen wiegenden Fahrzeugs stammt auch in diesem Fall von Perkins und hat eine Leistung von 35,7 kW (48,5 PS).

JAPANS BAGGER: BAUMASCHINEN AUS DEM LAND DER AUFGEHENDEN SONNE

Hitachi ist ein Name, den fast alle kennen. Auf europäischen Baustellen sieht man ihn jedoch weniger, obwohl das Unternehmen zu den weltweit größten Baumaschinenherstellern gehört. Dagegen ist Zaxis ein Markenname, der für Hitachi-Bagger steht.

Japan erwarb nach und nach bedeutende Anteile an den europäischen und amerikanischen Märkten für Kraftfahrzeuge, Traktoren und schließlich Baumaschinen. Japanische Automobil- und Motorradmarken sind heute auf den europäischen Straßen selbstverständlich, auch wenn sich die Hersteller im Land der aufgehenden Sonne diesen Platz mit einiger Mühe erobern mussten. Die Herkunftsbezeichnung „Made in Japan" steht mittlerweile für Qualität und technischen Fortschritt. Ähnliches gilt auch für die Traktoren und Baumaschinen, die auf dem europäischen Markt vor allem im unteren Leistungssegment vertreten sind. Einige der japanischen Hersteller dieser Maschinen sind jedoch auf dem Weltmarkt in führende Positionen aufgestiegen.

Komatsu

Mit einem Umsatz von über 24 Milliarden US-Dollar im Jahr 2022 ist Komatsu das weltweit zweitgrößte Unternehmen der Baumaschinenbranche. Der Konzern hat zahlreiche Niederlassungen und Tochtergesellschaften in Japan, den Vereinigten Staaten, Schweden, Deutschland, Norwegen, Italien, dem Vereinigten Königreich, China, Thailand, Indonesien, Russland und Brasilien. Unter dem Markennamen Komatsu werden sowohl Mini- als auch Großbagger, Maschinen für große als auch für kleine Baustellen verkauft. Das Produktspektrum des Unternehmens deckt fast den ganzen Baumaschinenbereich ab.

Komatsu entstand in der gleichnamigen japanischen Stadt als Tochterunternehmen der Bergbaugesellschaft Takeuchi, um Industriewerkzeuge für die Muttergesellschaft herzustellen. Komatsu war aber bald so erfolgreich und groß genug, um am 13. Mai 1921 als selbstständige Firma ausgegliedert zu werden.

Komatsu begann in den 1930er-Jahren mit der Produktion von Traktoren, Raupenschleppern, Panzern und Haubitzen für das japanische Militär. Nach dem Zweiten Weltkrieg erweiterte die Firma das Produktsortiment mit der Aufnahme von nichtmilitärischen Raupenschleppern und Gabelstaplern. 1949 begann das Unternehmen mit der Produktion seines ersten Dieselmotors. Im August 1951 wurde der Firmensitz nach Tokio verlegt. Japan erfuhr, ähnlich wie der Westen Deutschlands, nach dem Krieg im Zuge des Wiederaufbaus ein starkes Wirt-

↖ Die Planierraupe D51PX von Komatsu ist mit einem 98 kW (133 PS) leistenden Motor aus eigener Produktion ausgestattet. Das Fahrzeug verfügt über einen hydrostatischen Antrieb, das heißt, zum Beschleunigen und Abbremsen muss nicht geschaltet werden.

↑ Ab und zu sieht man noch Hanomag-Baumaschinen, wie diesen Radlader. Seit 1989 gehört das einst bedeutende Industrieunternehmen jedoch zu Komatsu, und in der Zwischenzeit ist der Name Hanomag von den Baumaschinen verschwunden.

schaftswachstum, das wieder die Nachfrage nach Raupenschleppern, Planierraupen und anderen Baumaschinen anheizte. 1957 war das Unternehmen technologisch weit genug fortgeschritten, um alle seine Modelle mit Komatsu-Motoren ausstatten zu können.

1967 betrat Komatsu den amerikanischen Markt, der von Caterpillar als größter Raupenschlepperhersteller dominiert wurde. Der Slogan von Komatsu lautete „Maru-C", was als Anspielung auf das Brettspiel Go für „umkreise Caterpillar" stand. In den folgenden Jahren kam es zur Gründung von Niederlassungen in anderen Ländern Asiens und des amerikanischen Kontinents.

Einen wichtigen Stützpunkt in Europa erlangte Komatsu 1989 durch die Übernahme der Hanomag AG in Hannover. Hanomag war einst ein bedeutendes Unternehmen, das in mehreren Bereichen der deutschen Industrie eine wichtige Rolle gespielt hatte. Dazu gehörten der Lokomotivbau im 19. und frühen 20. Jahrhundert, der Motorenbau ab Anfang des 20. Jahrhunderts und sogar die Herstellung eines legendären Automobils ab 1924, des sogenannten „Kommissbrot". Nirgendwo spielte Hanomag jedoch eine so bedeutende Rolle wie in der Motorisierung der Landwirtschaft. In diesem Bereich gehörte Hanomag durch die Einführung von Motorpflügen im frühen 20. Jahrhundert zu den Vorreitern in Deutschland. Später genossen die Traktoren aus dem Hause Hanomag einen hervorragenden Ruf, was jedoch das Unternehmen nicht davor bewahrte, angesichts eines sich konsolidierenden Markts 1971 die Fertigung der landwirtschaftlichen Nutzmaschinen einstellen zu müssen. Hanomag konzentrierte sich von nun an auf die Herstellung von Baumaschinen. Nach mehreren Umstrukturierungen, Eigentümerwechseln und einem Konkurs entstand 1987 die Hanomag AG, deren Aktienmehrheit zwei Jahre später von Komatsu übernommen wurde. In dem Werk in Hannover werden gegenwärtig vor allem Radlader, Kompaktradlader und Mobilbagger produziert, allerdings unter dem Markennamen des neuen Eigentümers.

Die Firma Komatsu brachte im Laufe ihrer Geschichte einige herausragende Maschinen auf den Markt. Dazu gehörte die von 1989 bis 2012 gebaute Planierraupe D575A, die mit einer Motorleistung von 858 kW (1167 PS) das stärkste Modell ihrer Zeit war. 2008 sorgte Komatsu mit der Einführung des PC200-8, des ersten Hybrid-Baggers, für Schlagzeilen. Hybrid bedeutet in diesem Fall, dass kinetische Energie aus dem Schwenkgetriebe zurückgewonnen und als elektrische Energie gespeichert wird. Diese Energie wird bei Beanspruchung wieder abgerufen und eingesetzt. Als Folge davon kann der Bagger erheblich Kraftstoff sparen und leiser arbeiten.

↑ Der U55-4 ist ein Minibagger von Kubota. Das 5,4 Tonnen wiegende Fahrzeug wird von einem 33,8 kW (46 PS) leistenden Motor aus eigener Produktion angetrieben. Der Bagger fährt auf einer Gummikette mit einer Breite von 40 Zentimetern.

↗ Der U27-4 ist ein weiterer Kubota-Minibagger, der für Arbeiten auf engem Raum geeignet ist. Das Fahrzeug wiegt nur 2590 Kilogramm und kann deswegen sogar mit einem Autoanhänger angeliefert werden. Der Motor hat eine Leistung von 15,4 kW (20,9 PS).

Kubota

Die Maschinen von Kubota sind heute auf zahlreichen Baustellen präsent. Die Geschichte des Unternehmens mit Sitz im japanischen Osaka begann zwar schon im Jahr 1890, als der Unternehmer Gonshiro Kubota mit der Produktion von gusseisernen Rohren für die Verwendung als Wasserleitungen begann. 1922 baute die Firma ihren ersten Verbrennungsmotor. Dabei spielte die hauseigene Gießerei eine wichtige Rolle, denn einzelne Bauteile, wie das Kurbelgehäuse und die Zylinderköpfe, konnten selbst hergestellt werden. Auch in der Folgezeit konnte die Teilefertigung mit den steigenden Anforderungen an die immer komplizierter werdenden Motoren mithalten. 1937 eröffnete Kubota ein Werk, das allein für die Motorproduktion zuständig war.

In den 1930er-Jahren spielte bereits der Export eine zunehmend wichtige Rolle. 1932 kam aus den Niederlanden eine Bestellung für 3000 Tonnen Gasrohre. Eine Order für 2500 Tonnen Wasserrohre folgte ebenfalls aus den Niederlanden. Norwegen, Mexiko, Ägypten und andere Länder zählten zu den anderen frühen Exportmärkten. Die Handelsbarrieren, die als Folge der Weltwirtschaftskrise von vielen Ländern errichtet wurden, brachten den Exportmarkt jedoch zunächst zum Erliegen.

Kubota ist heute vor allem in zwei Bereichen weltweit ein bekannter Name: im Landwirtschafts- und im Bausektor. Der Einstieg in den landtechnischen Bereich begann bereits kurz nach dem Zweiten Weltkrieg mit dem Bau eines Kultivators. Für die Produktion von Baumaschinen wurde 1953 die Tochtergesellschaft Kubota Ken-ki Kabushiki-gaisha (Kubota Baumaschinengesellschaft) gegründet. Das Unternehmen gelangte schon bald an die Spitze des japanischen Markts für Mobilkrane.

Erste Schritte auf dem Nachkriegs-Exportmarkt unternahm Kubota 1967 mit dem Bau kleiner Kompakttraktoren für den amerikanischen Automobil- und Landtechnikkonzern Ford. Bald danach verkaufte das Unternehmen Schlepper auf dem US-Markt auch unter eigenem Namen. Eine erste europäische Verkaufsniederlassung errichtete Kubota 1974 in Frankreich. 1979 folgte eine Tochtergesellschaft im Vereinigten Königreich, und 1983 kam es zur Gründung einer deutschen Niederlassung. Sowohl im Landtechnik- als auch im Baumaschinenbereich eroberte sich

Kubota nach und nach vor allem im unteren Leistungsbereich bedeutende Marktanteile. Von 1979 bis 2017 konnte das Unternehmen 100.000 Bagger in Europa verkaufen.

Das im Baumaschinenbereich in Europa angebotene Produktprogramm umfasst heute Kompakt- und Minibagger mit einem Einsatzgewicht von 0,9 bis 9 Tonnen sowie einer Motorleistung von 7,6 kW (10,3 PS) bis 49 kW (66,6 PS). Dazu gibt es Kettendumper und Radlader.

Yanmar

Yanmar hat nicht nur in Japan als Hersteller von Dieselmotoren, Bau- und Landmaschinen eine bedeutende Position inne, man kann vor allem Bagger des japanischen Herstellers im unteren Leistungsbereich auch auf europäischen Baustellen antreffen. Das Unternehmen wurde 1912 in Osaka gegründet und trägt seit 1921 den Firmennamen Yanmar. 1920 begann das Unternehmen mit der Produktion eines Petroleummotors, und 1933 folgte die Einführung eines Dieselmotors, bei dem es sich nach eigenen Angaben um die weltweit erste brauchbare kleine Ausführung eines Motors dieser Art handelte. Die Bedeutung, die der Dieselmotor für das Unternehmen hat, äußerte sich darin, dass Magokichi Yamaoka, der Gründer der Firma Yanmar, zum Gedächtnis an Rudolf Diesel 1957 in Augsburg einen japanischen Garten anlegen und eine Gedächtnistafel aufstellen ließ.

Yanmar ist heute vor allem in den Bereichen Fahrzeugtechnik, Baumaschinen und Landtechnik tätig. Zeitweise produzierte Yanmar Kleintraktoren für den amerikanischen Landtechnikgiganten John Deere. In den letzten 20 Jahren engagierte sich das Unternehmen außerdem verstärkt in der Entwicklung unbemannter Luftfahrzeuge.

2016 übernahm Yanmar das europäische Kompaktbaumaschinengeschäft von Terex. Mit übernommen wurde auch das Werk in Crailsheim, in dem heute Midibagger, Radlader und Radbagger hergestellt werden. Ein weiteres Werk befindet sich im französischen Saint-Dizier, aus dem die Yanmar-Minibagger kommen. Als Ersatzteil- und Logistikzentren dienen die Niederlassungen in Rothenburg ob der Tauber sowie in Marnaval in Frankreich.

↑ Mit seinen geringen Abmessungen gehört der Yanmar SV60 noch zu den Minibaggern. Er bringt jedoch ein Einsatzgewicht von ungefähr 5655 bis 5685 Kilogramm auf die Waage und wird von einem 33,5 kW (45,5 PS) leistenden Motor angetrieben.

← Zur Klasse der Midibagger gehört der Yanmar ViO80. Abhängig von der Ausführung, liegt das Gewicht bei 8 beziehungsweise 8,8 Tonnen. Der Motor kann eine Nettoleistung von 39,3 kW (53,5 PS) vorweisen und verfügt über einen Eco-Modus, der die Drehzahl für einen kraftstoffsparenden Betrieb regelt.

Impressum

Verantwortlich: Jerome P. Schäfer
Satz: Helen Garner
Lektorat: Ralf J. Klumb | The Wordworms
Einbandgestaltung: GM
Repro: LUDWIG:media
Herstellung: Julia Hegele
Printed in Poland by CGS Printing

Sind Sie mit diesem Titel zufrieden? Dann würden wir uns über Ihre Weiterempfehlung freuen.
Erzählen Sie es im Freundeskreis, berichten Sie Ihrem Buchhändler, oder bewerten Sie das Werk online. Und wenn Sie Kritik, Korrekturen oder Aktualisierungen haben, freuen wir uns über Ihre Nachricht an den GeraMond Media, Postfach 40 02 09, D-80702 München oder per E-Mail an lektorat@verlagshaus.de.

Unser komplettes Programm finden Sie unter

Alle Angaben dieses Werkes wurden vom Autor sorgfältig recherchiert und auf den neuesten Stand gebracht sowie vom Verlag geprüft. Für die Richtigkeit der Angaben kann jedoch keine Haftung übernommen werden.

Die Deutsche Nationalbibliothek verzeichnet diese Publikation in der Deutschen Nationalbibliografie; detaillierte bibliografische Daten sind im Internet über http://dnb.d-nb.de abrufbar.

Infanteriestraße 11a, 80797 München
ISBN 978-3-98702-016-2

Bildnachweis

Benn, Hans auf Pixabay 155
Bowen, John T. / World Digital Library 37 o
British Library 12 ol, 12 u, 21, 22 o, 23 o, 30 u, 34 o, 51 l
Burns, Elmer Ellsworth 26 Mitte
Caterpillar Inc. 112 o, 113, 114 beide, 115 ol, 117 ol, 119, 126
Caterpillar Energy Solutions 124
CNH Industrial 71 o, 100 beide, 101 beide, 102 beide, 103, 104, 105 beide, 106 beide, 107 o, 108, 148 beide, 149, 150, 151 ur, 152 beide, 156 ol
Doukhan, Denis auf Pixabay 14 ul
dimitrisvetsikas1969 auf Pixabay 47 l
Dussel, Wim / flickr.com (CC BY-SA 2.0 / creativecommons.org/licenses/by-sa/2.0) 77 o
Dw1975 / CC BY-SA 3.0 (creativecommons.org/licenses/by-sa/3.0/) 134 u
Forman, S. E. 12 or, 13 o, 25 o
Gaida, Michael auf Pixabay.com 66
Glyn, Peter 30 o
Harris & Ewing / Library of Congress 116 o, 118 u
Hock, B., photographer / Library of Congress 110 or
Hodge, Ken / flickr.com / CC BY-SA 2.0 (creativecommons.org/licenses/by-sa/2.0) 76 ol
kalucots auf Pixabay 9 u
Kozanecki, Rafał auf Pixabay 87
kudrdima / Flickr.com 153 u
Landini 44 u
Library of Congress 10 o, 25 u, 27 ol, 32 beide, 33 or, 38 or, 41 ur, 48 u, 53 o, 57, 59 o, 60 o, 69 o, 70 o, 73 o, 74 or, 112 u, 116 u, 117 or
König, Mischa auf Pixabay 98 u
Lee, Russell / Library of Congress 115 or, 115 or, 115 u, 118 o
Liebherr-France SAS 142
Liebherr Werk Ehingen 143 ol, 144 o
MAN 41 o, 41 ul
Mapes, Charles V. 20
McKibbin, Arnold / Library of Congress 48 or
Mößmer, Albert 2 alle, 3 alle, 4 alle, 7 alle, 14 ur, 15, 16 u, 27 u, 32 ol, 35, 44 o, 45 u, 46 alle, 54 u, 55, 58 beide, 60 Mitte, 61 beide, 62 beide, 63 beide, 64 beide, 65 beide, 68, 79 ol, 80, 82 beide, 83 beide, 84 beide, 85 beide, 86 o, 88 beide, 89 beide, 90 alle, 91 alle, 92 beide, 93 u, 94 alle, 95 beide, 96 beide, 97, 98 o, 99 beide, 107 u, 122, 123, 125, 127 o, 128 Mitte, 128 u, 129 beide, 130, 131, 132, 133, 135 beide, 136, 137 o, 138 beide, 139 beide, 140 beide, 141, 143 or, 144 u, 145, 146, 147 beide, 153 o, 154, 156 or, 156 Mitte, 156 u, 157 beide, 158 beide, 159 beide, 160, 161 beide, 162 beide, 163 beide
Netscher, Caspar 36 o
New York Public Library 17, 18 u, 22 Mitte, 23 u, 28, 31 ol, 42, 45 o, 47 r
Nowak, Siggy auf Pixabay 72 ol
Otis, Bass 49 r
Jean de Paleologue 37 u
Penner, Ely auf Pixabay 86 u
Pennell, Joseph / Library of Congress 59 u, 75 or
Poor_photographer auf Pixabay 93 o
Rico S. auf Pixabay 78 u, 109 o
Rothstein, Arthur / Library of Congress 70 u
Rotundo, Umberto / (CC BY 2.0 / creativecommons.org/licenses/by/2.0/) 151 ul
Rustamov, Khusan auf Pixabay 67
Sammlung Mößmer 11 beide, 13 Mitte, 16 o, 18 o, 19 beide, 26 ol, 27 or, 29 alle, 31 o Mitte, 31 r, 36 u, 37 r Mitte, 38 ol, 39 beide, 40, 43 beide, 48 ol, 49 o, 50 ol, 51 r, 52 beide, 53 u, 54 o, 56 o, 72 or, 73 Mitte, 74 ol, 75 ol, 75 Mitte, 81, 110 ol, 111 beide, 127 r, 128 o, 134 o
Scientific American 34 u, 50 or, 56 u
SH Cho auf Pixabay 79 or
Taylor, Barrie auf Pixabay 24
U.S. Army Corps of Engineers 76 or
U.S. Department of Defense 120
Vetsikas, Dimitris auf Pixabay 71 u, 137 u
Werner, Brigitte auf Pixabay 9 o
Wikimedia Commons 69 u, 77 u